2015 RESIDENCE BEST 100 INTERIOR DESIGN ANNUAL

Best 100:2015全球最佳室内设计作品

李耿 曹莹◎编著

前言
FOREWORD

经过大半年的忙碌，《Best100：2015全球最佳室内设计作品》终于与大家见面了。与往年不同的是，随着一大批优秀的本土设计师纷纷涌现，今年我们是面向全球范围甄选最佳作品，并增加作品的收录数量，从原有的"Best50"扩大至"Best100"，以期为更多有实力的优秀华人设计师提供卓越的展示平台。

本书今年收录了全球最顶尖的100位设计师及设计团队的室内设计作品，涵盖了欧洲、美洲、大洋洲及亚洲的近20多个国家和地区，这些作品都是全球一线设计师们近年来的新作。我们力求收集能够代表当下最高设计水平的作品，每件作品都是完工后的实景照片，凝聚了设计师独特的设计理念和奇思妙想，也代表了当下全球最高室内设计水准。

在收录作品的过程中，我们觉得最困难的不是完成邀约、征集作品，而是如何在众多的优秀作品中进行取舍。尤其是中国大陆地区，我们是在200件作品中艰难挑选，由于版面所限，最终只能选择30件作品刊登。在这里我谨代表编辑团队，对未能刊出作品的设计师及设计团队致以深深的歉意。同时，由于编者水平有限，加之时间仓促，偏颇之处在所难免，恳请行业专家多为指正。

最后，我要感谢喜盈门建材有限公司和总裁魏锦标先生对我们工作的大力支持。我还要对参与本书编撰的团队人员表示深深的感谢，他们是编辑曹莹、王英又、徐菁，美术编辑黄苏俊、刘望学等。感谢你们的辛勤与严谨，才得以让这本设计年鉴如此全面、精彩！

《精品家居》出版人
李耿

After half a year's busy preparation, *Best 100 : 2015 Residence Interior Design Annual* is finally published. As more and more excellent Chinese designers come to the fore, this year we select the best works on a global scale and extend the original "Best 50" to "Best 100" with a view to providing a platform for more talented Chinese designers to display their works.

In this Annual, we select the recent interior design works of top 100 designers and design teams in the world, covering over 20 countries and regions in Europe, America, Oceania, and Asia. Photographed as it is after completion and designed with the unique design concepts and creative ideas of designers, every work represents the highest interior design level in the world.

During the collection, the most difficult part is not to invite and gather works, but to make a choice among the numerous excellent works. In particular, among the 200 works collected from the Chinese mainland, we could only select 30 for publication due to the limited layout. On behalf of our editorial team, I would like to express deep regret to the designers and design teams whose works are not published. Meanwhile, due to the limited abilities of editors and insufficient time, this Annual will inevitably be defective and the correction from specialists will be much appreciated.

At last, I would like to give my gratitude to CIMEN Decoration Material Group, as well as its president Mr. Wei Jingbiao, for the significant support they have been showing to our work. And I want to extend my profound gratitude to the editorial team. Editor CAO Ying, WANG Yingyou, XU Jing and Art Editor Huang Sujun and LIU Wangxue, it is your hard work and preciseness that contributes to this comprehensive and splendid Annual. Thank you!

RESIDENCE publisher
LI Geng

CONTENTS 目录

欧美地区设计师

设计师	页码	项目
坎皮恩·普拉特	8	美国纽约曼哈顿公寓
卡塔里娜·罗萨斯 & 克罗地亚·索尔斯·佩雷拉 & 卡塔里娜·索尔斯·佩雷拉	12	意大利佛罗伦萨 Aquazzura 旗舰店
戴维·洛克威尔	16	加拿大费尔蒙芳缇娜城堡酒店
多米提拉·乐普瑞	20	上海 La Stazione 餐厅
埃米尔·亨伯特 & 克里斯托夫·珀耶	24	摩纳哥宋祁（Song Qi）中餐馆
菲利波·卡比亚尼 & 安德烈·德斯特法尼斯	28	上海 Mr & Mrs Bund 餐厅
弗朗辛·加德娜	32	美国曼哈顿顶层公寓
弗朗索瓦·香珀飒	36	法国巴黎韦内尔酒店
弗兰克·德·比亚西	40	美国阿斯彭高地度假别墅
扎哈夫·费伍德	44	法国巴黎金三角平层公寓
吉迪恩·门德尔松	48	美国汉普顿别墅
格伦·吉斯勒	52	美国纽约曼哈顿公寓
格里高利·菲利普斯	56	英国吉尔福德乡村别墅
伊恩·卡尔	60	北京诺金酒店
欧文·韦纳	64	美国新泽西度假别墅
杰米·布什	68	美国加州山间别墅
杰米·德瑞克	72	美国纽约曼哈顿公寓
吉姆·波蒂特	76	美国德克萨斯州康登住宅
乔·纳厄姆	80	美国汉普顿海滨别墅
史楷琳	84	美国纽约布鲁克林住宅
凯丽·赫本	88	英国伦敦公寓
凯丽·维尔斯特勒	92	美国比弗利山庄山顶别墅
路易斯·亨利	96	英国伦敦梅菲尔公寓
马塞尔·万德斯	100	瑞士苏黎世卡梅哈大酒店
马丁·劳伦斯·布拉德	104	瑞士古奇城堡酒店
尼尔·贝克施泰特	108	美国纽约州阿蒙克别墅
帕梅拉·巴比	112	香港深水湾别墅
菲利普·斯塔克	116	法国 P.A.T.H 创新绿色住宅
皮耶罗·马娜拉 & 德布拉·马娜拉 - 博格	120	美国纽约百老汇大街公寓
皮耶·彭	124	比利时安特卫普 Jane 餐厅
雷姆·菲施勒	128	法国巴黎哥伦比亚公寓
理查德·兰德里	132	美国加州马里布海滩别墅
瑞安斯·布鲁因斯马	136	英国伦敦海德公园一号公寓
罗伯特·海蒂	140	美国加州乡间别墅
萨拉·斯托里	144	美国德克萨斯州别墅
史蒂文·埃尔利希 & 柳井崇	148	美国拉古纳海滩别墅
斯泰恩·加姆 & 恩里科·弗拉特西	152	丹麦哥本哈根 The Standard 餐厅
苏珊娜·塔克	156	美国加州乡村别墅
唐启龙	160	上海外滩贰千金餐厅
汤姆·迪克森	164	英国伦敦蒙德里安酒店

亚太及其他地区设计师

设计师	页码	项目
查尔斯·科代 & 让 - 塞巴斯蒂安·赫尔	170	加拿大蒙特利尔中心住宅
大卫·希克斯	174	澳大利亚墨尔本图拉特别墅
乔治·雅布 & 格里恩·普歇尔伯格	178	北京华尔道夫酒店
格雷格·纳塔尔	182	澳大利亚悉尼萨尼顿森林乡间别墅
汉娜·邱吉尔	186	上海 Osteria da Gemma 餐厅
马西奥·科根	190	巴西混凝土方体住宅
马克·里利 & 米歇尔·罗达 & 乔恩·卡斯	194	南非开普敦海滨别墅
夏乐平 & 潘朝阳	198	中国佛山城市庐堡酒店
索妮娅·辛普芬多夫	202	美国纽约曼哈顿翠贝卡公寓
季裕棠	206	日本东京安达仕酒店
佘崇霖	210	马来西亚乐台居别墅酒店

郑炳坤	214	香港愉景湾悦堤示范单元
贾雅·易卜拉欣	218	云南大研安缦酒店
彼得·林	222	上海齐民市集餐厅
安藤忠雄	226	美国纽约伊丽莎白街152号豪华公寓楼
郭锡恩&胡如珊	230	上海Punch酒吧
隈研吾	234	云南腾冲道温泉玉墅酒店

中国大陆、港台地区设计师

郑杨辉	240	福州市家天下三木城住宅
曾秋荣	244	广州中信西关海销售中心
陈丹凌	248	青岛万科青岛小镇游客中心
姚路	252	杭州西溪湿地米萨咖啡馆
杨邦胜	256	深圳回酒店
颜政	260	成都西派澜岸会所
萧爱彬	264	昆山水月周庄售楼会所
王兵	268	苏州昆山和风雅颂样板房
吴军宏	272	天津海上国际城样板房
吴滨	276	宁波私宅
孙云&沈雷	280	上海隐居繁华酒店
宋微建	284	苏州和氏设计营造股份有限公司办公大楼一期
彭征	288	广东东莞城市山谷别墅样板房
孟也	292	北京燕莎公寓
吕永中	296	上海福和慧健康素食餐厅
刘强	300	上海佘山圣安德鲁斯庄园
林开新	304	福州江滨茶会所
李鹰	308	漳州市长泰半月山温泉度假村
李懿恩&崔臻	312	杭州香格里拉·璞墅样板房
李益中	316	西安万科高新华府售楼处
李想	320	千岛湖云水·格精品酒店
李建光	324	福州造美合创工作室
琚宾	328	天津中海八里台样板间
姜峰	332	长沙德思勤城市广场121当代艺术中心
禾易设计	336	无锡拈花湾禅意小镇·售楼中心
葛亚曦	340	北京中粮瑞府400户型样板房
冯嘉云	344	无锡云小厨餐厅
戴昆	348	上海绿城玫瑰园样板房
集美组机构	352	安吉君澜温泉度假酒店
白庆聪	356	上海上实和墅会所

港台地区设计师

陈德坚	362	香港金牌海鲜火锅澳门店
方钦正	366	杭州西溪花间堂度假酒店
耿治国	370	博德宝Poggenpohl上海展厅
黄志达	374	深圳皖厨餐厅（欢乐海岸店）
梁景华	378	上海万科翡翠滨江销售中心
梁志天	382	黄山雨润涵月楼酒店
凌子达	386	南通万濠星城售楼处
邱春瑞	390	珠海莲邦广场艺术中心
邱德光	394	上海盛世滨江样板房
孙建亚	398	上海虹梅21住宅
唐忠汉	402	台湾新北市华固华城住宅
郑仕樑	406	上海阁楼·戏剧公寓项目
朱志康	410	成都方所书店

欧美地区设计师

坎皮恩·普拉特（Campion Platt）

当代美式风格代表，美国建筑师协会及纽约建筑联盟成员，以混搭风格在业界闻名。他是美国名流、明星与文化界人士最为追捧的设计大师之一。曾多次入选《建筑文摘》杂志（Architectural Digest）"全球100位顶尖室内设计师"，同时也是《纽约》杂志（New York）评出的"100位最佳建筑师及设计师"之一。代表项目包括电影"教父"艾尔·帕西诺、"美国甜心"梅格·瑞安、传媒巨头安妮·赫斯特等诸多名人私宅。其设计项目遍及全球，包括高端别墅住宅、豪华酒店及家居用品。

设计公司：坎皮恩·普拉特室内设计公司（Campion Platt Interiors）
项目名称：美国纽约曼哈顿公寓

设计说明

业主找到设计师时，希望拥有一个现代、新鲜而富有乐趣的空间，而这一切都基于空间开阔通透的布局和流畅有序的动线。设计师坎皮恩·普拉特首先拆掉了房间与房间之间阻挡光线的墙壁，并重新设计了通往不同房间的路径，让空间变得能够呼吸；其次从色调、材质和装饰入手，所有的家具全部都为住宅量身定制，令空间在简约温情中散发出优雅的艺术气息。

经过改造后的空间，客厅、餐厅及厨房为全开放式，生活轨迹自然形成。业主素来热衷收藏艺术画作，因此在经过考量后，室内以明净的奶白色、浅咖啡色与原木色为主调，其中原木色多以木饰面板来表现，结合部分留白处理的墙面，作为主线串联起不同的空间。从客厅、餐厅的主题墙到走廊，墙面全部采用木板装饰，温暖的木材不但带来十足的舒适氛围，也强调出空间的功能性。卧室面积较大，在起居区与睡眠区之间，设计师别出心裁地设计了一个木柜框架，内部铺设靠垫与坐垫，不但起到空间分割的作用，同时也是巧妙的休憩之处。在浅色系的空间背景色上，各种色彩或浓烈、或简洁的现代抽象艺术画点缀其中，与室内的设计语汇完美融为一体。

Best 100：2015全球最佳室内设计作品

BEST 100 : 2015 RESIDENCE INTERIOR DESIGN ANNUAL

Best 100：2015全球最佳室内设计作品

设计公司:帕萨迪索设计事务所(Casa Do Passadiço)
项目名称:意大利佛罗伦萨 Aquazzura 旗舰店

Best 100：2015全球最佳室内设计作品

卡塔里娜·罗萨斯（Catarina Rosas）
克罗地亚·索尔斯·佩雷拉（Claudia Soares Pereira）
卡塔里娜·索尔斯·佩雷拉（Catarina Soares Pereira）

帕萨迪索设计事务所（Casa Do Passadiço）是当今国际最受瞩目的家族设计组合，由母女三人卡塔里娜·罗萨斯、克罗地亚·索尔斯·佩雷拉、卡塔里娜·索尔斯·佩雷拉共同担纲。她们是葡萄牙总统府及官邸的御用设计师，拥有近20年的豪宅以及公共空间的室内设计经验，项目包括葡萄牙总统府贝伦宫（The Palace Belém）、葡萄牙共和国总统官邸、波尔图精品店、洛杉矶和伦敦等地的私人公寓、豪华游艇等，并多次荣获全球最负盛名的房地产项目比赛之一国际地产大奖（International Property Award）的重要奖项。

设计说明

意大利时尚鞋履品牌 Aquazzura 在位于佛罗伦萨核心区宏伟的历史建筑——科西尼诺宫（Palazzo Corsini）开设了成立以来的首家旗舰店，并特邀葡萄牙倍受欢迎的设计机构帕萨迪索设计事务所（Casa Do Passadiço）担纲室内设计。她们肩负的任务是为旗舰店的展厅、办公区域以及接待处进行规划与设计。为了能将摩登新潮的当代设计元素和谐地融入带有文艺复兴风格印记的古老建筑当中，她们决定从原始的穹顶彩绘壁画上汲取灵感，提炼出生动而鲜艳的色彩，在划分功能区域的同时刻画出不一样的空间表情。

绿色与黑色的搭配构成了展厅区域的主体色调。黑白条纹大理石砖与孔雀绿色的独立展柜搭配出超现实感却又精致优雅的华丽入口。后现代主义风格的巨型穆拉诺水晶吊灯以放射造型、金属质感挥洒出当代艺术的不羁气息。双开门上鎏金雕刻的卷草舒花及经过修复的穹顶花卉壁画，则不经意间再现巴洛克鼎盛时期富丽堂皇、金碧辉煌的艺术氛围。办公区域运用红色色调装饰，为古典庄严的空间披上了时尚摩登的外衣。高饱和度的色彩从墙面过渡到家居摆件，与灰色水泥包裹的建筑框架结构相得益彰，使得办公区域也倍显年轻活力。

设计公司：洛克威尔设计集团（Rockwell Group）
项目名称：加拿大费尔蒙芳缇娜城堡酒店

Best 100：2015全球最佳室内设计作品

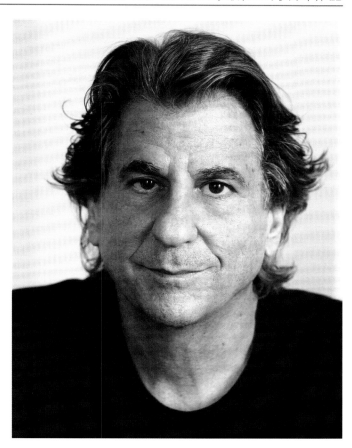

戴维·洛克威尔（David Rockwell）

美国顶尖建筑师，洛克威尔集团创始人，出身于戏剧之家，有独特的舞台戏剧视角与艺术审美。毕业于美国著名私立学府雪城大学建筑系，在英国最古老的独立建筑院校——建筑联盟学院（AA）深造。设计项目不拘一格，从建筑到室内，从住宅、酒店、餐厅到博物馆，乃至百老汇舞台皆有不凡创作。人们耳熟能详的代表作包括誉满全球的多家 Nubo 餐厅，纽约、巴黎、新加坡多地的 W 酒店，沃尔特·迪士尼家族博物馆、洛杉矶柯达剧院、2009 年和 2010 年奥斯卡颁奖典礼舞台设计等。所获奖项更是难以计数，涵盖 Cooper-Hewitt 设计博物馆颁发的国家设计奖之室内设计杰出成就奖、Pratt Legends Award 大奖、总统设计奖等诸多重量级奖项，并入选室内设计名人堂。

设计说明

鼎鼎大名的费尔蒙芳缇娜城堡酒店，位于被联合国教科文组织列为"世界文化遗产"的加拿大魁北克老城区中心，它不仅是这座城市的地标和象征，也是世界上出镜率最高的酒店和北美地区最豪华的酒店之一。酒店建成于 1893 年，最初是圣路易斯城堡，一个世纪前改建为顶级酒店。2014 年，酒店决定将部分公共区域进行改建，以适合现代化生活与审美的需求。改造的部分包括大堂、主楼梯、Le Champlain 餐厅、1608 酒吧、Bistro Le Sam 餐厅和会议及活动中心。

洛克威尔设计集团为室内创建了一个在不经意中散发魅力、在亲切中彰显奢华的低调空间。大堂部分被重组创造了一个更加开放、动线更为流畅的布局，定制的手绘镜面接待台显得时尚而艺术，设计来自 20 世纪 20 年代负责加建酒店建筑的马克斯韦尔兄弟。当客人步行前往餐厅和酒吧区时，一个戏剧性的粉红色楼梯映入眼帘，中央垂下的高 15 英尺（约 4.6 米）、重达 500 磅（约 227 千克）的螺旋形吊灯由细长的切割玻璃片层层排列而成，灵感来自魁北克寒冷的冬季形成的冰柱，无论白天抑或夜晚，都折射出迷人的光芒。在餐厅和酒吧区，新的材料与设计语汇被巧妙地融入室内空间；而在会议和活动中心，赋予了更灵活的功能性，这里有足够大的开放式厨房、主餐厅和露台，露台则可以从会议功能自由切换到就餐功能，更符合当下高端客人们的个性化需求。

设计公司：DL 建筑设计事务所（DLArchitecture）
项目名称：上海 La Stazione 餐厅

Best 100：2015全球最佳室内设计作品

多米提拉·乐普瑞（Domitilla Lepri）

设计师多米提拉·乐普瑞出生于有着辉煌历史的"永恒之城"——罗马，自幼在悠久文化熏陶中成长，并从意大利第一学府罗马大学取得了建筑修复与历史遗迹保护专业学位。2006年她来到上海并成立了设计事务所，带领一批来自意大利、法国和中国本土的建筑师以及室内设计师团队，进行多领域的设计创作，项目类型涵盖住宅、餐厅、医疗中心、商店及酒店设计等，其中历史建筑改造与修复是她的特别专长。她的设计理念是在空间中以简约体现优雅，并将东西方风格糅合重塑。

设计说明

这间散发着怀旧情愫的餐厅名为"La Stazione"，位于上海静安寺商圈，在繁华喧嚣的黄金地段闹中取静。设计师怀揣着对历史的眷恋，在空间设计中融入19世纪末欧洲建筑的风味，力图打造出穿越时空桎梏、缅怀昔日时光的就餐氛围。"La Stazione"是意大利语中"车站"的意思，之所以如此起名，是因为这间餐厅的设计灵感来源于一座新艺术派风格的火车站。树枝造型的铁架结构、花卉风格的隔断以及大面积的马赛克运用，散发出如同20世纪巴黎地铁站台般的独特韵味。置身其间眺望窗外，仿佛身处一列飞速向前奔驰的列车之上。粗糙的水泥墙面和破碎的地板拼接以仿古做旧的形式烘托出怀旧意境。带有新艺术风格的玻璃框架纵贯上下两层，连同蓝色釉面装饰的铁艺扶手，在怀旧中凝炼出一道典雅风情。

为呼应"车站"主题，钟表、行李箱和装饰画等细节充盈于餐厅各角落，将迈入空间的客人们带入铁路发展的黄金时代。餐厅的前台参照老式售票厅的形式设计，柜台的底部由几只旧行李箱堆叠而成，以马赛克拼贴而成的装饰瓷砖从地面区域延伸至墙面，被创意地制作成印有度假地的广告海报，以及以意大利语书写的列车标识，仿佛下一秒就可以乘坐列车，奔赴充满妙趣与惊喜的旅行目的地。

Best 100：2015全球最佳室内设计作品

23

设计公司：亨伯特与珀耶设计工作室（Humbert & Poyet Agency）
项目名称：摩纳哥宋祁（Song Qi）中餐馆

Best 100：2015全球最佳室内设计作品

埃米尔·亨伯特（Emil Humbert）
克里斯托夫·珀耶（Christophe Poyet）

埃米尔·亨伯特和克里斯托夫·珀耶这两位巴黎设计师在2008年携手创办了亨伯特与珀耶设计工作室（Humbert & Poyet Agency），分别在摩纳哥和巴黎设立了总部。他们擅长采用简洁、精确的线条，创造具有永恒感的空间，通过悦目的材料，如石材、木材和玻璃等打造丰富的画面感。融入现代化的元素，关注空间使用者的感受并用另类奢华的方式展现情感也是他们工作室的理念之一。让两人声名鹊起的主要是一系列商业项目，包括摩纳哥、墨西哥城以及柏林的BeefBar连锁餐厅，时尚设计师阿莱克斯·马皮耶（Alexis Mabille）的巴黎旗舰店，以及位于法国Saint-Tropez的Pantone泳装店等等。

设计说明

这间位于摩纳哥的米其林餐厅叫做宋祁（Song Qi）中餐馆，由香港餐饮大亨丘德威（Alan Yau）执掌，来自巴黎的设计师组合埃米尔·亨伯特和克里斯托夫·珀耶受邀担纲室内设计，这两位设计师在经过考量后，选择了既有中国味道又散发时尚优雅气息的老上海风格来装饰餐厅，他们将20世纪30年代上海滩的流金岁月搬到了现场。铜质围栏暗藏的浮华与绿色天鹅绒椅子相得益彰，黑白拼接的大理石地砖与酒吧台面花纹诠释了装饰艺术（Art Deco）式的风格审美，而一面大型落地玻璃窗则将用餐者的视线引向外面修葺一新的花园。

宋祁中餐馆独特的餐点理念为秉承中式血统，以讲述中国饮食文化为创作宗旨，但追求充满现代感的烹饪风格，力求回归食材本味而非强调中式传统烹饪技法。这样创新的理念也同样体现在空间设计中。金色的栅栏线条将酒吧围合出弧形区，充满简洁的秩序感；充满金属质感的天花与交错的几何线条形成强烈的对比；黑白色与金色、绿色这两种充满时尚张力的色彩相调配。在这样一个对于当地人来说充满异国风情的氛围里就餐，真是一种令人难以忘怀的体验。

Best 100：2015全球最佳室内设计作品

27

BEST 100 : 2015 RESIDENCE INTERIOR DESIGN ANNUAL

菲利波·卡比亚尼（Filippo Gabbiani）
安德烈·德斯特法尼斯（Andrea Destefanis）

柯凯国际建筑事务所（Kokaistudios）创始人兼首席建筑师，2002年起将公司总部设于上海，并就此创作了众多脍炙人口的代表项目。大名鼎鼎的K11上海购物艺术中心、上海外滩18号修复改造项目、上海淮海路796建筑修复改造项目及"江诗丹顿之家"，Mr & Mrs Bund 餐厅、Park 33 外滩均由两位设计师担纲建筑及室内设计。菲利波·卡比亚尼和安德烈·德斯特法尼斯至今获得殊荣无数，包括联合国教科文组织颁发的亚太地区文化遗产保护项目杰出奖及优秀奖、年度最成功设计大赛金奖、International Property Awards 国际地产大奖"最佳室内零售空间"五星大奖、亚太室内设计双年大奖赛商业空间类别提名大奖、MIPIM ASIA 大奖"最佳中国建筑大奖"、国际房地产大奖旗下亚太地区地产大奖"商业修复及重建"类别最佳评审奖等。

设计说明

外滩18号的整体修复与改造工程是柯凯国际建筑事务所在亚洲的首个项目，在交付使用后的第十个年头，又度邀请原设计师对部分楼层进行改造修整。位于六层的 Mr & Mrs Bund 餐厅曾荣选"亚洲50最佳餐厅"榜单。柯凯国际建筑事务所的设计团队根据主厨要求，以对法式小酒馆的现代解读为设计灵感，通过智慧又诙谐的方式，运用经典法式图案纹样及典型法式面板材料来打造多变的环境。优雅的法式灰色水泥墙面在低调中彰显质感，立体印花壁纸勾勒出繁复纹案雕琢的门廊，在视觉上造成空间延续的错觉。

除此之外，一系列定制的家具、创新的座椅设计则进一步凸显了餐厅轻松时髦的个性。看似不经意的原木餐椅，却在椅背做出18世纪法国上流社会的着装形制，马甲与束腰的趣味设计映衬出复古俏皮的宫廷风情。序列摆放的黑红色高脚丝绒餐椅颇有名士风流的不羁情调。而定制的灯光系统为空间创造了双重个性：柔和而高雅的日间环境，以及活力又浪漫的夜间气氛。从古典风格的枝形穆拉诺水晶吊灯，到现代格调的时尚球形顶灯，复古与摩登在交替变换中绽放璀璨夺目的光影华章，将慵懒的法式优雅淋漓尽致地展现。

设计公司：柯凯国际建筑事务所（Kokaistudios）
项目名称：上海 Mr & Mrs Bund 餐厅

Best 100：2015全球最佳室内设计作品

设计公司：英特瑞尔设计公司（Interieurs）
项目名称：美国曼哈顿顶层公寓

弗朗辛·加德娜（Francine Gardner）

著名法国籍女设计师，成长于法国南部乡村，现居美国纽约。曾在波士顿的巴布森学院修读金融MBA，也曾做过百货公司的时尚买手，之后因为喜欢上家居、古董，在纽约创办英特瑞尔设计公司（Interieurs），经营法国现代家具和南部手绘古董。凭着满腔热情和非凡鉴赏力，加德娜迅速受到众多名人与影星的青睐，受邀为影星茱莉亚·罗伯茨、希拉里·斯万克等众多名流设计私宅。加德娜的设计常被人形容是"安宁、优雅地映照出居住者的独特个性"。她擅长色调和室内的整体氛围，通过视觉、触觉、嗅觉、听觉等丰富感官体验达成身心的和谐共鸣，寻求心灵深处的宁静。

设计说明

熟悉唱片业发展史的人，对希尔维亚·罗恩(Sylvia Rhone)这个名字一定不会感到陌生。她曾任摩城唱片公司总裁、环球唱片执行副总裁，是全球音乐产业最具影响力的第一女强人。罗恩的家坐落在纽约曼哈顿岛西面，是一套面朝哈德逊河的顶层公寓，有3个露台，视野风光极好。法国女设计师弗朗辛·加德娜结合罗恩的品位喜好，以细腻自然的装饰手法为其营造了都市里难得的宁静居所，在柔和安详的禅意韵味里松弛身心。

自然是加德娜永恒的缪斯，她用轻柔温馨的大地色系来装点罗恩的家，天花、墙面和部分地面手工涂抹上驼色威尼斯灰泥，铺上纹理多样的定制羊毛地毯，用半透明丝质窗帘过滤强烈日光，让简洁的现代建筑框架被柔软地包裹起来。为了让室内整体和谐统一，沙发、躺椅、桌台等家具都是加德娜专门定制的，造型简单、实用舒适，毫无例外都以木料、藤竹、羊毛等天然可回收的材质打造，贴合自然宁静的氛围，也是加德娜作为环保人士的一份坚持。家庭活动室俨然是罗恩的记忆博物馆，挂满墙面的照片、来自非洲的手工雕像等，都是她多年来的旅行纪念和私藏。东亚的手工织造花式面料抱枕整齐排列在环绕了半间房的厚实软垫沙发上，增添了缤纷异域色彩。素净的主卧是其中最具禅意的空间，鲜少装饰，以简单达至心灵的丰饶。

BEST 100 : 2015 RESIDENCE INTERIOR DESIGN ANNUAL

设计公司：弗朗索瓦·香珀飒设计工作室（Agence Francois Champsaur）
项目名称：法国巴黎韦内尔酒店

Best 100：2015全球最佳室内设计作品

弗朗索瓦·香珀飒（Francois Champsaur）

著名法国设计师，从事设计超过20年，在室内设计和产品设计领域皆有不凡表现，是公认的度假酒店和精品酒店设计专家，最令人耳熟能详的是著名的Trois Gros酒店和Club-med蓝色海岸度假酒店。他毕业于法国国立高等装饰艺术学院（Ecole Nationale Supérieure des Arts Décoratifs），曾师从法国现代派家具设计大师克里斯提恩·里埃热（Christian Liaigre）。除了为室内设计项目定制家具，他也为高端家国际家居品牌设计专属系列，由他出任创意艺术总监，设计的HC28品牌Ho椅和Xiang书桌在米兰家具展上获得了VIA设计大奖，他也被法国奢侈品协会誉为"家具设计的现代先锋"。

项目说明

韦内尔（Vernet）酒店坐落在法国巴黎的香榭丽舍大街，为庆祝开业100周年，酒店邀请法国著名设计师弗朗索瓦·香珀飒将内部空间重新设计。历史的痕迹在细节中得到恰到好处的呈现，新与旧融合为一曲活力和快乐的乐章，充盈在酒店的每个角落，那些极有品位的收藏品与室内丰富的色调和纹理，共同塑造了这个让人流连忘返的浪漫天堂。

穿过入口，进入狭长形的休息室，几扇流畅的拱门将休息室与其他空间串联起来。作为一个过渡地带，休息室呈长方形走向，有效地节省了空间。休息室内部亦有分区，桌椅圆形环绕，适合几人对话闲聊，流线形沙发的区域则是为打盹休憩的宾客提供了一个闭目养神的绝佳场所。休息室原木色的墙面镶嵌着肃静的黑色线条，呈现出一种温暖冷静的氛围。

除了追求外观的典雅精致，弗朗索瓦·香珀飒设计词典里的另一个关键词就是舒适。对于一家酒店来说，最高的评价莫过于"宾至如归"。从大厅来到客房，颜色从偏冷的白蓝绿跳跃到令人愉悦的暖黄，客房的设计能明显感觉到设计师"做减法"的理念，将空间回归到最朴实的舒适简单。从木质墙壁到树叶造型的台灯，设计师可谓是把追求自然本真做到了极致，凡是触觉能及的地方，都毫无保留地运用最好的材质面料，赋予人踏实、安慰的精神需求。卧室内部的风格以白色为主，显得干净素雅，木的温润伴随着桌上清幽的花香，为宾客流光溢彩的巴黎梦增添了一笔温柔的记忆。

BEST 100 : 2015 RESIDENCE INTERIOR DESIGN ANNUAL

设计公司：弗兰克·德·比亚西室内设计公司（Frank de Biasi Interiors）
项目名称：美国阿斯彭高地度假别墅

Best 100：2015全球最佳室内设计作品

弗兰克·德·比亚西（Frank de Biasi）

美国顶级设计师之一，曾就读于巴黎索邦大学，出于对经济学的热爱又回到乔治·华盛顿大学学习国际经济学和政治学。他充满传奇色彩的职业生涯可以追溯到西班牙银行职员和佳士得拍卖行估价师，但最终凭借出色的设计才华出任世界顶级建筑设计事务所彼得·马里诺设计联盟（Peter Marino and Associates）设计总监。

佳士得的工作经历赋予他精湛的艺术品和古董鉴赏力，与建筑大师彼得·马里诺密切合作的12年时间里则让弗兰克始终坚持追求整体与细节的完美。2006年他在纽约成立弗兰克·德·比亚西室内设计公司，并相继在欧洲和中东成立了分部，涉足全球私人豪宅与豪华酒店、游艇设计领域。他以跨越并融合传统与现代的标签式风格而著称，从精致奢华、异域风情到现代简约、古典主义、艺术混搭均能轻松驾驭。弗兰克的每个项目都被全球知名媒体争相报道，赢得无数国际赞誉，并因入选靳羽西女士编著的《对话25位全球顶尖室内设计大师》一书而被国内所熟知。

设计说明

弗兰克的设计一向以"多面派"在业界著称，这幢位于美国科罗拉多州滑雪胜地阿斯彭镇的豪华别墅，甚至已经无法用"多面"来形容，它集合了传统与创新、艺术与舒适、时髦与古典、奢华与简朴等多种设计元素，但经过弗兰克的妙手，相悖的风格竟然能完美融合。弗兰克没有沿袭阿斯彭当地传统豪宅的自然系装饰风格，只是撷取部分自然元素融入其中，具有美式乡村特色的粗大木梁天花，纹理优美的天然石材、木材以及粗犷的老木桩坐凳，这些都透露出阿斯彭特有的自然况味。而除此之外，我们更多看到的是设计师对各种时尚艺术元素的无界混搭。

这一切都围绕着主人收藏的各种色彩浓烈鲜艳的抽象油画而展开，唯有艺术能让不同时空的元素共融，也唯有艺术能融化风格的界限。这些天马行空的超现实画作并非以常规的方式出现，而是或斜挂在客厅墙上，或出现在餐厅窗户的上方，不规则的画框经过颠覆常规的方式展示，与空间线条的极致碰撞带来意想不到的惊艳效果。弗兰克在室内色彩上也做了创新的处理，客厅地面满铺白底蓝色圆点的地毯，与两幅鲜艳的巨型艺术画形成跳跃的撞色；卧室则让人不得不惊叹弗兰克的创意：粉蓝色墙面与海蓝色画作、淡蓝色床品的组合看上去是如此和谐而具梦幻感。而回望窗外皑皑雪山，似乎雪景也成为点缀室内的一幅画作，这正是弗兰克希望带给人们的惊喜。

扎哈夫·费伍德（Gérard Faivre）

法国顶尖室内设计师，扎哈夫·费伍德巴黎设计公司（Gérard Faivre Paris）创办人，擅长历史建筑改造。结合建筑本身留存的古典细节，融合简洁现代风格的装饰元素及便利功能性设施，寻找新与旧之间的平衡，并适度突破出新，是他一直以来的设计思考。时尚之都巴黎是他永恒的灵感之源，他对当代艺术有超高品位见解，将其有机融入空间设计，缔造出跨越时空的碰撞之美。

设计说明

这套公寓位于皮埃尔·德瑟贝大街，处在香榭丽舍大街、乔治五世大街和蒙田大街组成的奢华"金三角"区域里，寸土寸金，地理位置极佳。公寓所在大楼建于1860年，是典型的奥斯曼风格建筑，270平方米的公寓占据了4楼整层。室内翻新首先延续了建筑本身的传统法式风格，扎哈夫·费伍德和手工匠人合作，修复了檐口、墙面的金箔浮雕，旧有的拼接木地板和雕花大理石壁炉也都回复原貌。

在空间设置上，遵循了18世纪最具代表性的意大利住宅式样，以一个不规则门厅为起点衔接其他空间，客厅、餐厅、主卧依次串联，另有3间带独立卫浴间的客卧。4间卧室都有各自的风格主题，卫浴间是设计师格外注重的地方。在他看来，卫浴间才是每天人们使用最多的地方，应该占据更多空间。所以他特意为主卧卫浴间留出了类似起居室的功能空间，有壁炉、沙发，浴缸在中间，马桶、淋浴则用玻璃门隔开，干湿分离，各行其是。

最体现扎哈夫·费伍德审美品位与设计功力的，当数他挑选搭配的多样现代经典家具和艺术品。门厅里鹅卵石造型的Cappellini沙发呼应了脚下圆形的Sahrai大马士革地毯和头上近似形态的天花顶灯，餐厅里碎卵石堆叠造型的吊灯同样隐隐应和了门厅设计，下方马塞尔·万德斯设计的"新古董"系列白色餐桌、黑白两色餐椅也十分契合公寓新旧交融的总体思路。扎哈夫特别偏爱有灵性的设计怪才，他将杰米·海因设计的金色"希望鸟"摆设、银色"泡泡"台灯分别放在客厅、主卧卫浴间的壁炉上，主卧里路易金·马索里设计的圆形床已经十分引人注目，再加上马塞尔·万德斯设计的白色"巨影"落地灯、仓俣史朗设计的黑色"金字塔"抽屉柜，更是趣味横生，令空间独具个性。

Best 100：2015全球最佳室内设计作品

设计公司：扎哈夫·费伍德巴黎设计公司（Gérard Faivre Paris）
项目名称：法国巴黎金三角平层公寓

Best 100：2015全球最佳室内设计作品

47

BEST 100 : 2015 RESIDENCE INTERIOR DESIGN ANNUAL

设计公司：门德尔松设计集团（Mendelson Group）
项目名称：美国汉普顿别墅

吉迪恩·门德尔松（Gideon Mendelson）

美国顶尖室内设计师，门德尔松设计集团创始人、设计总监，美国前国家网球队成员。出生于艺术设计世家，身兼哥伦比亚大学建筑学和纽约学院室内设计学双学位，深谙建筑与室内空间的结合之道，钟爱古典式样并创造性地融入现代造型，是美国设计界公认的"混搭妙手"。其优雅而暗藏惊喜的设计深受上层名流喜爱，设计项目多为纽约曼哈顿豪宅，以及汉普顿、迈阿密等度假胜地别墅，被众多国际知名媒体争相报道。

设计说明

本案是位于美国汉普顿度假胜地的一栋新造的花园别墅。建筑外墙采用木瓦饰面，富于传统特色，室内面积为465平方米，格局开放敞亮。"这样的开阔空间很有挑战性，我的目标是让它变得丰满而有个性，这是个尝试组合不同风格和时代元素的好机会。"门德尔松对设计新宅兴致满满，传统与现代风格的融合交织贯穿了整体空间设计，他想让这里"像长久居住过一样舒适且具有历史感"。

"混搭传统与现代总是让一切变得更新鲜而有趣。"门德尔松特别喜欢也很擅长为生活空间制造惊喜，用"超乎常理的意外之选"带来与众不同的感官体验。比如门厅里用20世纪意大利建筑大师卡洛·斯卡帕设计的玻璃吊灯搭配两侧的传统半月形边桌，八边形家庭办公室悬垂的金色"人造卫星"枝形吊灯同样夺人眼球。客厅里式样古典的壁炉上挂起现代风格凸面镜，餐厅里摩登的大卫·威克斯金属吊灯下摆着复刻20世纪50年代爱德华·沃姆利设计的藤条橡木椅。此外，大胆的非传统配色及纹理使用也是门德尔松设计的要诀之一。虽然沿用汉普顿海滨住宅里常见的海水蓝和沙滩黄构宁静主调家庭办公室的壁纸却采用了多变的宽窄条纹，楼梯地毯则是橄榄绿斑马纹，花样繁多的落地窗帘与素净墙面相互补充，丰满整体空间视觉。

设计公司：格伦·吉斯勒设计公司（Glenn Gissler Design）
项目名称：美国纽约曼哈顿公寓

格伦·吉斯勒（Glenn Gissler）

著名美国室内设计师，位列美国"100位顶尖设计师"榜单。他长于绘画，在著名艺术设计摇篮罗德岛设计学院获得美术与建筑双学位，曾跟随建筑大师拉斐尔·维诺里（Rafael Vinoly）及室内设计界传奇人物胡安·蒙托亚（Juan Montoya），1987年创办同名设计工作室，项目涵盖曼哈顿高端住宅、长岛度假别墅、佛罗里达私宅等。关注建筑细节和手工艺，对20世纪艺术、文学、时尚、建筑等多领域研究颇深，跨越时代的经典混搭令他的设计不时有精彩亮点。他形容自己的设计关键词是：宜居、舒适、有想法，众多媒体报道也常赞叹于他卓绝的艺术品位和优雅美感。

项目说明

这套公寓坐落于纽约曼哈顿艺术氛围浓厚的西区大道（West End Avenue），是一对从新泽西州搬回纽约的夫妇所选定的新生活居住地。其室内设计由格伦·吉斯勒主持，他融合传统与当代装饰元素，以独到眼光及艺术性手法，将文化底蕴、时代风貌与居住者的个性审美注入建于二战前的历史住宅里，交织出舒适而富有格调的上西区生活图景。虽然是公寓，但室内面积很大，有独立电梯直达。如何充分利用空间，在原有建筑框架里纳入这对夫妇的生活习惯和收藏，是入住前需要解决的首要问题。

吉斯勒首先按居住者的使用习惯划分功能区，大客厅连接正餐厅，适宜较为正式的会客场合。另有兼具图书室功能的家庭活动室、家庭办公室、小型早餐厅、有中岛可用餐的厨房、健身房等，连与主卧相连的卫浴间也分了男用和女用，功能设置格外周全，既适于独处也便于待客。空间框架简洁明朗，保留了部分旧有的檐口线脚，客厅里的壁炉也是质朴的古典样貌。公共活动区用白框嵌玻璃门分隔，配上黄铜圆把手，造型复古，视觉通透。考虑到居住者的年纪，吉斯勒选用温暖沉稳的大地色系为室内主调，客厅、餐厅、走廊、厨房等公共区都刷上了淡雅的象牙色，主卧墙面覆上肉桂色丝质壁纸，依然是带有温度的低调华美。定制地毯、窗帘、软包沙发和抱枕则纹理、色彩各异，构成重要的视觉变化要素。混搭是吉斯勒设计的精髓，从建筑本身留存的时代特质、居住者曾经历的岁月痕迹到如今所处的时间段落，叠加起室内的丰满层次与时光韵味。不同文化色彩与时代风格经由吉斯勒之手融汇于公寓室内，主人所钟情的现当代艺术收藏是其间的点睛之笔，陈列简单而视觉饱满。

格里高利·菲利普斯（Gregory Phillips）

格里高利·菲利普斯出生于伦敦，早年曾求学于全英十大名校之一的布里斯托尔大学以及英国最古老的独立艺术学院之一格拉斯哥艺术学院下属麦金托什建筑学校。1991年，他创立了个人名下的室内设计和建筑实践公司格里高利·菲利普斯建筑设计事务所（Gregory Phillips Architects），旨在为全球客户提供高端定制设计服务。从业至今，格里高利获得了代表国际设计行业最高水平的多项奖项肯定，包括：国际设计与建筑大奖（the International Design and Architecture Award）颁发的欧洲最佳别墅大奖，国际房地产大奖（International Property Awards），泰晤士报英国最佳房屋设计奖（Sunday Times British Homes Award），英国皇家建筑师学会国家奖（RIBA Awards），英国每日邮报地产奖（Daily Mail UK Property Awards）等。

设计说明

这座英式乡村别墅始建于18世纪40年代，被评定为维多利亚时期的二级保护建筑。此番总体改造涉及的区域包括已有的600平方米独立别墅，以及新建的100平方米副楼。崭新的副楼外观以简单的几何体组合形式及直线造型元素打造，结合与原有建筑留存下来的烟囱、顶棚、窗户的搭配，形成高低错落、凹凸有致的立面形态。钢和玻璃结构创造出大面积的开敞式空间，以借景的手法使得如油画般的田园风光悉数展现在室内环境中，让家居生活被漫山遍野的绿意温柔地环抱。

室内空间中，白色作为新旧元素之间的视觉联系，将各个区域串联为一体。而统一定制的胡桃木地板，也将舒适的温馨触感铺陈于每一寸地面。在这样的单一色调衬托下，维多利亚时期留下的装饰风格印记，以及如今室内搭配所采用的现代主义大胆用色，显得分外突出。阁楼中所有的材料都经过绝热处理，同时原有的拉窗被保留下来，仅在一面进行翻新上釉，从而减少热量流失。副楼的地上一层被规划为会客厅、厨房，下层包括独立的室内泳池，为整体家居环境拓展出全新的公共活动空间，并以户外露台作为过渡性区域形成内外空间的有机联通，将自然与人居环境瞬间拉近，毫无保留地融为一体。

设计公司：格里高利·菲利普斯建筑设计事务所（Gregory Phillips Architects）
项目名称：英国吉尔福德乡村别墅

伊恩·卡尔（Ian Carr）

伊恩·卡尔是"世界第一酒店设计公司"——赫希贝德纳联合设计顾问公司（HBA/Hirsch Bedner Associates）新加坡事务所的首席执行官，也是国际著名酒店设计大师。他主持设计了众多顶级奢华酒店品牌如四季、洲际、凯宾斯基、莱佛士的亚洲项目。为中国地区所熟悉的包括上海和平饭店、上海外滩华尔道夫酒店、广州四季酒店等，每家酒店都以其标志性的精致风格对当地设计文化产生深远影响，曾获得包括金钥匙奖在内的多项酒店设计专业奖项肯定。

设计公司：赫希贝德纳联合设计顾问公司（HBA/Hirsch Bedner Associates）
项目名称：北京诺金酒店

设计说明

"诺金"是 HBA 公司与凯宾斯基酒店集团专为中国本地市场而设的全新酒店品牌。北京诺金酒店位于繁华的朝阳区，邻近故宫和著名的胡同区。正因为这样的背景，设计师受到启发以 14 至 17 世纪的明朝作为室内设计主题，亦从中注入现代化元素以迎合 21 世纪的需求。酒店在整个公共空间同时采用传统中式及当代艺术品，诠释诺金品牌的标志性装饰风格。以极富戏剧感的大堂为例，艺术顾问公司 Canvas 在中央放置一座由中国顶尖当代艺术家曾梵志打造的大型雕塑，与两旁定制的 2 米高的明代风格手绘青花瓷花瓶互相映衬。

为了强化整体设计主题，设计师把明代哲学的概念融入中式茶廊之中，完美结合户外与室内环境，于室内揉合明净简约的细节与色调自然的精美物料，以突显四周环境的特色。由灯光设计顾问公司 Illuminate 打造的照明则与室内所用的布料浑然融合，在内敛与张扬之间取得巧妙平衡。以红、绿、蓝三色 LED 背光照明的 Barrisol 镶板乃大堂的标志性元素，装设于颇具深度的天窗垂直面，引人注目之余亦能引发抽象联想。北京诺金酒店设有 439 间客房，其中 42 间为套房，全部以明代学者文震亨的哲学思想为设计灵感。酒店客房参考其"幽人眠云梦月"的理想睡房哲学，于布局方面力求平衡与对称，缀以明代青蓝色调及定制家具，与宁静平和的室内环境相得益彰。

Best 100：2015全球最佳室内设计作品

Best 100：2015全球最佳室内设计作品

设计公司：欧文·韦纳室内设计公司 (Irwin Weiner Interiors)
项目名称：美国新泽西度假别墅

欧文·韦纳（Irwin Weiner）

美国著名设计师，曾在南非开普敦学习家具制造、建筑、艺术和平面设计，取得纽约时装技术学院（Fashion Institute of Technology）室内设计学位。他创办同名设计公司，同时是一家英国和荷兰古董家具店的合伙人。他深谙不同时代的多元风格要素，能够恰如其分地糅杂融入当下生活，于质朴中暗藏华丽，在传统中推陈出新。其设计项目多为定制住宅，从纽约第五大道改造公寓到长岛海滨别墅，从棕榈滩新造度假屋到巴克斯郡农庄，类型广泛、风格多样，诸多设计项目为数十家国际知名媒体广泛报道。

设计说明

设计师把建于19世纪的谷仓改造成了一栋度假别墅，在浓郁的中世纪乡村气息中散发着温暖的精致感。正如别墅的外观一般，室内的天花、主题墙和地面都用质朴粗犷的砖石和木板铺砌而成，部分木板来自谷仓原有的老木头，天然无饰的材料保留了最初的纹理和经过岁月打磨后的痕迹，为室内营造出一种特有的怀旧氛围。墙是家里最醒目的亮点之一，彩色灰泥与砖块或木板的结合，让人充分感受到来自原野、山脉、森林的辽阔和自由。在一间阁楼改造的卧室里，甚至用砖头和灰泥拼凑出地图一般的主题墙，凹凸的质感和强烈的对比，让这里看起来有趣又新颖。

有着粗大木横梁的人字形天花，能看到裂纹和木疤的原木木柱，用红砖仿佛随意砌成的几根石柱，每个角落都散发着毫无矫饰的淳朴气息。欧文刻意要制造出远离都市、回归自然的度假感，两间起居室里的电视都被隐藏在了壁炉上方的挂毯后面，除此之外，毫无现代痕迹，仿佛置身于中世纪乡村庄园，空间中回荡着泥土和森林的芬芳。尽管空间具有如此浓重原味的乡土色彩，但这并不妨碍它同样也可以变得精致甚至时髦。卧室里简洁的金属框床架，铸铜浴缸边一把海蓝色线条优美的座椅，以及每个空间里用曲线构成的轻盈现代的铁艺灯饰，都让这看似传统的空间在不经意中散发出几分非传统的感觉。而室内泳池的设计，则让建筑实现了从谷仓到度假别墅的完美改造：两层高的开阔空间和人字形天花、三面环绕的高大落地窗带来充沛明亮的光线，中央如流水造型的泳池里一泓碧水与室外的自然风景互映，构成一幅明与暗、静与动交织，色彩丰富的绝美画面。

杰米·布什（Jamie Bush）

著名美国设计师，出身于纽约艺术设计世家，曾赴意大利学习建筑设计，取得杜兰大学建筑学硕士学位。2002年在洛杉矶创立个人设计工作室，项目涵盖住宅、酒店、医院等，擅长自然折中的简约风格。他的设计总是在清新的田园气息中带着时尚和俏皮感，在欧美设计市场中独树一帜，富有当代美式生活印记，将不同时代元素有机融合是他的拿手好戏，被誉为设计界的"现代田园诗人"。

设计说明

这幢位于加利福尼亚州乡间的住宅毗山而建，原建筑年久失修，经过重新规划建造后，新宅变身为一栋室内面积近500平方米的现代主义建筑，以玻璃、钢材、板岩、红杉为主材，远看仿若从山岩、树林中"生"出来，与周围的自然环境浑然一体。杰米·布什担纲室内设计，沿用了建筑外观的主材，营造出类似木屋或是洞穴的自然氛围。从一层的客厅、餐厅、书房到二层的卧室，所有墙面都整齐铺装原色红杉板，地面则是统一的青灰色板岩，所有家具也都以原木、皮革为主材，舒适、清新、自然，是整个空间给人的第一印象。客厅主题墙用不规则石块砌成，粗粝的质感与室外的山岩相呼应，如同被自然所环抱。

在大自然里总是少不了缤纷色彩的点缀，在这个家里，设计师根据不同主题以少量彩色来装扮不同空间。餐厅里几把明黄色的餐椅瞬间点亮了空间；家庭室里，酒红色扶手椅和金色花纹靠垫、豹纹面料圆几、红色抽象画，碰撞出张力十足的时尚感；楼梯走道处，两盏五彩玻璃瓶组成的集合式吊灯，错落有致地从天花上垂下，充满生动的韵律感；主卧室里，刷成橙色的卫浴间的门用对比的方式成为视觉中心；客房内，墙上4幅波普主义的彩色肖像画，具有民族风情的紫红色地毯，则让人忽略了其实这是个小空间。种种不经意的搭配让这栋自然之屋更具活力，与倾洒进来的阳光交织出源自生命深处的热情与欢快。

设计公司:杰米·布什设计公司(Jamie Bush & Co.)
项目名称:美国加州山间别墅

Best 100：2015全球最佳室内设计作品

设计公司：德瑞克设计公司（Drake Design Associates）
项目名称：美国纽约曼哈顿公寓

杰米·德瑞克（Jamie Drake）

美国顶级室内设计大师，以新奇大胆的色彩运用而著称，被业界誉为"色彩之王"。毕业于国际著名的帕森斯设计学院，德瑞克设计公司创始人，身兼纽约历史基金会（Historic House Trust）董事。项目种类多元，涵盖众多名流私宅和豪华游艇、教堂、博物馆等。著名歌星麦当娜的洛杉矶豪宅，纽约市长的官邸和市政厅等均出自他手。曾获安德鲁·马丁国际室内设计大奖、年度国际室内装饰设计协会（IFDA）杰出设计师奖、D&D 卓越设计师大奖（D&D Designers of Distinction Award）等国际顶级设计奖项，作品被全球知名设计、家居媒体广泛报道。

设计说明

坐落在曼哈顿上西区的达科塔公寓楼（The Dakota）建于 19 世纪，是纽约第一栋豪华公寓，1976 年被列入美国"国家历史地标"名录，曾是披头士乐队成员约翰·列侬等名流钟爱的常住地。大楼建筑带有德国北部文艺复兴及法国古典特色，这套 353 平方米的住宅里留存着精美木雕、古朴壁炉、铜护栏等丰富细节。业主希望能这些传统建筑特色完好保留，同时呼应中央公园绿地景观，注入清新感受。设计师杰米·德瑞克和业主趣味相投，很快为公寓翻新定下了折中混搭的现代艺术主题，色彩是主题表达的重点之一。

杰米·德瑞克扎实的设计功底令他深谙古典建筑的比例、动线，他的新奇创意也从传统中脱胎而来，透出鲜活的当代神韵。根据主人的生活习惯规划功能区域是公寓设计的首要任务。由于是历史建筑，公寓内部结构不允许改动，设计师将不常用的餐厅改作男主人的工作室和其大儿子的卧室，中间插入的独立隔墙不仅是收纳柜、书架，还藏着一张折叠床，充分利用有限空间。门厅连通中央走廊，房间对称分布在走廊两侧，相对的房门特意交错排列，以便保持空间的相对独立，营造出不同色彩氛围的小世界。设计师充分发挥对色彩的敏锐感知，撷取窗外绿地风光，为庄重的传统公寓注入饱满多变色调。客厅是优雅的紫藤花色系，活动室以紫色威尼斯石膏粉饰墙面，主卧里则呈现灰绿、淡绿、松石绿色调，层层变幻，映照窗外公园景致。家具陈设不拘年代与风格，通过色彩的统一或反差错落组合。

BEST 100 : 2015 RESIDENCE INTERIOR DESIGN ANNUAL

Best 100：2015全球最佳室内设计作品

设计公司：波蒂特建筑设计公司（Poteet Architects）
项目名称：美国德克萨斯州康登住宅

吉姆·波蒂特（Jim Poteet）

著名美国建筑师，美国建筑协会成员，耶鲁大学建筑学学士、德克萨斯大学建筑学硕士。1998年创办波蒂特建筑设计公司（Poteet Architects），项目涵盖住宅、商业及公共建筑，尤其在历史建筑改造方面声名卓著，曾参与德州圣安东尼奥市历史地标赫米斯费尔公园（Hemis Fair Park）的整体翻新规划，身兼圣安东尼奥市住宅及城市设计委员会主席。多次获得美国建筑协会颁发的Merit建筑大奖，以及建筑环境保护奖、HACER最佳建筑改造奖、CONTRACT室内设计大奖等。

设计说明

这栋建于19世纪的3层别墅住宅坐落在美国德克萨斯州圣安东尼奥市，由著名建筑师吉姆·波蒂特主持完成了从建筑到室内、从住宅到庭院的整体翻新改造。新主人夫妇有4个孩子，他们希望在原有建筑和庭院的基础上有所拓展，增加室内外活动范围和功能空间，让孩子们能自由嬉戏玩耍，满足一家人的多种生活需求。营造历史与现代元素交织的多功能居住环境成为设计师所面临的挑战。

原有的3层主楼由内而外全面翻新，地基更换、屋顶重修、外墙照旧涂抹灰泥，面朝街道和庭院的两侧设有向外延伸的底层外廊，便于赏景。一楼修旧如旧，竭力复原最初样貌，客厅、餐厅、厨房串联贯通，且都可从门厅进入，拼花地板、护墙板与主楼梯都保留19世纪式样。最大的改变在厨房里，一整面定制橱柜墙采用灰调褪色木饰面，格外简洁现代。二层和三层因为损毁严重，已经全然不同以往，一派新时代风格，安置有影音室、书房、儿童房等较为私密的空间。

主楼后部新增两层小楼，灰色钢筋为骨，外包原色柏木，和主楼内部相通，主卧室就在其中的二楼。主卧的设计构想是要造出一个仿若树屋的阁楼来，所以它的顶部呈山形，和旧楼屋顶造型相仿，并且面朝庭院大面积开窗，引入自然绿意。庭院也经过扩展，草坪加大，新增了泳池。泳池旁加盖了一间59平方米的小屋，所选材料和二层新楼一样，通过温暖原木色和旧楼的冷色灰泥外观达成一种既对比又互补的和谐。小屋的功能设计十分多元，外廊部分可以做户外厨房和餐厅，里面有浴室便于游泳使用，另一间房能用于办公室开会，翻下嵌入墙面的床板就可当客卧。室内陈设都选取简洁现代款，为儿童考虑特别加入多样色彩，增添温馨趣味。

乔·纳厄姆（Joe Nahem）

著名美国室内设计师，福克斯－纳厄姆设计公司（Fox-Nahem Associates）创始人之一，毕业于著名纽约设计学府帕森斯设计学院，师从乔·德乌尔索（Joe D'Urso）、约翰·萨拉蒂诺（John Saladino）等设计界传奇，与建筑大师斯坦福·怀特（Stanford White）、理查德·迈耶（Richard Meier）、罗伯特·斯特恩（Robert Stern）等合作设计过项目。设计涵盖高端住宅、度假别墅、办公室等，擅长糅杂多元风格要素，设计师对当代艺术有极佳鉴赏品位，也是知名艺术收藏家，其作品在众多国际媒体上刊登，位列"全球100位顶尖设计师"榜单。

设计说明

这栋度假别墅位于美国东汉普顿海滨，周边风景优美，而此地原本留存的农舍建于20世纪50年代，狭小又破旧，于是纳厄姆找来建筑师朋友史蒂夫·科洛夫斯托斯基（Steve Chrostowski）共同改造，决定将旧农舍推翻，重新建一栋有5间卧室的3层小楼，总面积502平方米，另外附带29米长的露台、花园泳池和有壁炉的池畔小屋。他用原味旧木材打造出摩登而闲适的自然现代住宅，众多当代艺术品是其中最具个性的醒目陈列。

新造小楼宽敞明亮，空间布局上少隔断多开窗，与庭院景观及海景达成内外互通，完全是现代派的构造手法。而建筑材料则采用了不少有岁月痕迹的老木料，清漆松木、留有蛀孔的柏木大多用在墙面，挑高客厅的天花保留了农舍旧有的木榫横梁结构，将多节瘤松木刷白，与白色内墙统一色彩。其他地方的宽木条拼接天花大多做了漂白褪色处理，显露出松木节瘤的自然痕迹。地板铺设回收来的旧橡木，只有门框和窗框是找Marvin公司特别用桃花芯木定做的。纳厄姆很喜欢这些纹理天然又有沧桑感的木料，他还请有名的中岛乔治木作工作室定制了一个很大的胡桃木桌台放在厨房里。纳厄姆在室内混搭了多种或复古或现代的家具陈设，除了经典名作也有自己公司出品的设计，不仅主卧里的大床是自家出品，他还设计了客厅里两层楼高的石砌壁炉，将原本贯通的无遮挡空间划分为两部分，一边正式待客，一边自娱休闲。

Best 100：2015全球最佳室内设计作品

设计公司：福克斯－纳厄姆设计公司（Fox-Nahem Associates）
项目名称：美国汉普顿海滨别墅

Best 100：2015全球最佳室内设计作品

设计公司：史楷琳设计工作室（Kathryn Scott Design Studio）
项目名称：美国纽约布鲁克林住宅

Best 100：2015全球最佳室内设计作品

史楷琳（Kathryn Scott）

美国室内设计协会成员，自1980年起活跃于设计界，曾荣获多项国际设计大奖。她早期跟随设计纽约地铁地图的意大利现代主义设计大师玛西莫·维涅里（Massimo Vignelli），深受极简风格影响，1994年创办个人设计公司，对东方文化有深入研究，丈夫谷文达是中国著名艺术家，为她的现代简约设计带来东方灵感。其设计项目包括高端住宅、办公室、精品店及私人游艇，曾为鞑靼总理设计私宅。最擅长翻新改造设计，将历史与当下有机融合。除了室内设计，史楷琳也是位优秀的画家，创作了一系列的瓷器纹式设计。

设计说明

这栋住宅位于美国纽约布鲁克林，业主夫妇从巴黎搬到纽约，希望这里的新家也能融入法国味道。设计师史楷琳专程从法国进口了石灰石外墙的材料，让这间城中别墅呈现出惊人的新古典主义外观，如此内敛而又如此与众不同。正是这种典型的巴黎玛莱区的品位，为整个空间定调。很难说这里还保留了多少欧洲大陆设计的传统样式，但其中高贵的精神和古典的意蕴却融合在每一处细节中。典雅的墙面用同色系的边框做出区隔，乳白和极淡的青蓝，营造出空灵的氛围。家具以褐色的哑光框架搭配纯白布艺，是一杯咖啡加奶的纯净和沉稳。客厅的立柜令人印象深刻，既保留了流线型的现代美，又能在细节处体现出设计的精致感。卧室中的现代风格床榻，搭配富有艺术感的装饰木柱，清新的荷花令卧室在简洁中透着优雅。

房子原本的宽度只有19.5英尺（约6米），为了最大限度地提升空间感，设计师将整个室内架构全都进行了重新配置，完成了一个极大的挑战。双高客厅的设计有一种简朴的肃穆感，从墙体到斜顶的变化就像是云朵的调色板。而一飞冲天的法式落地窗下，家具就像是远处泛着金光的云边。沙发上空灵的摄影作品，来自摄影师汤姆·布莱德斯凯（Tom Brydelsky），带来一种"神秘的半透明"。为了实现主人"开放和光线"的要求，客厅和餐厅之间没有墙的隔断。然而通过色彩的区分，两个空间还是被清晰地划定出来。对于这样一个充满阳光的空间来说，一点点绿色就能带来无限的自然气息。"房子就像是真正的美女，一袭最简单的黑裙，就能让她精致优雅、光彩夺目。"设计师这样说道。

Best 100：2015全球最佳室内设计作品

BEST 100 : 2015 RESIDENCE INTERIOR DESIGN ANNUAL

凯丽·赫本（Kelly Hoppen）

英国最具影响力的顶级设计大师，被誉为"室内设计女王""英国设计界第一夫人"。威廉王子的御用设计师，为贝克汉姆夫妇、格温妮丝·帕特洛、安东尼·霍普金斯等明星设计过私宅，设计项目类型多元化，除住宅外也包括英国航空公司的飞机头等舱、法国城堡、毛里求斯酒店及豪华游艇。2009 年曾获得由英国伊丽莎白女王亲自颁发的"大英帝国勋章"（MBE），2013 年因杰出的商业成就获得"西敏寺女性大使奖"及各类国际设计奖项。

设计公司：凯丽·赫本室内设计公司（Kelly Hoppen Interiors）
项目名称：英国伦敦公寓

设计说明

这套 135 平方米的伦敦公寓由英国著名室内设计师凯丽·赫本（Kelly Hoppen）翻新打造。业主希望有一个既能安静工作又能休息的地方，除了家的温馨感外，办公功能被着重强调，而且因为是有些年头的老房子，要增添便利的现代化设施，同时让室内变得更为宽敞明亮，这些都是首先要达到的设计目标。简洁现代的设计风格正是凯丽所擅长的。"想让空间显得宽敞，不仅要借助光线，中性色调也很有用，过于深沉或大胆的色彩会令空间看上去更狭窄，良好的收纳系统和反光面板都能有效拓展空间感，杂乱是最大的敌人。"她将这些准则——实践在这套公寓的设计上。

公寓被划分为 9 个房间，玄关走廊通过节约空间的推拉木门连接开放式客厅与餐厅，餐桌一侧的凸窗前摆放办公桌椅，构成工作角。这块公共活动区兼具多重功能，素净白墙、浅棕色木地板、近似的棕灰色调装饰，都使得空间整体明朗而和谐。凯丽为两间卧室都设计了整面的内嵌式衣柜，便于收纳。柜门也精心设计，以贴合不同的房间感觉：一个如同简化的木格护墙板，融入西方古典韵味；一个在推拉木门外包裹上白色皱纹面料，现代并富于东方禅意。细腻丰满的质地触感是凯丽格外注重的设计细节。她用丝绸、鹿皮、亚麻、玻璃、银质器皿等多种材质装点室内。造型特异的灯饰在照明功用之外，本身即是点亮空间的艺术杰作。

Best 100：2015全球最佳室内设计作品

凯丽·维尔斯特勒（Kelly Wearstler）

美国著名室内设计师凯丽·维尔斯特勒以其奢华、令人着迷的生活理念闻名于世，她为人熟知的设计作品包括位于比弗利山庄的阿瓦隆酒店、迈阿密的长滩岛酒店、美国著名影星卡梅隆·迪亚兹的豪华别墅，以及其他一系列位于加州海岸的私人豪宅项目。除此之外，凯丽同时还身兼时装设计师、珠宝设计师、园艺设计师、插图家、电视明星、节目主持人于一身，拥有以自己名字命名的家居用品以及时装品牌。她出版了包括《摩登魅惑》在内的多本室内设计作品集，一度被洛杉矶时报评为最佳畅销书籍，另外还曾担任过布拉沃电视台（Bravo TV）的一档设计真人秀节目《顶尖室内设计师》的评委，向世人展现出近乎全能的才华天赋。

设计说明

这座华丽宏伟的山顶别墅始建于1926年，曾在1933年被建筑师杰姆斯·多雷纳（James Dolena）以格鲁吉亚庄园风格特色加以改造。设计师凯丽·维尔斯特勒将其购入后，对别墅进行了一番重修，邀请著名建筑师布莱恩·提切纳（Brian Tichenor）协助自己，把这座别墅打造成一个与家人共同分享的舒适空间。同时，这里也是凯丽实现自我设计追求的实验室，在高度现代主义、令人惊艳的室内环境中，大胆的用色、生动的图案充分彰显出凯丽一贯的高调而张扬的设计态度，精心挑选的艺术收藏则进一步展现她绝佳的鉴赏能力。

凯丽在本套别墅的色彩运用上展现了她天马行空的想象力在环绕中庭逐一展开的空间中，着色从平和自然的中性色调，到浓烈高饱和的撞色混合，到复古典雅的大地色系，不同的色彩情绪在空间中肆意转换却又最终契合为一，显示出凯丽极强的色彩把控力以及足够的自信度。受到20世纪80年代以埃托·索特萨斯（Ettore Sottsass）为代表的孟菲斯派后现代风格的影响，她从一众古典设计中挑选出现代经典元素，并糅合成自己的设计语汇。内部环境中随处可见的现代艺术派的画作、古典水晶宫灯及超现实主义雕塑等装饰摆件，混搭出极具视觉冲击力的多元空间层次，配合细部处理共同完成整个空间的抽象艺术化表达。

Best 100：2015全球最佳室内设计作品

设计公司：凯丽·维尔斯特勒设计工作室（Kelly Wearstler Interiors）
项目名称：美国比弗利山庄山顶别墅

Best 100：2015全球最佳室内设计作品

设计公司：路易斯·亨利设计公司（Louis Henri Ltd）
项目名称：英国伦敦梅菲尔公寓

路易斯·亨利（Louis Henri）

英国新锐设计师，他的童年在绘画和创作中度过。得益于与生俱来在工业与土木设计的天赋，他顺利从约翰内斯堡大学毕业并获得室内设计的学位。同时，他也在美术、造型和色彩方面接受了正规训练，而这些都增加了他产品设计的热情。随后路易斯前往伦敦发展设计事业，曾在国际上最具盛名的家居品牌安德鲁·马丁（Andrew Martin）的展厅担任过重要的设计职务。2008年，他创立了自己的公司路易斯·亨利设计公司（Louis Henri Ltd）。他认为空间设计应该"既舒适柔和又奢华复杂"，并成功地在英国伦敦、法国蔚蓝海岸、巴黎及迪拜等世界各地的豪宅项目中践行了这一理念。

设计说明

这间公寓位于现今伦敦市中心最昂贵地段之一的梅菲尔区（Mayfair），业主希望这间公寓既能提供富有魅力的家居环境，又能作为一个极具观赏性的娱乐空间接待来家里作客的友人。设计师照此准则打造出一个交织着奢华典雅与现代简约气质的定制公寓：他不但亲自绘制了多幅装饰画作，更是一手包揽家具设计，所有的家具、灯饰皆出自他的自创品牌，从而确保了整间公寓浑然一体、和谐统一。

象牙色、米灰、本白，这些洁净的中性色成为空间的主色调，烘托出开阔敞亮的气韵氛围。餐厅的天花与定制地毯采用同样纹理，灵感来源于设计师一直喜爱的装饰艺术（Art Deco）风格元素。设计师还将受到主人一家喜爱的中国元素纳入卧室空间的装饰。在主人女儿的房间里，设计师以腊梅为题材，以中国水粉画为形式绘制了背景墙，同时将图案复制雕刻于天花板上。而在主卧空间，从水波纹理的护床板，到绣有回纹的丝绸拉帘，以及淡彩水粉画装裱的纸窗，无不将东方婉约清丽之美渲染到极致。与此同时，主人多年来收藏的西方古典油画及当代艺术画作，则被妥帖呈现于回廊间，结合主人一家的生活照片，打造出一条与生活共生共息的艺术长廊。

Best 100：2015全球最佳室内设计作品

99

马塞尔·万德斯（Marcel Wanders）

荷兰国宝级设计师，被誉为"荷兰设计标签""设计领域的Lady Gaga"，是美国《商业周刊》评出的25位欧洲变化领军人物，被《华盛顿邮报》称之为（全球）"设计界的宠儿"。他的设计漂亮、实用、风格多变，既不害怕受到过去影响，也不回避时下的风潮，只是按照自己的想法来做。他曾多次获得国际设计奖项，设计范畴从工业设计到室内设计无所不包，因此也被称为无所不能的设计巨星。

设计公司：马塞尔·万德斯设计公司（Marcel Wanders）
项目名称：瑞士苏黎世卡梅哈大酒店

设计说明

瑞士苏黎世卡梅哈大酒店（Kameha Grand Zürich）巨大的建筑外形是一个非常明显的地标，曲线外观和大块玻璃构成的精细纹理给人极简而亲切的感觉。设计师马塞尔·万德斯一向以戏剧化的艺术风格而成，在这家酒店里，他再度成功打破了传统商务酒店的严肃与呆板，把生动活泼的氛围融入豪华大酒店的奢华风格里，予人新颖时尚，充满无限想象力的活力氛围。

酒店共设190间客房及59间套房，以及其他多元化时尚餐厅、酒吧和水疗中心等。与简洁的现代建筑形成对比的是，马塞尔·万德斯采用了繁复到极致、奢华到极致的巴洛克风格来装饰室内，传统的古典花纹用现代的材质和手法、色调重新表现，从墙面的三维艺术壁纸、地毯到夸张的水晶吊灯，无一不展现充满张力的视觉冲击力。在部分区域的镜面墙与玻璃上，黑色或红色、金色的花枝纹样点缀其上，通过反射呈现出恰到好处的华丽感。尽管巴洛克风格常常给人以浮华的感觉，但在这里却显得如此简洁、低调，黑色、红色的撞色主调尽显马塞尔对色彩的掌控能力，舞台帷幕般的丝绒窗帘在灯光下泛出金属光泽，与黑色复古沙发的组合散发着魅惑的气质，而作为过渡的浅金色则在不经意中展现奢华气息。

Best 100：2015全球最佳室内设计作品

BEST 100 : 2015 RESIDENCE INTERIOR DESIGN ANNUAL

设计公司：马丁·劳伦斯·布拉德设计公司（Martyn Lawrence Bullard Design）
项目名称：瑞士古奇城堡酒店

马丁·劳伦斯·布拉德
(Martyn Lawrence Bullard)

美国最炙手可热的设计明星，设计风格浓烈大胆，擅于融合多元文化要素，对欧洲古典风格、伊斯兰传统式样、东方禅意韵味都有自己的深度解读，空间演绎华丽优雅，富于戏剧性，是好莱坞明星最爱的设计大师。他的客户名单囊括了包揽奥斯卡、格莱美、艾美奖及金球奖的美国著名女歌手雪儿（Cher）、英国国宝级歌手埃尔顿·约翰（Elton John）爵士、著名美式风格时尚品牌创始人汤米·希尔费格（Tommy Hilfiger）、5项格莱美奖得主"摇滚小子"（Kid Rock）等众多影视巨星、时尚名流。他的设计作品刊登在全球超过4 000家媒体，频频登上"全球25位顶尖设计师""金牌室内设计师"等榜单之列。除了室内设计，他还创办同名家居品牌，在家具、面料、地毯设计上均表现不凡。

设计说明

古奇城堡（Chateau Gutsch）是瑞士著名地标之一，坐落在琉森城内的一座山顶上，能俯瞰整个琉森城和静谧美丽的琉森湖。城堡在1884年由一座18世纪庄园改建而成，当时的设计灵感源自路德维希二世所造的新天鹅堡。现任城堡主人是俄罗斯亿万富豪、传奇媒体大亨亚历山大·列别捷夫（Alexander Lebedev），他邀请好莱坞设计明星马丁·劳伦斯·布拉德(Martyn Lawrence Bullard)将城堡翻新改造成精品酒店，揭开历史地标的崭新一页，再次成为城内的顶峰胜景。

在城堡改造中，布拉德修旧如旧，留存建筑细部，不仅还原历史，也加入现代奢华。他用或清雅或绚丽的多样图纹来装点室内空间，19世纪末流行于瑞士的瑞典古斯塔夫斯风格图案是其设计的灵感之源，正符合古奇城堡的建成兴盛时间，得以让人们真正重返昔日盛景。门厅墙面的蓝色花卉图案源自18世纪的瑞士传统纹样记录，在当地一家百年历史的面料工坊里再现。这款图案深受布拉德喜爱，连续运用在大厅的窗帘、靠垫上。大厅里的19世纪护墙板重新用蓝色涂料粉刷，并采用做旧工艺呈现年代感。墙面嵌入的瑞士艺术画描绘乡间图景，是建成初期的手笔。"先贤吧"因汇集了古堡珍藏的历代瑞士贵族肖像画而得名，蓝绿色调壁纸由布拉德独家定制，带来异域风情。27间客房同样以色彩纷呈的壁纸、面料取胜，设置天空蓝、丁香紫、太阳金等不同主题色调，优雅、清新、活泼、热烈，兼而有之，从面料纹样到家具陈设，多数都由布拉德为其定制。

尼尔·贝克施泰特（Neal Beckstedt）

著名美国室内设计师，美国媒体称其为"最受瞩目的设计之星"。曾在纽约知名设计公司 S. Russell Groves 工作近 10 年，2010 年在曼哈顿创立个人设计工作室，并迅速打响知名度。他曾为华裔时装设计师德里克·林（Derek Lam）设计海滨住宅，为著名眼镜设计师罗伯特·马克（Robert Marc）设计曼哈顿公寓。他的设计项目涵盖住宅及各类商业范畴，从建筑、室内设计到家具定制全盘掌控，通过比例恰当的元素混搭，让空间既有丰满质感，又宁静优雅。尼尔喜欢称自己的设计是"有节制的奢华"。

设计说明

这栋 1 115 平方米的住宅坐落在纽约州的阿蒙克镇上，业主是一对有 3 个孩子的年轻夫妇，他们喜欢保留这栋房子的传统建筑式样，想要保留其中诸如雕花大理石壁炉、檐口线脚装饰等古典细节，同时要在传统的建筑"外壳"中营造出与之相宜的现代居住环境。毫无疑问这正是尼尔的拿手好戏。他仔细清理原有建筑的细部，修整出比例恰当的传统印记。因为业主夫妇偏爱意大利设计，有不少古董及现代艺术收藏，尼尔以此为出发点，选用了洗练而多元的复古经典与当下新时尚元素来打造空间。

尼尔最为得意的手笔莫过于门厅和厨房，觉得它们展现了"传统与当代的最佳结合"。他为两层楼高的高耸门厅设计了有圆形装饰图案的乌木色桃花芯木双开门，通往二楼的扶梯同样以现代几何造型的黄铜护栏搭配胡桃木扶手，用当下的设计视角向传统建筑致敬。厨房里极简主义的不锈钢设备墙，则与传统工艺的蔷薇木橱柜相携共存，不仅风格上有所区别，更借由材质的对比，赋予反差之美，还不忘加入实用功能性的考量。阅览室里粗糙的砖石壁炉墙突显质朴自然风貌，为室内的优雅基调增添几分敦厚温暖之感。

简单实用的结构、天然材质的纹理与自然光影的呼应在他的设计里格外受到重视，这也正与业主钟爱的意大利现代风格趋近。在主人的私家艺术收藏之外，尼尔也为这个家设计了部分陈设，比如阳光房里的蔷薇木屏风，就利用了木料纹理交错拼接而成。近旁的简洁白漆面咖啡桌创新性采用了抛光镀镍桌腿，映照着地毯图案，给人以奇幻漂浮感。自然元素和意大利工艺的结合在餐厅吊灯上得到显著体现，体量庞大的串联叶片片用穆拉诺玻璃制成，造型并不复杂，却极具戏剧性，是尼尔格外喜欢的点睛手笔。

设计公司：尼尔·贝克施泰特设计事务所（Neal Beckstedt Studio）
项目名称：美国纽约州阿蒙克别墅

设计公司：BAMO 设计公司
项目名称：香港深水湾别墅

Best 100：2015全球最佳室内设计作品

帕梅拉·巴比（Pamela Babey）

美国顶尖室内设计师，著名室内设计公司 BAMO 创始人之一，1968 年取得加州大学伯克利分校建筑学学位，先后为著名建筑公司斯基德莫尔·奥因斯与梅里尔（Skidmore Owings & Merrill，SMO）、詹姆士·斯图尔特·波谢特合作公司（James Stewart Polshek & Partners）工作，1991 年在旧金山创立 BAMO 公司，专注于室内设计。1996 年入选"室内设计名人堂"，设计作品遍布全球，酒店和住宅项目屡获赞誉。从 15 世纪修道院改造而来的米兰四季酒店大获好评，波拉波拉度假酒店则让她捧回了酒店设计最高荣誉"金钥匙奖"，之后更是奖项不断。传统和现代的对比碰撞在帕梅拉的设计中交织呈现，她对光影色彩的敏锐观感、大胆运用，构成了格外灵动多彩的设计特质。

设计说明

这栋 446 平方米的别墅位于香港半山，直面深水湾风光。业主是一位成功的地产商，他邀请旧金山设计公司 BAMO 担纲室内设计，这是他和 BAMO 创始人兼设计总监帕梅拉·巴比第三次合作，资深合伙人艾伦·迪尔（Alan Deal）也加入到本案设计中。因为前两次和帕梅拉的合作默契无间，这次的设计也全权交付，给予设计师极大自由度。帕梅拉的设计从空间功能入手，她了解到这里经常要款待宾客，于是在布局上首先划分出公共活动区和私人休闲区，让三层小楼既有宽敞流动的会客空间，又有安静闲适的家庭活动区和个人私密空间。一楼从门厅进入 6.6 米长的会客沙龙，二楼围绕家庭活动室安置三间卧房套房，三楼全部是主卧空间，附带更衣室和超大卫浴间。铸铁扶手、大理石台阶组成的楼梯贯通三层楼面，并有电梯可选乘。

室内装饰考虑到功能性和户外景观，糅合了极富戏剧性的新古典主义风格和意大利巴洛克宫殿式样，华丽而典雅。门厅采用大胆醒目的黑白格大理石地板，搭配黑色灰泥墙、威尼斯古董镜、巴洛克金漆边桌，让人恍若步入时空交错的隧道。会客沙龙有落地窗引入深水湾景色，色调上转为清新柔美，混搭不同地域元素，带来异域海风。大理石拼花地板从罗马宫殿获得灵感，和天花曲线相应和。客厅宽敞无遮，围绕地毯自然分区，红色威尼斯玻璃吊灯点亮空间。在设计师的构想里，客厅就像一条漂浮于海上的游船，汇聚来自天南海北的朋友们，大家喝酒、聊天，在这个空间里流动不息。位于楼上的家庭活动区和卧室空间就要安详静谧得多，浅黄嫩绿色主调令人觉得清新而安宁，多处墙面选用帝家丽手绘花鸟壁纸装点，仿若置身自然之境。

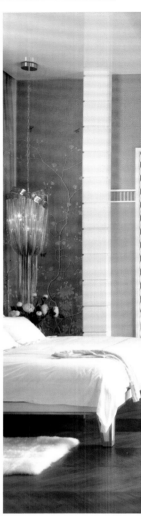

Best 100：2015全球最佳室内设计作品

设计公司：斯塔克设计公司（Starck Network）
项目名称：法国 P.A.T.H 创新绿色住宅

Best 100：2015全球最佳室内设计作品

菲利普·斯塔克（Philippe Starck）

全球负盛名的法国"怪才"设计师，被誉为"当代设计巨星"。一个非凡的传奇设计师，集流行明星、疯狂的发明家、浪漫的哲人于一身，项目涉猎极广，从小型产品、服装、家具到精品酒店、私宅、餐厅等无所不包。他的设计几乎囊括了全球所有重要奖项，包括红点设计奖、IF设计奖、哈佛卓越设计奖、美国建筑师学会荣誉奖等。他对自己的阐释是："我平和、我能见所不见、我好奇、我善待宽容、我明智。"

设计说明

法国"怪才"菲利普·斯塔克（Philippe Starck）总是不走寻常路，在与世界预制住宅领域专家——斯洛文尼亚Riko公司潜心研究多年后，他首次推出了创新绿色住宅项目"预制简易科技之家"（Prefabricated Accessible Technological Homes，缩写为P.A.T.H）。P.A.T.H将菲利普永恒的设计风格与瑞科公司最先进的隔热技术、能源生产技术相结合，引领了全球节能住宅领域的新风潮。

只需6个月时间，P.A.T.H通过简易的搭建组合即可完成。它无缝集成了一系列高生态技术系统，如太阳能、热能、太阳能光伏发电和风力涡轮机等，能提供远超过全家人用电需求的电力。P.A.T.H的操作、选择模式非常灵活全面，菲利普构思设计了34个不同的平面图，面积范围从140平方米到350平方米不等。客户在线选择两种基础模型后进入系统，从房间的数量、内部结构和材料、建筑外墙到屋顶类型，均可以自己的需要选择，一切完全是模块化的，灵活自主。即使是让人敏感的价格，也提供了每平方米2 500~4 500欧元的价格范围。

菲利普的这座实验室位于法国小城蒙福尔·阿莫里（Montfort-l'Amaury）的森林中，如今也成为菲利普一家人的周末度假屋。四方体的住宅采用玻璃和铝板幕墙构成，四周屋顶垂下长长的植物藤蔓，与绿意盎然的森林、草坪融为一体。菲利普为天花和地面都选择了木板，木材的温暖恰到好处平衡了玻璃的冷感，同时也延续了户外的清新气息。开放式的布局，紧凑的客厅、餐厅、早餐厅以及厨房，睡眠、办公二合一的卧房，都体现出菲利普想要表达的空间自由性与灵活性。在家具和装饰方面，菲利普为卡喜纳（Cassina）设计的"Lazy Working"多功能床，从市场里淘来的北欧风格扶手椅、弧形大沙发，来自宜家的平价地毯，种种丰富而又不拘一格的陈设都在表明——家无定式，适合自己才最重要。

皮耶罗·马娜拉（Piero Manara）

设计师皮耶罗·马娜拉从事全定制家居设计超过20年历史，他早年在巴黎学习室内建筑及环境产品设计，1993年在纽约开始室内设计生涯。他非常重视通过各个种类的视觉艺术，从人体与空间、建筑与自然的关系上汲取灵感，这使他保持着源源不断的创造灵感。曾与一批著名品牌如Fratelli Boffi和Pouenat Ferronier合作，设计独特的、能够让他实践自己个人价值并高品质融合现今科技可能性的产品。1999年他与妹妹德布拉·马娜拉－博格在纽约创立了室内设计和装饰艺术公司，2009年将公司迁至摩洛哥，并于2012年合作创立了家具设计品牌CASAMANARA-EDIZIONI。

德布拉·马娜拉－博格（Debla Manara - Berge）

德布拉·马娜拉－博格是皮耶罗·马娜拉的妹妹，从摩纳哥南欧大学取得工商管理学士学位后搬去了伦敦，并在维多利亚与艾伯特博物馆学习了一段时间的艺术史，曾在纽约等地的多个当代艺术馆工作，后移居摩洛哥。在一次和巴黎杰出设计工厂First Time的合作后，开设了自己的室内设计展厅。与兄长共同创办马娜拉设计公司（CASAMANARA），除了核心业务高档住宅项目以外，值得注意的商业空间包括深受喜爱的蒙特卡洛夜店Jimmy'z，最近在戛纳刚刚开业的法国的顶级卫浴品牌的展厅和由法式糕点师杰罗姆·德·奥利维亚（Jérôme De Oliveira）开设的店，以及摩纳哥Maya Bay餐厅最早的店面。

设计说明

这间采光明亮、色彩缤纷的Loft公寓位于纽约SOHO区百老汇大街。设计师对室内进行了全新改造，使其更加宽敞、更具现代特色。简约利落的线条、纯净自然的混凝土墙面、色彩明丽的定制家具等装饰元素和材料共同构筑了这间时尚活力的现代之家。Loft公寓的室内面积并不大，230平方米的空间里容纳了会客、休闲、卧室等区域。尽管身处于闹市区，室内却弥漫着静谧、温馨、自在之感。四周运用的玻璃和钢质框架外挑结构，使得室内外景观可以互相渗透。而打破桎梏的开放结构，破除了可能制约视觉延伸的构件，以奔放自由的态度接纳良好的采光，并在空间不同区域间达成沟通对话。

公共空间里，浅灰色的水泥墙面质感柔和、光泽细腻，搭配西伯利亚硬木地板，焕发出清新温馨的新时代朝气。会客区域的亮丽色彩来自于精心搭配的软装陈设，两位设计师选用了意大利顶级家具品牌达芬奇旗下的三组沙发，搭配主人自己收藏的彩色条纹软包以及古董地毯，将简约的几何线条与绚丽的高饱和度色彩糅为一体，成就简单结构与舒适功能的完美结合。得益于设计师的艺术底蕴，卡里·莱博维兹（Cary Leibowitz）、彼得·兰博（Peter Lamb）等一批当代新锐艺术家的作品被挑选作为墙面装饰，以艺术光芒点亮家居生活。厨房区域，专门为公寓个性定制的蓝色操作台和橱柜来自设计师的自创品牌CASAMANARA-EDIZIONI，在色彩上与会客区域有所呼应。

Best 100：2015全球最佳室内设计作品

设计公司：马娜拉设计公司（CASAMANARA）
项目名称：美国纽约百老汇大街公寓

Best 100：2015全球最佳室内设计作品

皮耶·彭（Piet Boon）

荷兰皇家御用设计大师皮耶·彭有超过 30 年的设计生涯，他的事业版图从建筑师开始，扩展成为一名拥有自己品牌的家具设计师及出版数本著作的作家，横跨建筑设计、室内设计、家具设计三大领域，强调舒适、精致与实用性的设计理念，以创造美好住宅空间闻名。他的作品遍及全球五大洲，成为许多名人私宅的指定设计师。皮耶·彭的设计作品偏好自然材质与柔和色系，认为天然石材与橡木有着横跨世纪的永恒与耐久感觉，着重从对称设计中取得空间的平衡感及和谐感，以及利用艺术品与创意设计变换空间表情。

设计说明

Jane 餐厅前身是一家军区医院的教堂，内部由主餐厅与楼上的酒吧组成，拥有可以容纳 65 位客人的大厅及提供酒与简餐的 The Upper Room Bar 酒吧。餐厅老板，米其林星级主厨塞尔吉奥·赫尔曼（Sergio Herman）偕同皮耶·彭设计团队，花费了近两年的时间创建了这个令人惊叹的餐厅。曾经用来放置圣坛的后殿如今变身为厨房，被设计师用玻璃墙包围成一个透明的舞台，厨师们在印着摇滚图腾的不锈钢操作台上忙碌工作，而顾客则可以欣赏整个烹饪过程，这样一种特殊的互动关系无疑增强了就餐氛围的戏剧性与张力。一幅幅美丽的彩色手绘拱窗，也成了设计师导演这幕时空穿越剧的最佳道具。设计师将动物图案与其他的异形结合，结果意外诞生出这组吃苹果的企鹅、生日蛋糕的图形，抽象有趣的图案充满超现实主义气息，也让这栋古老的教堂建筑焕发出十足的活力与热情。

设计师选择最大化保留教堂原有的材料与特色，因时光的打磨而陈旧的马赛克地面，斑驳褪色的拱形天花，都如同时光的碎片拼凑出怀旧的氛围。而与之形成对比的，是由 150 只灯泡汇聚而成的吊灯悬挂在用餐区的顶部，像一只饱满有力正向外发出能量的海胆，让人惊艳。光源密布在一根根细长针状触角的尖端，迸射出强烈的视觉冲击力和震慑感。

设计公司：皮耶·彭设计公司（Piet Boon）
项目名称：比利时安特卫普 Jane 餐厅

Best 100：2015全球最佳室内设计作品

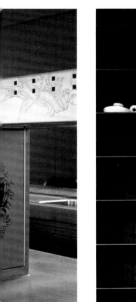

设计公司：RF 设计事务所（RF Studio）
项目名称：法国巴黎哥伦比亚公寓

雷姆·菲施勒（Ramy Fischler）

雷姆·菲施勒以超现实的艺术风格而著称，从法国顶尖的设计院校——法国国立高等工业设计学院（ENSCI-Les ateliers）毕业后，他曾加入法国著名设计师帕特里克·乔安（Patrick Jouin）的设计团队，也是梅迪奇山庄法国罗马学院致力培养的最具潜力的年轻设计师之一，曾为巴黎凯布朗利博物馆举行的巴黎摄影双年展、在蓬皮杜中心举办的帕特里克·乔安展览"设计的本质"，以及在里尔成为欧洲文化之都期间上演的《蓝胡子》歌剧担任布景设计。2011 年年底他成立了 RF 设计事务所（RF Studio），推出独立室内设计作品，致力于将艺术、工艺、幻想、现实通过一个平和的方法融合实现。

设计说明

这间 350 平方米的公寓位于巴黎 16 区，公寓所在大楼是让·沃尔特（Jean Walter）于 20 世纪 30 年代设计的，基调为装饰艺术（Art Deco）风格，原建筑还复原了大量装饰艺术时期的木质结构，有些木料甚至源于 17 世纪。因此，雷姆·菲施勒和他的团队继续保留了这些历史久远的木质结构，以及门厅进口处凡尔赛式木地板，从而秉承了大楼的独特韵味。设计师还赋予公寓巴黎特有的华丽气质，既尊重渗透其中的历史，又将设计立足当下，透露出前卫本质。

步入式衣帽间位于连接餐厅、盥洗室与通往厨房的长走廊之间，木地板与白色大理石地面精密拼合，大理石表面经过雕琢与树脂处理，闪亮光滑，一直延伸到卫生间的地面。从客厅到底楼的花园一路景色渐变。由荷兰丝网印刷工艺处理过的木板背后足以藏匿一张桌子或一只行李箱，壁炉与大片墙面雕刻相映成趣，中间的镜子背后藏有一台电视机。小套间里的卧室直接连通休息室，墙面由厚墙板包裹。床头两边各摆放一只特别定制的铸压木质床头柜。

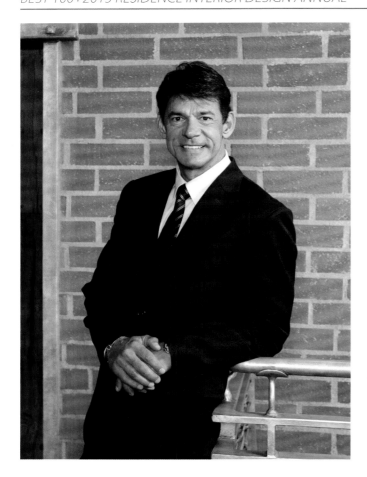

理查德·兰德里（Richard Landry）

美国顶级豪宅建筑师，美国建筑学会成员，古典建筑与艺术协会成员，1987年创立兰德里设计集团（Landry Design Group），以气派优雅的大型别墅住宅设计闻名，为众多名流推崇，客户包括曾获奥斯卡奖的影星史泰龙、格莱美大奖获得者肯尼·基（Kenny G）、著名黑人戏剧演员艾迪·墨菲（Eddie Murphy）、加拿大冰球运动员维恩·格雷斯基（Wayne Gretzky）等，比弗利山庄富人区有不少豪宅都出自理查德之手。他连续多年荣登"全球100位顶尖设计师"之列，斩获金砖奖（Gold Nugget Award）、太平洋设计中心"设计之星"奖等，被冠以"设计大师"头衔。

设计公司：兰德里设计集团（Landry Design Group）
项目名称：美国加州马里布海滩别墅

设计说明

理查德·兰德里向来以大体量的奢华豪宅设计闻名，而他在加州马里布海滩的家却截然不同，那是一栋翻新设计的3层小楼，通体白色，极为开放简洁。色彩变幻的灯光设置与兰德里的多彩艺术收藏，共同演奏着蓝天碧海之间的缤纷空间旋律。小楼所处环境绝佳，有无遮海景。然而建筑原本的结构布局很不理想，楼层低矮、外部少窗、内部多隔断，总之是个幽暗的老房子，浪费了所处的地理景观优势。打开空间，引入自然光和海景是翻新设计的当务之急。兰德里为之规划了全然开放的极简现代方案。一楼是敞开的客厅与厨房；二楼的主卧及卫浴间也仅用透明玻璃半隔开；三楼设置多媒体休闲区，由可收在墙内的玻璃移门连通露台，尽可能多地沟通室内外。

房间里的装饰材料选用大量白色石材，配合玻璃、镜面，塑造出未来感十足的纯净空间。可变色彩的照明灯光被用来渲染室内氛围，而"白盒子"里最引人注目的还要数兰德里的多彩艺术收藏。他偏爱色彩绚丽的抽象派作品，比如客厅楼梯旁摆放着欧普艺术之父维克多·瓦萨雷利（Victor Vasarely）所作的六边形彩色雕塑，在周围一众白色或素净中性色家具的映衬下显得格外炫目。"我希望能找到一种方式，让我所做的一切都变得有趣而令人愉悦。"兰德里的快乐之源是活力无限的创意思考，这显然在他的梦想之家里得到了体现。

Best 100：2015全球最佳室内设计作品

Best 100：2015全球最佳室内设计作品

135

Best 100：2015全球最佳室内设计作品

设计公司：瑞安斯设计公司（Rients Ltd）
项目名称：英国伦敦海德公园一号公寓

瑞安斯·布鲁因斯马（Rients Bruinsma）

英国设计新星，瑞安斯设计公司（Rients Ltd）创始人、设计总监，设计风格精炼现代，于细节处见优雅。他毕业于荷兰马斯特里赫特视觉艺术学院室内建筑系，在巴黎开启设计生涯，跟随著名建筑师让·维尔莫特（Jean Willmotte）学习传统法式设计精髓，后赴纽约进入以奢侈品牌店铺设计闻名的彼得·马里诺设计事务所（Peter Marino Architects），参与了四季酒店总统套房项目设计。2002年他回到伦敦加入著名设计师约翰·斯蒂芬尼迪斯（John Stefanidis）工作室，2003年创办个人工作室。其设计项目涵盖室高端住宅及商业项目，从建筑、室内到家具设计一手包办，作品遍布世界各地，赢得好评无数。

设计说明

海德公园一向以英国皇室公园著称，位于伦敦中心骑士桥，不远处是英国女王的官邸白金汉宫和泰晤士河。"海德公园一号"是海德公园旁一座新建成的顶级公寓楼，由曾设计巴黎蓬皮杜艺术中心的著名建筑师理查德·罗杰斯（Richard Rogers）规划设计。四座彼此相连的公寓楼由西向东排列，分别有2层的高度差，彼此错开，使得每座公寓既能享受到正面骑士桥和背面海德公园的迷人风景，同时又兼顾到公寓楼之间各自的私密性。其玻璃材质外立面，夹在周边维多利亚式的古老建筑之间，尤为引人注目。

英伦风格相较于其他欧式风格更为简洁大方，既少了意式风格的繁复，也没有法式风格的装饰效果那么突出。本案的室内设计师瑞安斯·布鲁因斯马认为，英伦设计的灵魂是优雅、含蓄、高贵，而"海德公园一号"公寓就是一个当代伦敦贵族生活的缩影。因此，他选择用简洁精练的现代设计语言来表达自己对经典英式生活的解读和内心深处的无限敬意。在空间布局上，整间公寓都体现出英伦设计中经典的对称之美：房间门多数为双开门、客厅沙发相对而置、两排全封闭式衣橱镜面对称。在材质选择上，以橡木、大理石及英国传统手工布艺为主，简单却极为精致。在色彩搭配上，则以白色为主，搭配深褐色的橡木地板、米色地毯和窗帘，少量的蓝色与红色家具点缀其中，而纯净的白、蓝、红正是经典英伦色彩的搭配。公寓里的每一件物品都含蓄温婉、内敛而不张扬，散发着从容淡雅的生活气息。

BEST 100 : 2015 RESIDENCE INTERIOR DESIGN ANNUAL

Best 100：2015全球最佳室内设计作品

设计公司：罗伯特·海蒂建筑设计公司（Robert Hidey Architects）
项目名称：美国加州乡间别墅

罗伯特·海蒂（Robert Hidey）

美国著名建筑大师，南加州风格代表，善于将艺术、历史、创意与技术融合到建筑设计与细节当中。从事设计45年，1990年创办同名建筑设计事务所，项目设计涵盖大中小型住宅，以及社区整体规划设计。自传统中创新，将建筑与环境紧密结合，在中国、中东都有大型住宅项目。他曾获美国建筑师联合会设计奖，入选设计行业的Wm. S. Marvin名人堂，被美国媒体评为"美国30位设计学院院长"之一。设计项目所获奖项更是不计其数，频繁获得金砖奖（Gold Nugget Awards）、美国最佳大奖（Best in America）、比弗利山庄城市大奖（Beverly Hills City Award）、PB大奖（PB Awards）等重量级建筑设计大奖。

设计说明

这栋牧场风格的乡间住宅从建筑到室内都由美国设计大师罗伯特·海蒂完成。住宅四周为群山环抱，绿意葱茏，罗伯特为了凸显周边优美的自然环境，选择了用纯净的白色来构造室内空间。开放式的客厅与餐厅纯白唯美，白色的尖顶木天花，一排排轻垂的白色棉麻落地帘，带有地中海特色的白色拱门，带来舒缓、悠闲的氛围。两张相对的乳白色棉麻布艺大沙发，经过做旧处理的木茶几，白色棉麻面料包覆的餐椅，轻盈精巧的铁艺枝形吊灯，三两盆花艺与植物，一切都如同沉浸在夏日的清梦里，让人只想在轻拂的微风中坐下来小憩片刻。整个空间的墙面干净简单，几扇开阔的白色法式落地格门，几面恰到好处的窄窗，将室外的风景与蓝天、阳光都引进来，这正是最好的装饰。即使在壁炉墙上，罗伯特也只是挂了一面长镜，将对面餐桌上的白色蝴蝶兰完美倒映，创造出另一幅空灵的镜中"画"。

室内选择了大量天然材质来打造，以木、石、棉麻为主，渗透着大自然的朴实与温和。实木包覆的天花、白色的护墙板都酝酿出亲切的味道，甚至连厨房的地面都全部铺设了木纹、木疤清晰可见的宽地板，与室外长廊地面不规则的文化石形成自然的呼应。住宅作为度假之用，在功能安排上也非常完善。客厅与餐厅、厨房没有采用常见的开放式来处理，而是让厨房与家庭室相连，厨房靠窗的一侧又设计为家庭就餐区，并利用窗台做成一排长凳，一个完美的家庭生活中心就此诞生。 推开客厅面向室外的落地门，即可将户外就餐区与室内连通，方便与朋友们举办派对。卧室落地门外则是起居区，弥补了卧室内部没有起居空间的缺憾。整体的设计紧扣着度假主题并围绕周边的自然景致而展开，情境交融。这也是罗伯特在经典美式风格之外少见的清新简约之作，让人耳目一新。

Best 100:2015全球最佳室内设计作品

萨拉·斯托里（Sara Story）

美国"设计之星"，2003年创办同名设计事务所，崇尚理性奢华的设计观，作品简洁中见优雅，因糅杂东西方文化的独特风格与绝佳艺术品位而飞速崛起，备受业界及媒体瞩目。她是石油大亨的女儿，在日本出生，自小就频繁游历远东及西方多国，旅行和艺术是她的灵感之源。获得圣地亚哥大学文学学士学位，并在旧金山艺术大学修读室内建筑学。从纽约住宅到新加坡豪华公寓，她的设计范畴和设计风格一样跨越国界。

设计说明

萨拉·斯托里的度假新居坐落于德克萨斯州中部山地，由4座独立的现代风格建筑组成。建筑规划由雷克·弗拉托事务所（Lake|Flato）担纲，斯托里负责她拿手的室内部分。住宅设计结合当地天然材质与自然景观，让建筑、室内、环境无缝衔接。相比有裸露房梁、石头烟囱的传统乡村住宅，雷克·弗拉托事务所更推崇扎根环境、与自然景观融合的现代派建筑。这恰与斯托里简洁中见优雅的理性奢华设计观相应和，由此定下灵活而有个性的分体设计方案。4座独立建筑包含L形的两层主楼、有活动百叶窗墙的客居套房、向建筑大师密斯·凡·德·罗致敬的泳池小屋，以及裸露乌木色框架的通风网球小屋。这些构造简洁的平顶建筑采用大面积玻璃窗引入自然景观，取材当地的粗粝石灰岩外墙则将建筑融入山地景观。

斯托里为自家住宅所做的室内设计既考虑到外部景观与建筑特质，同时糅杂了家人所需及自己的喜好。她在其间混搭了不少极具特色的20世纪经典设计单品，并定制了部分家具，贴近自然的丰富选材是斯托里的得意处。比如挑高客厅里的壁炉墙以蛋壳装饰，书房用马鬃贴面点缀壁炉，主卧则选用麂皮包裹墙面，更增柔软温馨之感。斯托里的独到眼光与大胆搭配，令家中的不同区域各具神采。与客厅相连的餐厅区放置雷蒙德·罗威（Raymond Loewy）设计的黑白漆面柜，未来感十足，前方雅克·安德奈（Jacques Adnet）所作黑色皮革椅洗练而优雅。厨房一侧的早餐区既有皮革软垫长椅，也有经典的曲木桑纳椅，悬垂的花朵造型铜吊灯与木制百叶窗营造出怀旧电影般的变幻光影。卧室也是斯托里设计的重点，她给两个儿子设计了清爽的上下铺，女儿的卧房采用蝴蝶图案的彩绘壁纸，更为缤纷多彩。

Best 100：2015全球最佳室内设计作品

设计公司：萨拉·斯托里设计公司（Sara Story Design）
项目名称：美国德克萨斯州别墅

设计公司：埃尔利希建筑设计公司（Ehrlich Architects）
项目名称：美国拉古纳海滩别墅

史蒂文·埃尔利希（Steven Ehrlich）

美国著名建筑师，美国建筑师协会资深会员（FAIA），2008—2010年间曾任美国建筑师协会洛杉矶分会理事，现任美国建筑设计协会（DBIA）董事。1979年创办埃尔利希建筑设计公司，设计项目涵盖住宅、博物馆、学校、办公楼等，迄今荣获超过150项建筑设计大奖，包括建筑师协会颁发的9项国家级大奖、建筑设计协会颁发的Merit杰出设计奖、"最佳绿色建筑奖"等，并被列入"美国50位顶尖建筑师"榜单。他曾在非洲生活6年，作为首位加入和平组织的建筑师在马拉喀什服务两年，现任南加利福尼亚大学客座教授，并在加州大学洛杉矶分校授课，担任哈佛大学和耶鲁大学的特邀评委。

柳井崇（Takashi Yanai）

美国建筑师协会成员，2004年起成为埃尔利希建筑设计公司合伙人之一，负责住宅项目部分，坚信最好的建筑设计方案来自对脚下土地的深刻认知，并对材料和工艺有深入研究。毕业于加州大学伯克利分校文学和建筑系，获得哈佛大学设计学院建筑硕士学位，在哈佛大学设计学院和南加州大学建筑学院授课，并任多家设计院校评委。

设计说明

这栋海滨住宅坐落在拉古纳海滩，面朝太平洋壮丽景观。住宅庭院所处的楔形地块面积约1 769平方米，有缓坡落差。业主夫妇请来埃尔利希建筑设计公司全权负责从建筑到室内的整体设计。他们希望能有一栋现代风格的便利居所，能良好衔接室内外景观，兼顾多样户外活动所需。除了最大化无遮海景、采用适宜海滨含盐空气的可持续材料之外，为了维持与周边景观的和谐一致，住宅的建筑高度被严格限制在11英尺（约3.4米）以下。

对于高度限制的难题，设计师的解决方案是将建筑水平延展，用串联在一起的矩形"盒子"构建住宅主体。以海景为依托，门厅、开放式客厅与餐厅、主卧室横贯东西，直面南边的泳池庭院和无边海景，北面和客厅相连的位置设有一个小型甲板庭院，将厨房、活动室与儿童房、客房分隔在两侧。客厅由此成为整体布局的中心，借助南北两侧可隐藏的超大玻璃移门，令自然风光贯通室内，连接起海景、泳池前院与甲板后院。石头、木墙与细钢柱支撑起水平屋顶，凡是面朝庭院的房间都采用玻璃移门衔接内外景观。车库、健身房、储藏室等功能性空间被藏在地下层，增加地上生活面积。

因地制宜地选材，以及尽量减少人工制冷与采暖，也是设计师需要考量的设计重点。朝南打开的观景露台上方有向外延伸出的宽屋檐，避免强烈日光直射。超大玻璃移门引入景观也让气流和光线畅行无阻，厨房中岛上方特意留出玻璃天窗，增加自然光照明。屋内的石料地板更宜吸热，石灰岩和原木墙面是简洁室内不多的肌理点缀。家具陈设同样洗练现代，多选用纯净白色，映衬户外美景，仅有几分庭院绿意延伸到室内的地毯、沙发、抱枕等配饰上，在色彩上加入清新变化。

斯泰恩·加姆（Stine Gam）
恩里科·弗拉特西（Enrico Fratesi）

著名的丹麦－意大利设计二人组斯泰恩·加姆和恩里科·弗拉特西分别来自于丹麦的哥本哈根和意大利的佩萨罗，夫妻二人以家具设计作为事业起步，成立了加姆弗拉特西设计工作室（GamFratesi）。他们的设计理念受到鲜明的北欧设计风格影响，注重简洁外观与实用性的结合，也在极简的设计美学里加入了自身的概念元素，从而增添出活泼的趣味性。

设计说明

"The Standard"餐厅位于哥本哈根市中心，餐厅的前身是建造于1937年的海关大楼，后来被用作渡轮售票处与上岸口。如今，这座历史悠久的圆角矩形建筑焕然一新，成功蜕变为聚集了3家世界顶级米其林餐厅和1家爵士俱乐部的现代空间。其中，"The Standard"餐厅以清新宁静的北欧风情为餐饮界定义了"新标准"：美食与文化可以如此有腔调地结合。走进"The Standard"，每个人都会在扑面而来的清新中不由自主地慢下来，环绕四周的落地窗使得室内光线自然明亮，灰蓝白的主色调干净和谐，进一步提升了餐厅内的明亮度。所有的家具都呈低密度摆放格局，使得餐厅内部空间宽敞自由，有效提升了整个环境的舒适度，点缀其间的葱茏植物又带来勃勃生机和自然气息。

在细节的处理上，设计师以斯堪的纳维亚半岛人严谨的态度对每一个细微之处都反复推敲，包括颜色、灯光、材质、摆放的位置等，每一件作品既自成一体，又能与环境完美融合，在大理石与软垫、原木与玻璃、金属与织物的刚柔对比中达到新的平衡。值得一提的是，大部分家具都由两位设计师原创完成：遍布餐厅的Beetle单椅与吧台椅有着花瓣般优美而可爱的线条，Haiku沙发半封闭的形状构筑起一方私密性极佳的小天地，厚实包覆的软垫让其多了一份慵懒调调，所有的座椅都呈现出柔软舒适的一面。而餐桌则是硬朗英气的，大理石桌面搭配金属支架，简约优雅的自然形态加上标志性的线条，从中可以感受到与历史建筑的呼应。

设计公司：加姆弗拉特西设计工作室（GamFratesi）
项目名称：丹麦哥本哈根 The Standard 餐厅

苏珊娜·塔克（Suzanne Tucker）

美国顶尖女性室内设计师之一，加州大学洛杉矶分校（UCLA）获得艺术学士，师从美国设计界泰斗迈克尔·泰勒（Michael Taylor），其设计被盛赞"既有欧洲形貌，又抓住了西海岸精神"，是美国最杰出的当代设计师代表之一。1986年和蒂莫西·马克思（Timothy F. Marks）共同创办闻名美国的塔克与马科斯设计公司，美国北加利福尼亚分部（Northern California Chapter）协会创办人，身兼古典建筑艺术研究所（Institute of Classical Architecture & Art）董事、设计领袖委员会（Leaders of Design Council）执行委员数职。曾获美国室内设计师协会颁发的"杰出设计师大奖"，并多家知名媒体评为"全球最佳100位设计师""全球顶尖设计师"。

设计说明

这栋位于加州乡间的石砌别墅建造于19世纪末，由3个独立部分组成，质朴而坚固，挺过了1906年旧金山大地震，20世纪50年代曾一度被用作酒庄，之后又改为住宅。苏珊娜·塔克受朋友之邀重新设计别墅室内，空间结构上最大的改变是将原先的3个房间打通，构成开放式的通透布局。客厅一侧维持两层楼的高度，另一边则在贯通的餐厅、厨房和起居室上方隔出主卧空间，并在外部新建了女主人的艺术工作室、客房、网球场及泳池。为了保持建筑风格的统一，营造出真实的年代感，即便是加盖的房间也选用了回收来的旧木料打造房梁、地板及门扉。

苏珊娜·塔克的设计灵感由石屋建筑和自然环境引发，孕育生命的土地和代表成长的果实化作内饰主题。在自然法则下，"平衡是一切的关键"。她将色彩、造型、比例、光线杂糅融汇，用赭黄色威尼斯灰泥包裹客厅墙面，餐厅、厨房、起居室是更为成熟的赭红色，楼上主卧在浓郁温馨的柿子红主调里徜徉，新增的双人客卧用起了英式乡村经典的红蓝格子。各式花卉布艺装饰用来增添田园气息，意大利出产的动物造型锡釉彩陶、丹麦古董搁物架上摆放的彩色小鸟雕塑、汤姆·霍兰德（Tom Holland）创作的多样昆虫彩陶盘等摆件，让窗外自然景致真正融入乡村生活，为老宅注入新生活力。

Best 100：2015全球最佳室内设计作品

设计公司：塔克与马科斯设计公司（Tucker & Marks）
项目名称：美国加州乡村别墅

唐启龙（Thomas Dariel）

上海创意设计事务所达里埃尔设计工作室（Dariel Studio）创始人及主创设计师，家居品牌 Maison Dada 创始人，近年来国内最当红的境外设计师。法国 EDNA 学院工业及室内设计国际硕士，出身于法国艺术与设计世家，擅长突破设计的界限，融合法式优雅与东方韵味，带来令人惊喜的独特创作。代表作有周庄花间堂精品酒店、巴卡拉（Baccarat）上海展厅、上海思南公馆 Yucca 墨西哥餐厅酒吧、北京 MIX 夜店、三里屯创意公寓等。2006 年进入中国至今，获得包括 2013 年亚洲最具影响力设计奖、2012 年安德鲁·马丁国际室内设计大奖优秀设计师奖、金堂奖、现代装饰国际传媒奖在内的众多奖项。

设计公司：达里埃尔设计工作室（Dariel Studio）
项目名称：上海外滩贰千金餐厅

设计说明

"贰千金"（Lady Bund）是坐落于上海外滩 22 号的一家亚洲创意料理餐厅，身处建于 1906 年的历史保护建筑，业主希望餐厅内部能够延续东西交融的时代韵味。来自法国的设计师唐启龙充分发挥混搭功力，在室内翻新中将东方代表元素以创新西式手法呈现，碰撞、融合，于传统中出新意，令室内空间传达出与建筑骨架、餐厅定位相辅相成的摩登感。

设计师首先将不规整的内部空间最大化利用起来，因地制宜地划分出或封闭或开放的多功能区域，其中包括用餐区、休闲区、吧台等，并为各区域设置不同主题，营造出层次丰富的戏剧性舞台。独具东方神韵的传统书法元素被大量化用，既有天花卷轴、宣纸垂吊的具象展示，也有中式书画特质的抽象线性表现。或直线或曲线的多重排布在空间里编织出一张若有似无的"网"，其中有来自传统丝纺机器的启发，暗合线性东方特质，并兼具西方当代艺术感。典型的青花、白瓷等元素也以独特方式融入空间，搭配 20 世纪 50 年代复古风味的座椅陈设，以及造型醒目的新锐艺术品与配饰点缀，构成呼应餐厅亚洲创意菜系主题的融合体验。

汤姆·迪克森（Tom Dixon）

英国最炙手可热的设计师，毕业于伦敦切尔西艺术学校，与菲利普·斯塔克、马塞尔·万德斯等并称为"设计鬼才"，并被誉为"英国时尚先锋设计品牌"，他的风格融合创意与奢华，设计的产品不但实用性强，更深具艺术感，拥有极高的观赏价值。汤姆·迪克森是当代英伦家居风格的代名词，他设计的产品不但远销全球60多个国家，同时也是全球各大酒店、餐厅和博物馆力邀的设计行家。

设计公司：设计研究工作室（Design Research Studio）
项目名称：英国伦敦蒙德里安酒店

设计说明

伦敦蒙德里安酒店（Mondrian London）坐落在泰晤士河沿岸闻名于世的集装箱（Sea Containers）大楼，这是一艘由知名"设计鬼才"汤姆·迪克森设计的奢华"邮轮"，设计师从20世纪早期的豪华邮轮汲取灵感，同时融入充满梦幻色彩的太空舱元素，在室内陈设方面则将20世纪20年代的复古风混搭80年代后现代主义风格，并采用一系列不同亮度的复古对比色如黑与红、墨绿、铅灰与粉红、褐色与明黄色，带来充满惊喜与趣味性且个性鲜明、风格突出的超现实体验。

酒店拥有359间客房，大部分房间均可欣赏泰晤士河美景，内部还规划有河岸酒吧，户外小酒馆，以及独一无二的屋顶天台酒吧，带有6间套房的摩根酒店集团特色Agua水疗中心，以及私人放映室等其他多功能空间。室内设计游轮概念非常明显，采用皮革包覆的流线形墙体、宛如舷窗的吧台和窗户，以及由汤姆·迪克森设计并定制的精致舒适的流线形家具、定制的可调光照明，都让人仿佛置身于一艘巨大的豪华邮轮中。在部分豪华客房中，通过巨大的落地窗与室外的互动，住客甚至会觉得房间是漂浮在灯光闪烁的泰晤士河上，感官的体验可说已臻极致。而走进电梯时，通过可反射材质的运用，又会体验到一种太空舱才有的漂浮感，从天到地的空间转换，相同的是都有一种超越现实的漂浮感，而这也正是汤姆·迪克森想要带给人们的神奇体验。

Best 100：2015全球最佳室内设计作品

亚太及其他地区设计师

BEST 100 : 2015 RESIDENCE INTERIOR DESIGN ANNUAL

查尔斯·科代（Charles Côté）
让－塞巴斯蒂安·赫尔（Jean-Sébastien Herr）
加拿大著名建筑师，MU建筑设计公司（MU Architecture）联合创办人、设计总监，在成立位于蒙特利尔的 MU 建筑设计公司之前，这两位建筑师在北美、欧洲的知名建筑公司汲取了丰富经验，参与设计了维也纳、巴塞罗那、迪拜、蒙特利尔等多地项目。创造出感性而自然的空间是他们的共同目标，这其中创新思考、绿色节能、新技术的研发运用，以及对细节的高度关注都是不可少的设计要素。设计项目涵盖住宅、商业空间等多种类型。

设计公司：MU 建筑设计公司（MU Architecture）
项目名称：加拿大蒙特利尔市中心住宅

设计说明

这幢独立别墅位于加拿大蒙特利尔市中心的地标皇家山高地附近，温暖古朴的红砖建筑与室内白色极简风格形成鲜明对比，白色是最干净、轻快而富有质感的色调，但同时也最难驾驭，稍不留意，就会展现出它冰冷、单调、生硬的一面。来自加拿大 MU 建筑设计公司的建筑设计师利用白色明亮的优势，融入多元化的材质和创新的表现手法，让我们看到了一个时尚又舒适，散发着艺术气息的现代住宅。

一层开放式的空间包括客厅、餐厅、厨房，白墙与天花未作任何处理，与深灰色抛光混凝土地面构成简明细腻的视觉感受。简约风格的空间通常以光影取胜，从清晨到傍晚，阳光每一寸的移动都能带来不同的光影效果，让室内变化无穷。在这幢住宅里，设计师不仅仅利用了自然的光影来诠释这份诗意，更通过富有创意的材质来表现轻盈、漂浮的感觉。

沙发对面的一整面空荡荡的白墙仅用壁炉装饰，却丝毫不显单调。用经过酸洗处理过的钢材打造成的壁炉墙，表面色彩斑驳沧桑如经过数百年岁月的磨洗，在光线下更是光影婆娑，呈现出一种游离时空的美感。悬挂于上方的黑色鹿头装饰品，几层整齐叠放的木材，则增添了几分艺术与生活气息。厨房内的白色烤漆橱柜和吧台，以及贴满银色马赛克的操作台墙面，交织出冷月般的清辉，荡涤着整个空间的气场。厨房一侧的原木踏板楼梯带来些许温暖氛围，但整排的玻璃扶栏还是用透明的质地诠释着设计师对空间主题的探索。

Best 100：2015全球最佳室内设计作品

173

大卫·希克斯（David Hicks）

国际知名的建筑、室内设计师，2011 年他在澳大利亚成立了自己的同名设计公司，并在美国洛杉矶设立办公室，项目遍及欧美、澳洲、亚洲以及中东地区。他的设计哲学是在充分考虑建筑与空间、装饰之间关联性的基础上，为私人住宅、酒店、餐馆、零售商店及办公场所提供整体定制设计，打造出极具创造力、激励人心又历久弥新的人居环境。

设计公司：大卫·希克斯设计公司（David Hicks）
项目名称：澳大利亚墨尔本图拉克别墅

设计说明

这间别墅位于澳大利亚墨尔本最著名的富人区图拉克区（Toorak），主人一家是有 5 个孩子的大家庭，他们希望能在别墅的原址中做些变化调整，使其适应正在成长中的孩子们的生活需求。考虑到别墅建在斜坡上，造成房屋后花园的水平位置略低于前门，之前只能作为地下室使用，如今设计师将这一区域的内部空间向下延伸，拓展出来的地下空间分隔出一间配有盥洗室的客房套间、一个酒窖及一个比较大的孩童游戏室，并在地面开辟了一个新的入口，能够将两间分别用于接待及家庭休闲功能的起居室，连同厨房空间一起，与室外的花园连接起来，创造出更加亲近自然的居住环境。

不同于房屋正面原先富丽堂皇的门廊，新建的入口采用黑色细金属框架打造，使其更加符合别墅现有的现代风格。通过这扇新门，设计师打通了一条由户外通向家庭生活区域的新通道。同样是以黑色金属框架与玻璃结构打造的隔断仿佛为空间内部安装了一个透明盒子，厨房便以这种"盒子"的形式坐落在房间中央，一端连着孩子们的学习区域。这使得房间的内部视线变得非常明朗，父母即使在厨房忙碌也能兼顾观察孩子们的学习动态。

Best 100：2015全球最佳室内设计作品

乔治·雅布（George Yabu）
格里恩·普歇尔伯格（Glenn Pushelberg）

世界著名室内设计双人组雅布·普歇尔伯格于1980年由乔治·雅布和格里恩·普歇尔伯格成立，"独特"是他们身上的显著标识，曾于世界各地完成了众多精彩的设计项目，包括与全球一流的品牌企业、酒店集团、零售商店和创新商户合作，例如四季、凯悦、东方文华、半岛、喜达屋等全球知名连锁酒店集团，以及路易威登、蒂芙尼、凯特·丝蓓、连卡佛等著名品牌店铺。他们所获奖项众多，包括金钥匙酒店设计奖、詹姆士·比尔德基金会大奖，还曾获得詹姆士·布莱德基金授予的优秀餐馆设计奖，以及被母校多伦多怀雅逊大学授予荣誉博士学位。

设计说明

北京华尔道夫酒店位于市中心的贤良寺旧址，原为李鸿章的故居，以京城风韵与经久优雅为标识，室内设计由雅布·普歇尔伯格设计事务所倾力打造，将现代与传统元素巧妙融汇在整个酒店的细节之中，重金打造的陈列收藏品使得艺术魅力与文化底蕴完美结合。酒店由两幢风格迥异的宏伟建筑组成，主楼是颇具戏剧性的全铜建筑，黄铜作为外立面材质以辉煌夺目的光泽与敦厚庄重的质感散发出独有的沉稳与奢华气息。空间内部的艺术典藏则充分体现了文化、历史与现代精神的和谐统一，精挑细选出的中国优秀当代艺术家作品，包括凌健创作的布面肖像画，以及邵帆的布面油画和雕塑作品等，加之其他国际艺术大师的佳作，同为室内空间增添了一抹现代主义的艺术亮色。

酒店里的胡同客房基于明式传统四合院落特点，基于王府级别的建筑要素设计并修建，被赋予艺术的装点、文化的内涵和丰富的民俗。四合院以二朱红为主调色彩，大门位于正中，朝向正南，大气磅礴。其筒瓦屋面、鲜亮油饰、满做金线苏画等与古代皇宫级别花园庭院媲美。"橙红"和"花鸟"是紫金阁中餐厅设计的两大主题，暖色墙壁上的手绘花鸟图案与餐具彼此呼应，呈现出精巧雅致的中国风韵。

设计公司：雅布·普歇尔伯格设计事务所（Yabu Pushelberg）
项目名称：北京华尔道夫酒店

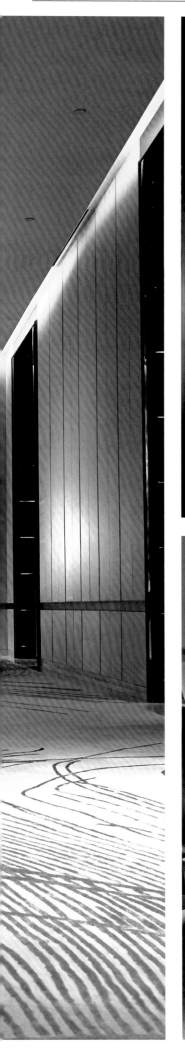

Best 100：2015全球最佳室内设计作品

设计公司：格雷格·纳塔尔设计公司（Greg Natale Design）
项目名称：澳大利亚悉尼萨顿森林乡间别墅

格雷格·纳塔尔（Greg Natale）

澳大利亚顶级设计师，擅长用极富表现力的方式和中性色调塑造奢华氛围。他对几何图形与色彩有敏锐感触，结合传统与当代元素，令空间呈现出非凡之美。他在2001年创办同名设计事务所，以住宅项目闻名澳洲，斩获无数设计大奖，其中包括"澳大利亚室内设计大奖""最佳住宅设计"等重量级奖项。

设计说明

这套别墅闪耀出横跨于传统与前卫的优雅光芒，业主曾在悉尼沃拉拉区（Woollahra）参观过设计师格雷格·纳塔尔主持设计的另一个项目，他们被这种时髦又独特、散发着淡淡法国浪漫气息的风格深深吸引，当即决定他们位于新南威尔士州南高地（Southern Highlands of NSW）的乡间别墅交由格雷格完成。别墅拥有无敌的美丽山景，因此室内设计并不适合完全沿袭沃拉拉区项目的设计，它必须更柔和、更干净，才能让户外的怡人风景与室内完美交融共生。

格雷格最大限度让墙壁、天花保持简洁的感觉，白色饰面板摒弃了繁冗的花纹，仅仅用笔直的矩形、三角形凹槽来丰富视觉，拱形或带有木梁的天花也全部以纯净白色示人，在这样一个清简但不失优雅的框架下，复古简练的黑白色地毯是室内最重要的装饰手段。从门厅、客厅、到餐厅，由设计师亲自设计的几何纹样的地毯依照行走的动线在空间依序铺展开，并延伸至通往客房的台阶、长廊，在无形中串联起所有的房间。每个区域的地毯花纹都经过独特的精心设计，从东西方古典装饰艺术中提炼而来并经过创新设计语汇的转换，成为独具风采的个性符号。最令人惊艳莫过于长廊所展现的极致美学，白色饰面板装饰的墙壁与长排白色古典扶栏构造出充满戏剧感的场景，超长的黑白花纹地毯直至走廊尽头，规律的纹样带来一种无穷无尽的延伸感，结合低垂的水晶吊灯和墙上的抽象艺术油画，散发出独特又醒目的法式气息。让人不禁联想到香奈儿标签式的黑白优雅风格，以及她那句——"黑色代表一切，白色亦然。两者都为纯粹之美，正是完美的结合。"

设计公司：Hcreates 设计工作室
项目名称：上海 Osteria da Gemma 餐厅

汉娜·邱吉尔（Hannah Churchill）

新西兰新锐女设计师，出生于新西兰南岛，从惠灵顿维多利亚大学获得建筑学学位，曾在新西兰排名前列的设计公司工作，汲取了丰富经验。因为在旅行中深受上海都市魅力和文化底蕴的触动，她在 2009 年移居上海，创办 Hcreates 设计工作室。在汉娜看来，设计应该是简洁、有趣而巧妙的，有别出心裁的创新之处，同时也必须切实可行。

设计说明

意式餐厅 Osteria da Gemma 坐落于上海徐汇区东湖路 20 号二层，是楼下 Gemma 餐厅的进阶版姐妹店，主打意面，供应意大利传统经典菜肴，坚持不炫技、不花哨的纯真美食之道。新西兰女设计师汉娜·邱吉尔所做的餐厅设计也突显自然原味，以大地色系、天然材质为主导，加入素净工业风，营造出温暖亲切的用餐氛围。

餐厅的空间布局简洁明快，入口左侧设有吧台，右侧是小型"意面工坊"，这是设计师设定的空间亮点之一。透明玻璃窗内展示手工意面制作的全过程，揭开美食的神秘面纱，展现料理人的真心诚意。窗口位置正对主要用餐区，让人们可以一面品尝一面观看，增添用餐的趣味。主用餐区横贯左右，内侧有一个用推拉屏风隔出的小包厢，打开时可以和主用餐区连贯一体，闭合时自成独立空间，旁边是厨房料理区。

空间框架以工业风打底，墙面涂抹灰色混凝土，头顶天花有裸露的通风管道，脚下是做旧木地板，手法简单却不乏细节。原色木料是素净灰色之中的暖意搭配，方木桌与棕色皮革软包座椅温馨舒适，带有些许质朴贴心的北欧印记。分隔包厢的木格屏风也是装饰亮点之一，镂空图案化用中国传统纹样，内衬藕色纱帘，虚实相应。为统一整体素雅格调，墙面装饰画也选取灰色调，包厢一侧整齐排列的红色包装意面是难得的活力亮色。

Best 100：2015全球最佳室内设计作品

马西奥·科根（Marcio Kogan）

巴西著名建筑师马西奥·科根出生于圣保罗，1976年毕业于麦肯锡大学。毕业后他一直从事电影方面的工作，直到30岁才决定开始自己的建筑生涯，并成立自己独立的设计公司MK27建筑设计事务所。然而极富天赋的他很快推出了一系列让他名声大噪的作品：威尼斯双年展南美国家展馆、巴西Primetime顶级托儿所、巴西帕拉蒂住宅等等，曾获得ASBEA荣誉奖、《墙纸》杂志（Wallpaper）设计大奖、美国国际设计大奖（International Design Awards）、D&AD大奖和意大利国际建筑委托客户奖（International Prize Dedalo Minosse）等国际大奖的专业肯定。

设计说明

这栋"方盒子"住宅地处圣保罗市内，是个有花园、泳池的独栋别墅，总体占地面积900平方米，立于中央的混凝土建筑如同一块被绿荫包裹的巨石。考虑到当地炎热多雨的气候，建筑师马西奥·科根为厚重的大体量立方体设置了一个格外通透轻盈的"底座"。客厅与餐厅贯通一体，占据了底层2/3的面积，没有封闭的混凝土外墙，可滑动重叠的玻璃板和穿孔金属板构成了三面遮挡物。

室内的装饰设计遵循它的建筑原则，同样偏于纯净、简洁。天花、内墙都刷成白色，定制的内嵌式书架、搁物架、工作台用白色防火板制成，地板反而成了其中装饰性最强的地方。尤其底层特别设计的圆形几何图案灰调地砖，好像涟漪层层开于脚下。另有色彩多样的大块地毯铺设在客厅、主卧、起居室，它们和抱枕、软垫等织物共同调和出温馨柔软的家居氛围。家具多是线条利落的现代风格，既有已故大师让·普鲁威、伊姆斯夫妇的经典之作，也不乏当代怪杰菲利普·斯达克、马塞尔·万德斯等人的精彩设计。为了保证底层空间里的视线畅通无阻，其间还特别选用了比较低矮或是不容易干扰视觉的低调家具。

设计公司：MK27建筑设计事务所（Studio MK27）
项目名称：巴西混凝土方体住宅

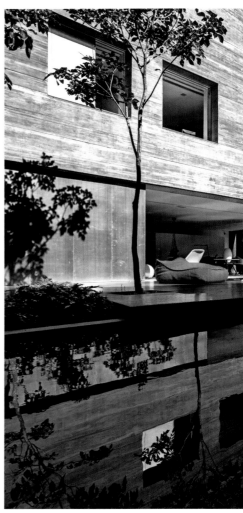

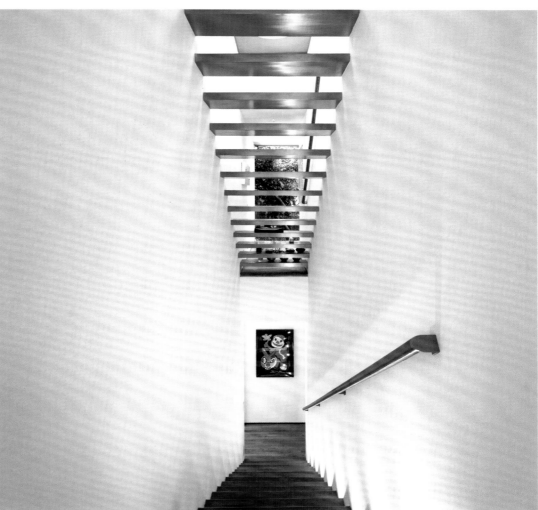

设计公司：安东尼亚设计事务所（Antoni Associates）
项目名称：南非开普敦海滨别墅

Best 100：2015全球最佳室内设计作品

马克·里利（Mark Rielly）
米歇尔·罗达（Michele Rhoda）
乔恩·卡斯（Jon Case）

来自南非的三位设计师马克·里利、米歇尔·罗达、乔恩·卡斯合伙创办的安东尼亚设计事务所（Antoni Associates）已有超过十年的历史，聚焦于为私宅、酒店、零售、办公和休闲环境等空间提供高端定制化室内设计服务，除了南非当地以外，伦敦、巴黎、莫斯科、纽约、迪拜、迈阿密和日内瓦等世界各地均有他们的设计项目。现代且能持久留存、豪华而又保持低调的创作风格是设计团队一贯坚持的方向，多年游走在全球设计界的前沿，使他们获得了众多国际著名赛事的青睐，包括多次入选由"室内设计界的奥斯卡"之称的英国安德鲁·马丁大奖评出的年度室内设计师奖的最终名单，获得世界最具权威的餐饮建筑与室内设计大奖——英国餐厅酒吧设计大奖（Restaurant & Bar Design Award），南非著名杂志《悠闲之家》（House & Leisure House）评出的年度大奖，CUBE 设计奖（CUBE Award），卡文迪奖之最佳商铺设计奖（Best Designed Shop, Cavendish Awards）等等。

设计说明

这座海滨别墅坐落在开普敦著名的自然景点狮头峰的山坡上，俯瞰着班特里湾的无边海景，室内设计由安东尼亚设计事务所一手打造，联合南非著名建筑事务所 SAOTA 担纲建筑设计，以及 OKHA Interiors 设计公司定制软装陈设，力图把这间别墅打造成大西洋海岸住宅的样板房，不仅完美地融入周边美景中，更满足空间的实际需要和分区功能。住宅共两层，结构类似 U 形，以海为导向，围绕开放式中庭而展开规划设计。户外起居区和泳池，客厅、餐厅与吧台，家庭室、游戏室与厨房，三面包围着花园，从花园可以直接走到户外起居区和泳池，利用空间互动加强家人之间的情感联系。

一层、二层楼梯处的设计是本套别墅的亮点所在。设计师希望这里并不是平淡的过渡区，而是家中氛围的情绪转折点。从二层的长形天窗下照进来一束阳光，斜斜地投在白墙上，让这个区域散发出勃发的生命力。楼梯处设计师使用木材，绵延至天花的原木条一根根平行拼成圆弧形的"木席"覆盖在墙面上，让整个空间都温暖、柔软了许多，空出的白墙，以业主夫妇收藏的当代艺术画作装饰，与楼梯、混凝土地面构成非常内敛、艺术化的视觉效果。山坡的位置赋予别墅最佳观景角度，设计师通过种植植物，将二层卧室、卫浴间、游戏室的阳台变成了悬空的花园，使得室内与户外美景达成一种相互联系、相互对话的关系，在室内任何房间向窗外看出去，都是绿意盎然、海天一色的绝美画面。

Best 100：2015全球最佳室内设计作品

设计公司：A00 建筑设计公司（A00 Architecture）
项目名称：中国佛山城市庐堡酒店

夏乐平（Sacha Silva）
潘朝阳（Raefer Wallis）

A00建筑设计公司（A00 Architecture）创始人、设计总监。2004年，加拿大设计师夏乐平&潘朝阳在上海共同创立了A00建筑设计公司。他们尽量避免用"特有风格"来定义其主持开展的项目，一直追求创新，并且十分热衷于"测试创意与材料间的可持续性"，致力于在不同项目中探索如何循环使用材料。其设计理念为"能将项目设计中所遇到的困难及挑战消融掉，并最终愉悦地达成设计目标、建造出与时俱进的项目。"主要作品包括：中国首家碳中和生态酒店雅悦酒店（URBN Hotel）、Green&Safe餐厅、莫干山裸心谷夯土小屋、星巴克门店，以及上海多个老洋房改造项目。

设计说明

第一家城市庐堡酒店（Urban Post Hotel）选址佛山岭南天地，地处禅城区祖庙东华里古建筑群改造片区，亦古亦今，连接这座城市的过往与当下。"Urban Post"这个酒店概念来自业主香港美生集团的董事长史习成先生。他是一位地产商也是一个频繁游历的旅行者，他希望有这么一家酒店可以满足他之前在各个城市旅行中未曾达成的诸多构想要结合历史街区位置，有家的感觉，同时配备商务旅行所需的齐全设施。他对空间的故事性尤其感兴趣，想要让酒店空间与当地的历史人文紧密联系在一起。最终以"都市驿站"（Urban Post）定论，因为酒店就像是邮局或是曾经的驿站一样，是邮件的中转站，是旅行者的暂住地，是路途上的休憩之"家"。

酒店设计由在上海成立的A00建筑事务所的两位加拿大设计师夏乐平（Sacha Silva）和潘朝阳（Raefer Wallis）担纲，尽管身处历史街区，室内设计依然偏于当代审美，加入少许20世纪早期的复古元素，贯穿设计师一直强调的生态、自然、可持续概念，以创新手法探寻空间和材料的无限可能，构建出让旅行者想停驻的"家"。主楼梯成为衔接空间的重要元素，串联起4个楼层，从楼梯空隙垂下的长条枝杈形金属吊灯贯穿楼层，点亮室内。楼梯本身特意被设计成不抢眼的、粗糙的样子，只有朝内侧的水泥扶手打磨光滑，其他地方都还留有未抛光的涂抹痕迹。它与周围温暖橡木包裹的部分形成了鲜明对比。设计师希望能保留一些原生态的未完成感，除了粗犷的水泥墙外，没有多加修饰的裸露石砌墙面、保持本来样貌的回收旧木料也被运用在室内。当然，在细节和设施的处理上还是细致到位的。设计师为仅有的4间客房做了各具特色的内部装饰，简洁、舒适、温馨，再加上一点与众不同的设计感，让旅客的每一次入住都有新鲜体验。

Best 100：2015全球最佳室内设计作品

201

设计公司：纽克斯设计公司（Nexus Designs）
项目名称：美国纽约曼哈顿翠贝卡公寓

索妮娅·辛普芬多夫（Sonia Simpfendorfer）

毕业于南澳大利亚技术学院，于1997年加入从事室内设计、平面设计和产品顾问业务的纽克斯设计公司（Nexus Designs），2010年起担任创意总监职务，一直奉行着这家公司"先文化、后时尚"设计理念。索妮娅对于色彩有着超人的敏锐度，她的每个项目都以大胆新锐的颜色搭配而著称，融入澳大利亚特有的纯粹自然的风格，给人留下深刻的印象。她擅长用简约的造型和色彩塑造氛围，其作品被全球数家知名设计类媒体广泛报道。

设计说明

公寓前身是一家包装纸厂的仓库，而今已转为明亮、时尚、舒适的居所。室内为全开放格局，没有任何内墙作为隔断，仅有的梁、柱留在空荡荡的室内。索妮娅的目标在于要在其中自然创建多个既亲密又灵活的生活区域。首先她沿着有高大窗户的墙边做了一排软垫长凳，连接到窗外的曼哈顿街景，长凳的下方则是白色收纳柜，可用来储物。其次，所有原有裸露的梁和柱，索妮娅都用深褐色的木板将它们包覆，尤其是原有的方柱，做成古典希腊柱的样式，与现代简约风格的室内形成对比，成为非常独特的装饰。而梁、柱除了装饰功能外，还成为不同生活区的隔断，公共区域和私密区域，均利用梁柱来分割空间，而在不同区域之间，则用白色书架和高背沙发作为隔断来区分。

主人希望他的新家除了简约、自然、干净外，也能如同窗外的繁华街道一样充满活力，但又不必太过喧闹。因此，索妮娅将室内原有的混凝土全部墙面全部刷成白色，地面全部铺上深棕色实木地板，力求表现形式简单。家具和陈设方面，理性雅致的白色、深浅不同的灰色是主要的基调，烘托出宁静、温和的视觉氛围。而在其中，则使用了反差较大的蓝紫色和明黄色，两种完全不同的彩色形成强烈的对比和反差，在看似平淡的场景中，带来鲜明的个性。

设计公司：季裕棠设计师事务所
项目名称：日本东京安达仕酒店

Best 100：2015全球最佳室内设计作品

季裕棠（Tony Chi）

美国著名华人设计师，毕业于纽约城市大学都市规划与建筑专业，纽约FIT流行设计学院学士；1984年创立季裕棠设计师事务所。通过跨文化理与全球性观点的结合，季裕棠在全球范围实践了自己的设计哲学，从高级餐厅、豪华酒店、零售店、健身俱乐部到其他商业场所都能找到他的设计。他擅长将物理环境转变为感官体验，并通过光线、色彩、质地，以及体现人类努力的符号来展现。多年来，他和团队一起完成了全世界数以百计的项目，足迹遍及美洲、亚太地区及欧洲，并获得大量国际知名大奖和媒体赞誉。

设计说明

酒店位于东京52层楼高的超高层综合大厦——"虎之门Hills"的47至52层，共6个楼层，164间客房。室内设计由季裕棠与日本设计大师绪方慎一郎携手合作完成，其中大堂、酒廊空间、客房和餐厅均由季裕棠担纲。东京的历史积淀、文化氛围和建筑风格被原味展现的同时，也流露出充满时代感的当代日式时尚风格。

简约的入门设计是季裕棠设计风格的完美体现。在大厅中并没有见到如同一般酒店的制式报到柜台，而是以充满设计感、能让与住客面对面的"区域"为主，所有下榻的人可以一边办理入住手续，一边享用摆设于一旁的各式饮品小点。在不同区域的过渡之间，变化有序的隔扇得到大量运用，充满表现出含蓄的东方美感，结合具有日式风情的盆栽，传递出特有的空间韵律。客房规划灵感来自日本传统的榻榻米和屏风空间形式，住客可以依据自己的喜好需求定义不同空间的使用情境与意义。浴室是客房设计中的一大亮点，浴缸以传统日式浴盆为灵感来源，并通过现代科技改良，让人们在舒适中感受浓浓的地域文化。

艺术装置也是酒店内的极大亮点，位于51层的餐厅可以通过巨大的落地窗俯瞰东江全景，顶部垂下的流线形雕塑是著名英国艺术家查理·威尼（Charlie Whinney）的作品，结合镜面与让人炫目的窗户创造出让人惊艳的视觉效果；大堂里灵感来自日本传统隔扇的隔扇，连同墙上的白色鱼群雕塑，同样都用现代的材质展现出独特的日式美学。

佘崇霖（Colin Seah）

新加坡 Ministry of Design (MOD) 设计事务所创办人及设计总监，曾在新加坡国立大学建筑系工作 4 年，通过一个又一个项目为周边的世界建立新的联系，从而以另一种方式感知世界。曾两次荣获新加坡最高设计奖项"总统设计大奖"，还曾荣获享誉国际的"金钥匙"年度商业空间设计大奖、亚太室内设计双年大奖企业空间奖、最佳绿色环保奖。

设计说明

酒店位于马来西亚槟城乔治市（Georgetown）的黄金地段"文化遗产区"，乔治市曾是英国的殖民地因此在中心城区建筑风格非常多元化英式中式印度河穆斯林风格建筑五方杂处，汇集出东西方文化交融的独特风景线。乐台居别墅酒店（Loke Thye Kee Residences）历史已有百年，隔壁即为同名的著名餐厅，设计师以建筑的历史遗产背景和餐厅特色为设计灵感，令酒店设计深植地域记忆的同时又展现出全新的当代风采。

延续建筑沧桑古老的红砖元素，室内巧妙地将红砖点缀在走廊、客房和卫浴间的墙面，温暖古朴的红砖与简约的灰色水泥板地、白色墙形成复古与极简，暖调与冷调的对比，碰撞出摩登时尚的活力。尤其在卫浴间，富有马来西亚地域特色的复古花砖从地面延伸至墙面甚至天花，带来极富冲击力的视觉震撼。室内从走廊到楼梯过渡空间、角落，全部都采用了茂密的绿色热带植物装饰，不仅将自然气息带入室内，也在不同区域形成一道天然的"屏障"，巧妙地分割了空间。

Best 100：2015全球最佳室内设计作品

设计机构：新加坡 Ministry of Design 设计事务所
项目名称：马来西亚乐台居别墅酒店

BEST 100 : 2015 RESIDENCE INTERIOR DESIGN ANNUAL

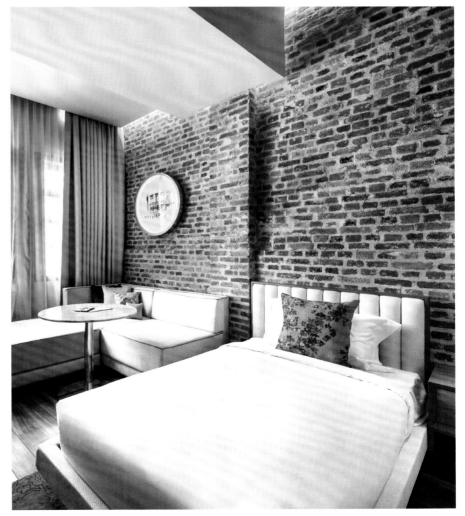

设计公司：香港郑炳坤室内设计有限公司
项目名称：香港愉景湾悦堤示范单元

郑炳坤（Danny Cheng）

香港郑炳坤室内设计有限公司（Danny Cheng Interiors Ltd）创办人及设计总监，毕业于加拿大多伦多商业设计国际学院（International Academy of Merchandising and Design），求学期间就获得 Arido 奖项的荣誉称号。2002年创建郑炳坤室内设计有限公司，曾3次荣获亚太室内设计大奖，及香港设计师协会奖、iF 中国设计大奖。曾凭着简约主义风格及对空间的独特理解获得丹麦顶级奢侈视听品牌 B&O 的青睐，成为其除 in-house 之外香港第一个品牌设计师。

设计说明

项目地处香港新界大屿山东北部的愉景湾，背山面海的地理位置使得建筑被无垠的山光水色围绕，如此绝佳的自然景观赋予设计师创作灵感，在进行室内设计时着重强调中国人自古以来便执着于心的"山水情结"，利用镜面、玻璃引景入室，采用纯净底色过滤杂质，让家居生活融化在一片山水风光里。

为了将自然景致引入室内，设计师采用毫无屏障的特大玻璃窗360°全方位与外界连通，将室外的辽阔景致变成住户的私人风景画。从楼上的会客厅、餐厅，到楼下的卧房、浴室、衣帽间及书房，皆以全透明玻璃及移门设计代替传统门墙，打造出明亮通彻的宽敞效果。所有的家具、摆设都经过悉心测算，使之不会遮挡视线，确保在家中任何角落都能欣赏到怡人景致。

在楼上的公共区域中，设计师利用镜面反射的特性，以直纹白橡木饰面板搭配镜饰面的方式装饰墙面，当山光水色越过玻璃幕墙进入室内后，还能借由墙面贴镜继续延展来自自然界的灵韵。餐厅里，白色大理石餐桌搭配著名设计师菲利普·斯达克（Philippe Starck）的名作"幽灵椅"，纤细的桌腿与透明的椅身打造出无障碍视野，与餐厅正对的蔚蓝海湾无间连接。淡青色鹅卵石造型的地毯从餐厅绵延至客厅，仿佛被海湾那头翻滚的浪花拍打上岸、散落家中。餐厅旁设有开放式厨房，外围墙身俱以镜镶嵌，将窗外的海景"复印"至室内，令美食与美景互相交融。

217

贾雅·易卜拉欣（Jaya Ibrahim, 1948 - 2015）

印度尼西亚当代最为杰出的室内设计师，旅居英国达二十年，自幼深受印度尼西亚爪哇（Java）文化熏陶，加上西方教育的洗礼，养成贾雅将东方与西方元素融合的独到见解与功力，并且被视为印度尼西亚当代最为杰出的室内设计师之一。

设计说明

"大研安缦"之名源自梵文"平和"的音译和13世纪木府统治时期的丽江古名"大研"二字，其设计因地制宜，延续了贾雅一贯的地域特色手法，采用传统纳西建筑的经典元素，和谐融入丽江古城之中。35间宽敞的露台套房采用的装饰材料与织品均来自云南地区，其中包括香格里拉的云南松，精巧细致的纳西刺绣和刻有花卉禽鸟的东巴木雕。东巴指纳西智者，对他们而言，人与自然的和谐共处至关重要。而石质地板则是向度假村周围的山峰致敬。这些设计灵感来自当地特色元素，与周边的雄伟雪山、乡野美景融为一体。此外，大研安缦的家具由东北地区的榆树制成，优美典雅、线条简洁，极具现代感又不乏中式之美。

Best 100：2015全球最佳室内设计作品

设计公司：贾雅设计公司（Jaya & Associates）
项目名称：云南大研安缦酒店

Best 100：2015全球最佳室内设计作品

设计公司：浩独室内设计工作室
项目名称：上海齐民市集餐厅

彼得·林（Peter Lam）

马来西亚著名室内、产品设计师，早年曾在泰国求学工作，目前定居上海，执掌浩独（Hot Dog Décor）室内设计工作室，并创办了自己的家具及软装品牌Barrn，设计项目遍及世界各地，包括美国、沙特阿拉伯、韩国、中国、泰国和新加坡等。他专注于具有永恒质感的设计，以及带有创新性的独特空间，设计风格并不局限于明确的单一元素，而是通过混合不同的风格元素打造有机空间。

设计说明

从台北来到上海的"齐民市集"是沪上最早开设的有机火锅餐厅之一，得名源于中国最古老的农业百科全书《齐民要术》，它注重对中华传统饮食文化的发扬与传承，坚持采用有机食材、手工制作、古法烹调。位于古北高岛屋的门店由马来西亚室内设计师彼得·林担纲设计，他以台湾传统菜市场为概念，在空间中充分展示出台湾本土的人文风情。

迈入餐厅的瞬间，空气仿佛飘来浓浓的古早味道（闽南人用来形容古旧的味道）。那些极具年代感的摆设，从红黑相间的鸟笼灯饰，到早年日本引进的传统酒瓮，令空间散发出大都会里少有的淳朴古风。原木栅栏打造的通透隔断、混凝土砌成的毛坯墙面、六边形青砖铺就的朴素地面，共同筑成原始淳朴的空间氛围。餐厅被原木栅栏有序地分为三部分：火锅吧、长凳隔间及烧烤区域。其中最大的亮点莫过于空间中央的火锅吧，吧台上方的木梁来自旧日民居里的拆卸重造，保留有原始纹理的石材围绕着中间的开放式厨房，客人们可以直观地欣赏到新鲜食材被加工成佳肴的全过程。那份零距离的亲近，便可让美食在瞬间升华。

安藤忠雄（Tadao Ando）

日本著名建筑师，从未受过正规科班教育，1969年创立安藤忠雄建筑研究所。开创了一套独特、崭新的建筑风格，对现代主义持批判态度，项目多以清水混凝土建造，是当今最为活跃、最具影响力的世界级建筑大师之一。曾担任耶鲁大学、哥伦比亚大学、中国东南大学的客座教授。设计领域宽广，包括博物馆、娱乐设施、宗教设施、办公室等，曾获建筑界最高荣誉普利兹克奖。

设计说明

这幢充满巨大的安静力量的超豪华公寓位于曼哈顿的洛利塔（Nolita）街区，是安藤忠雄在纽约设计的第一幢独立式建筑。该建筑有7层楼，建筑面积为32 000平方英尺（约2 973平方米）。安藤运用了简单的立方体、清水混凝土及玻璃幕墙，赋予建筑一种独特的安静感，散发着典型的安藤味道。设计包括了四种主要元素：光、声音、空气和水，并融入了室内空间，同时与周边的环境保持和谐。该项目的室内设计是安藤忠雄与纽约的著名设计师迈克尔·加贝里尼（Michael Gabellini）合作完成，室内的设计延续建筑素简低调的外观与宁静的气质，以高端私人定制的追求，通过完美的比例，展现了一个魅力无限的简约之家。

设计公司：安藤忠雄建筑事务所
项目名称：美国纽约伊丽莎白街 152 号豪华公寓楼

设计公司：如恩设计研究室
项目名称：上海 Punch 酒吧

Best 100：2015全球最佳室内设计作品

郭锡恩（Lyndon Neri）

加州大学伯克莱建筑学院建筑学学士，哈佛设计学院建筑学硕士，如恩设计研究室（NERI&HU）、设计共和创办人，2014年被英国《墙纸》杂志（Wallpaper）评选为年度设计师，曾获包括香港透视、德国红点在内的多项国内外大奖。

胡如珊（Hu Rossana）

加州大学伯克莱建筑学院建筑学学士，普林斯顿大学建筑及城市规划硕士，如恩设计研究室（NERI&HU）、设计共和创办人，2014年被英国《墙纸》杂志（Wallpaper）评选为年度设计师，曾获包括香港透视、德国红点在内的多项国内外大奖。

设计说明

项目室内设计正是从"Punch"特饮的社交属性引发，从早期的底层大众饮品到后来的精英社交饮品，设计师将这两个阶段对应的场合特质在空间里分开呈现，让人们能感受到"Punch"的多重起源与雅俗共赏的文化背景，并借用酒吧所在地上海的老城厢多元面貌来具象演绎。不同于人们印象中公共空间与私人空间模糊交错的传统石库门印象，酒吧以一条窄巷将开放的吧台区和4个连贯的私密卡座间左右分隔，在功能和装饰上对比观照。这条窄巷走廊从入口直通末端，是贯穿整个空间的共用动线。

右侧卡座间面朝走廊的隔墙用具有沧桑感的旧竹条装饰，内部用回收的旧木横梁模拟老房子天花，定制的几何图案壁纸、墙面装饰画营造出20世纪30年代的老上海风情，是偏于朴素的居家生活图景。走廊末端的卫浴间将上海巷弄里常见的公用混凝土水槽原样搬入，以此纪念那些飞速消失的石库门生活场景。不同于光线较暗的私密隔间，左侧公共吧台区更贴近上层精英品位，墙面虽然是斑驳的旧砖，地板却是宽条橡木，吧台是厚条胡桃木。室内搭建铜框构架，上方横挂铜丝网，悬垂铜滑轮和绿玻璃吊灯，下方摆放皮革软包沙发、座椅与小圆桌。多处出现的镜面装饰为不同视角带来出人意料的变幻景致，令空间格外富有戏剧性。

Best 100：2015全球最佳室内设计作品

233

隈研吾（Kengo Kuma）

日本现代建筑的重要领袖人物之一，其建筑构成简单、直接，并且重视自然环境与当地文化属性。提倡在建筑中重新发现人与自然的和谐共存，重新发现人性，透过建筑展现人文关怀。其建筑曾获得国际石造建筑奖、自然木造建筑精神奖等。著有《十宅论》《负建筑》。

设计公司：隈研吾建筑都市设计事务所
项目名称：云南腾冲道温泉玉墅酒店

设计说明

正如隈研吾在《负建筑》中提出的——"除了高高耸立的、洋洋自得的建筑模式之外，难道就不能有那种俯伏于地面之上、在承受各种外力的同时又不失明快的建筑模式吗？那种与周围环境息息相关的建筑物难道真的不会出现吗？" 云南"腾冲道温泉玉墅酒店"正是他负建筑理论的实践产物。散落在山谷中的一栋栋别墅建筑，不但形态与山体融为一体，建筑采用的也是来自云南不同地方的六种石材：武定砂岩、大理石、香格里拉汉白玉、施甸米黄、云龙青石和腾冲本地火山石，充分体现了负建筑理论中关于建筑与周边环境和谐度的思考。

为了形成各自不同的墙体，隈研吾设计出了大小、厚薄完全不同的 108 种石块规格，以便进行色彩错落、嵌合凹凸的搭配，整个工作细化到为每栋建筑每一面墙体的石料拼贴都出了详细的图纸，所以每一片石块在施工的时候都进行了严谨的编号，最后才实现了"随便两平方米的地方都不会有重复的墙体"这种完美细节。

酒店在格局、设计方面均打破了传统酒店设计，大堂、餐饮、会务、酒吧、休闲等公共活动场与酒店别墅完全脱离，每一处公共空间都是一栋独立的建筑雕塑。而别墅内部格局依建筑而设计，也都不尽相同，每栋别墅的空间都巧妙地利用朝向采光，很自然地形成了明暗相谐的气氛，而且灯光的设计和家具用料都有不小的区别，以此来应对不同人对于空间机能的需求，入住者可以根据自己的生活习惯和喜好来选择，这样人性化、自然化的设计同样也体现了隈研吾自然化的设计理念。

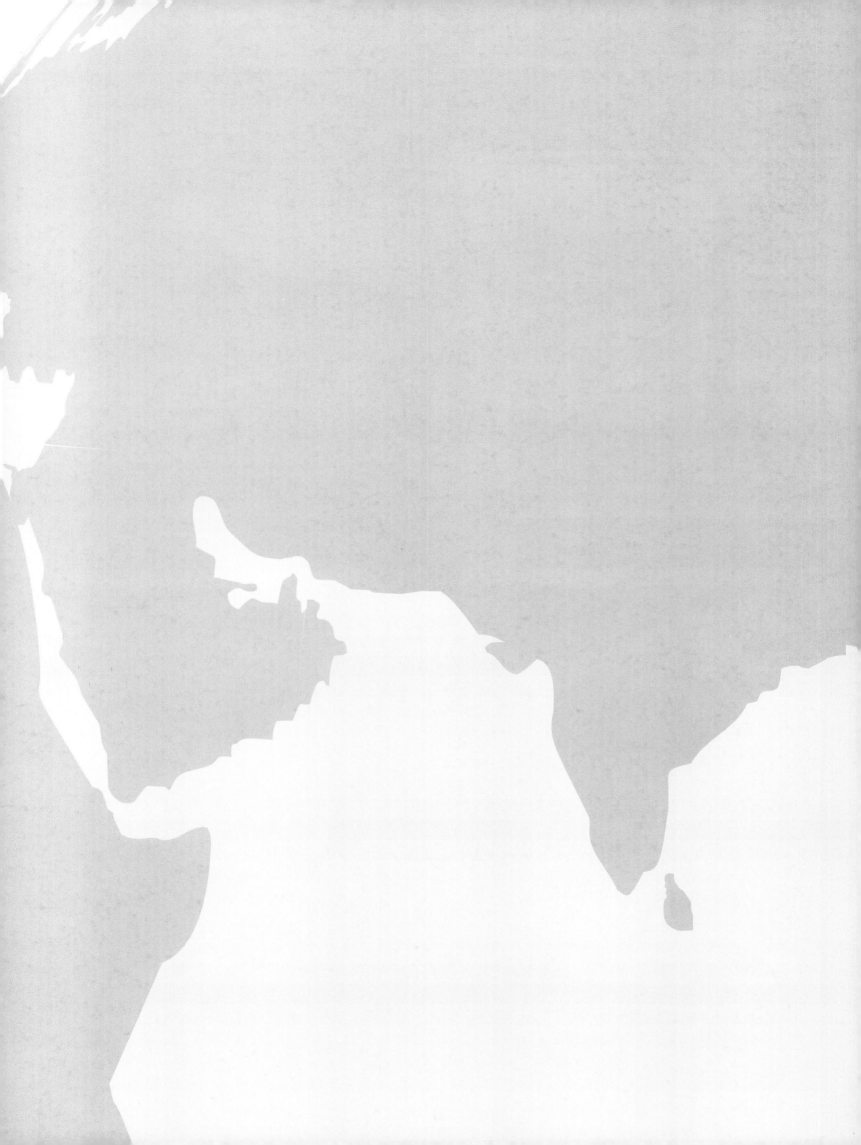

中国大陆、港台地区设计师

设计公司：宽北设计机构
项目名称：福州市家天下三木城住宅
参与设计：许珺、杨贤利、黄强

郑杨辉（Zheng Yanghui）

福州宽北装饰设计有限公司董事、首席设计师，中国注册高级室内设计师，室内建筑师，中国建筑学会室内设计分会第八委员会秘书长，中国建筑学会室内设计分会理事。曾荣获数十项亚太区及国内设计大奖，并多次作为福建设计师代表担任各类学术交流论坛嘉宾。

设计说明

业主是位教师，坐拥藏书近千册，他希望能有一个富有书香气的居所。正所谓"最是书香能致远，'屋'有诗书气自华"，当人、书、空间三者之间建立起一种紧密的联系，空间就不再是一个纯粹的物质存在，"书"也超脱了装饰品的范畴，变成了空间的灵魂支点。这也正是业主希望自己的居住空间所能达到的终极效果。在此前提下，设计师以"书"为主题，并纳入书法、梅花、文竹等古典艺术元素，通过多元造型手法对这些传统文化元素重新组合演绎，让其与现代空间框架及都市生活方式有机融合。

一楼客厅首先充分应用了"书"的造型。地板采用光面与哑光面两种瓷砖，设计师特意将其切割成不同大小的"书脊"形状，不仅跟墙面连贯一体，也与一旁厨卫连体空间的木贴面"书盒"外观形成呼应。白色书架采用异形拼贴的手法，如同现代变体的博古架，还可以在侧边充当小幅格栅屏风。餐厅的吊顶被设计师有意"拔高"，古朴谐趣的墙面挂画与餐桌陈设对比映照，渲染出"家和""有余"的中国情结。此外，设计师还从传统水墨画艺术中汲取灵感，用墨迹挥洒的半透明屏风分隔客厅与餐厅，带来虚实相映的典雅空间韵味。

设计公司：广州华地组环境艺术设计有限公司
项目名称：广州中信西关海销售中心

曾秋荣（Zeng Qiurong）

毕业于汕头大学环境艺术设计专业，后进修于清华大学建筑工程与设计高研班，并获得法国国立工艺美术学院（CNAM）硕士学位。1999 年创建华地组设计机构，现任执行董事、总设计师，中国建筑学会室内设计分会理事、专家委员会委员。一直以简约的手法诠释空间并赋予其灵魂，致力于东方与西方、传统与现代的融合与突破，以实现人与自然的和谐统一为实践目标。曾获亚太区室内设计大奖赛会所组别冠军奖、中国建筑学会室内设计分会"1989 — 2009 杰出设计师奖"等诸多设计奖项及荣誉称号。

设计说明

本案以大匠精工之理念，秉持苛求空间的人本奢华，采用现代中式风格设计，令古典与现代元素实现有机结合，以现代都市人所特有的审美需求来构造富有传统韵味的空间，对传统西关大屋的建筑艺术予以合理的继承与发展。在空间布局上，大量运用屏风隔断来表达山水情怀，重新塑造空间感，将空间的虚与实连贯起来，并实现主体销售展示与商业洽谈区的立体化分隔，保持了洽谈区的心里私密性和优越感。整体功能布局动线合理，能更好地满足销售需求，具备科学性。

全案的古典元素借用了建筑造型、灯具、家具、摆设、挂画等来呈现，宜设而设，精在体宜。置身其间，能强烈地感受到西关大屋的传统历史痕迹与浑厚的文化底蕴。婀娜多姿的现代弧梯极大地提升了空间的艺术品位，尽显尊贵却又无锋芒、不张扬。"鱼群"吊灯的使用，则在契合"海"的主题之余，凝聚了西关风情之美、人文之厚。"凌乱"造型彰显出游鱼的自由自在，通过与室内暖色灯光的合理搭配，将空间动态张力与阴影虚实表现得淋漓尽致。用设计与自然对话，将传统与现代共生。品质生活，温润如玉。

设计公司：上海 Archi 意·嘉丰设计机构
项目名称：青岛万科青岛小镇游客中心
参与设计：罗剑、侯萃萃、陈曦

陈丹凌（Chen Marguerite）

从业 19 年，2002 年留学法国。毕业于鲁迅美术学院工业造型专业，法国巴黎 MJM 艺术学院室内建筑设计专业，获法国室内建筑师资格认证。米兰理工大学设计管理 EMBA，曾就职于巴黎 Muriel LECHARTIER(D.P.L.G) 建筑师事务所，参与了多项知名项目的室内设计。任 ARCHI 设计总监 10 年，深谙专业智慧的设计之道，其丰富的阅历与经验让她各种设计领域中挥洒自如，创造了众多深具启发性的经典作品。

自认为"非主流"设计师，倡导用最本质的材料做最简单的设计，认为设计除了解决功能性和美学问题外，更应赋予空间情感与记忆，从而为使用者带来内心深层次的互动体验。

设计说明

整幢建筑依山而建，采用"筑屋于木"的理念，通过木桁架屋顶与树状重木两大独特的结构，从而实现建筑与自然共生的目的。室内设计完整地延续并展现了建筑绿色有机、人性关怀、地貌人文的设计理念，内部多采用当地出产的板岩、风化石和钢板、水泥板、原木，结合大量定制的仿生形态家具，用简单原始的材料来呈现一个多功能的空间。它的肌理朴素甚至有些粗糙，却与室外不事雕琢的山石草木相应和，用初始的自然之美提示着人们回归初心的可贵与自在。

建筑外立面 80% 都是由玻璃幕墙覆盖，三维曲面木屋顶设计采用悬索结构，屋面无须额外钢梁支撑，但同时也造成了室内空间存在异形的问题；另外建筑沿高高低低的山势而建，也造成室内不少区域存在台阶并形成落差。意·嘉丰的设计师首先将全部的落差在室外解决掉，室内只余大平层以及隔出的二层，确保了空间结构的流畅与合理。另外由于空间基本都是以反射性的玻璃材质为主，结合 8 米多的层高，拢音效果会较差，因此设计师专门设计了胶合木的梭形格棚来处理墙面。梭形取自立柱两边细中间粗的形态，为达到最佳的视觉和谐效果，格棚采用与立柱同样的材质并在加拿大定制。柱身在水平方向打孔，一为吸音，避免产生回字状的混音；二则是考虑到以后作为游客中心使用时，装饰面不能长期一成不变，可定期在小孔里穿插麻绳编织，通过颜色、位置的变化来打造多变的"第二表情"。

整个空间首先通过弧形书架和多种形态的沙发摆放，自然区隔出不同的洽谈区域。其次，设计师从每个人童年记忆中都会存留的折纸游戏出发，将在后期会成为视线障碍的销售台设计成螺旋形切面体，并由此自下而上衍生出"风之舞"艺术装置，由不规则的水泥板组成的销售台则巧妙地变成艺术装置的一部分。飞舞在空中的纸片组成一个动态的轨迹，隐性地引导人们按照既定的动线进入室内，并穿插在沙盘区、洽谈区之间，串联起各自独立的区域，形成一条有序的脉络，巧妙解决了双重功能的矛盾关系。

BEST 100 : 2015 RESIDENCE INTERIOR DESIGN ANNUAL

设计公司：GOA·乐空室内设计有限公司
项目名称：杭州西溪湿地米萨咖啡馆
设计指导：姚路
设计师：徐剑

姚路（Yao Lu）

GOA·乐空室内设计有限公司总经理、设计总监，高级室内建筑师，品牌策划师。1992年毕业于浙江理工大学，从事室内设计行业20余年。2011年应邀加入浙江绿城东方建筑设计院担任室内部门的设计总监工作至今。多元化的经历让他对室内设计理解更加丰富。作品最为明显的特点就是在室内空间中加入了平面设计的语言，其关于建立设计系统的构想也是值得当下设计界关注的核心问题。

设计说明

米萨咖啡馆位于杭州著名的西溪·洪园内的一幢徽派老宅中，当你走进这幢明清时代的徽派建筑，一定会被内部现代的"蒸汽朋克"风格所惊艳。古典的建筑及内部精美的木雕屋梁下，这里已瞬间转换时空，变身为质感与情调兼具的现代休闲空间。设计师以借景入室，移步换景为设计初设，利用落地玻璃大面积引进室外风景，各种朋克风格的机车装饰画及装饰物件变幻成为室内装饰物，通过以点引面的手法引导人们进入一种自由而洒脱的小资境界。

在室内选材上，设计师多以原木、青砖等自然材料，延续着建筑质朴古雅的风味。立面空间关系以复古的线条处理，配合简约、散发工业味的创意家具和陈设，与建筑内部素雅的白墙、纵横的木梁竟形成天衣无缝的融洽呼应。两种看似格格不入的文化元素，在设计师的妙手混搭之下，呈现出和谐共融的惊喜效果。

杨邦胜（Yang Bangsheng）

YANG酒店设计集团总裁、设计总监；中国第一批从事室内设计的行业领袖，中国最具影响力的酒店设计师。2004年创建"杨邦胜酒店设计顾问公司"，开启国际品牌酒店设计之路。迄今为止已为喜达屋、凯悦、洲际、凯宾斯基、万豪、希尔顿、安娜塔拉等国际品牌设计超过150家高品质的酒店，曾获国际国内160余项专业大奖。

设计公司：YANG酒店设计集团
项目名称：深圳回酒店

设计说明

"回"作为中国传统文化中最具代表性的文字，它的古文字型是一个水流回旋的漩涡状，寓意旋转、回归。《荀子》有云："水深而回。"在中国人传统的人文情怀中，"回"也是人们内心最基本的渴求。无论出发多久，都希望能够回家、回归最初的自我。酒店以"回"为名，并以"回"作为设计灵感，让都市生活回归原点——自然回归都市，爱回到家中，让一切感知在艺术空间中得以复苏。

酒店整体设计以新东方文化元素为主，并通过中西组合的家具、陈设及中国当代艺术品的巧妙装饰，呈现出静谧自然的中国东方美学气质。空间中一步一景，鲜活翠绿的墙面绿植、精心挑选的黑松、低调简单的哑光石材、波光粼粼的顶楼水面、质朴自然的木面材料……将自然界神秘悠远的天地灵气带到酒店空间中，让人仿若置身旷阔林间。六楼至顶层的部分空间被打通，构建下沉式的室内庭院景观，并引入时下流行的书吧，让宾客在自然雅致的环境中获得身体与心灵的双重享受。

Best 100：2015全球最佳室内设计作品

259

设计公司：深圳梓人环境设计有限公司
项目名称：成都西派澜岸会所

颜政（Yan Zheng）

深圳梓人环境设计有限公司设计总监，执行董事。设计主持过的项目范围广泛，注重完整空间中的细节探索，强调个性与精致的深度表达。涉猎多项设计领域的兴趣和经历奠定了她综合全面的素养，赋予作品鲜明独到的设计语言。曾多次荣获各类国内奖项及荣誉称号。

设计说明

飞速发展的科技和信息化时代，瞬息万变的经济现象，繁忙的生活迫使内心浮躁不安，心灵需要一份纯粹而又浪漫的美好，这种美必须是超脱普通流行病带有震撼力的个性化色彩，才足以打动人心。

激流勇进般地追求高效的经济步伐，众人已迷失原本最真的追求，但有那么一部分看似标新立异的人，另辟蹊径以寻求突破。法国19世纪末期，艺术家挣脱传统艺术美学的枷锁，极力寻找一种心灵相通的新会美学，新艺术主义（Art Nouveau）应运而生。会所正是以新艺术主义为设计风格，简洁有力的白、黑、金，裹挟着鲜明的独特风格迎面而来，优美灵动的花纹与太阳般放射形的几何线、菱格，碰撞出戏剧化的艺术火花，如肆意挥洒的一幕幕浓墨重彩的抽象画，让人过目难忘。设计师通过捕捉不同形态的艺术元素，感受人们内心的向往与追求，演绎出一种直抵人心象征生命生长的另一种新艺术主义风格，让每个置身会所内的人心灵都从束缚奔放出来，得以追求更深层次的精神世界。

BEST 100 : 2015 RESIDENCE INTERIOR DESIGN ANNUAL

Best 100：2015全球最佳室内设计作品

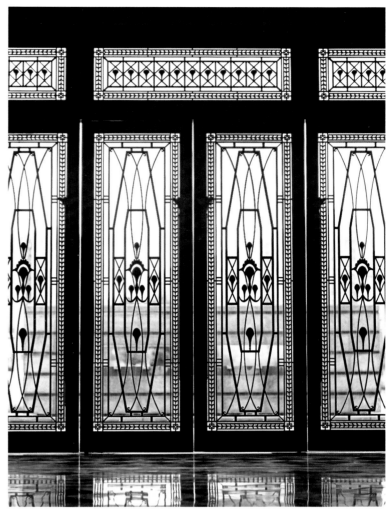

263

萧爱彬（Xiao Aibing）

萧氏设计董事长、总设计师，山间建筑事务所设计总监。四川师大视觉艺术学院客座教授，吉林建工学院客座教授。中国十大样板房设计师，曾连续两年被评为"CIID中国室内设计影响力人物"并多次荣获各类权威设计奖项。

设计说明

"江南、水月、周庄、当代"这一串词语就是这套售楼会所的主题，也是风格。入口的玄关是设计师的重点设计。地处水乡，风水很重要，这里的风水指的是要重视人的心理、本性和习惯。进门厅的处理，既围合又通透，在蓝色的墙饰与白皙的太湖石的迎宾台揭示了"江南、苏州、当代"的主题，既传统又时尚。每个业主进门都会被这独特桌子所吸引，与其说是接待桌还不如说是一件雕塑，既强化了人们进入空间时的印象，又具有实用的功能。

在半遮半掩的门厅过后才是揭开主题的面纱，"犹抱琵琶半遮面"的效果是典型的中国文化元素幻化成的空间感受。一切都做得轻盈而自然，轻巧的楼梯与建筑外墙造型协调有序。销控台区与沙盘模型区用木色作区隔，原木色的墙板与书架是设计师得心应手的空间处理方式，不矫揉造作。

沿湖边的窗景是客人休息洽谈签约的最佳位置。通过半通透的隔断围合，恰如其分地让每一个客人都有惬意的感觉，身在这里可以一览周庄水乡的美景。洽谈区隔断上的屏幕并不是仅播放商业介绍，更多的是展现水乡、小桥、南国、花鸟鱼虫，以及独特的水乡建筑。人文景观的优美图像，传达着的是浓浓的地域文化和风土人情。

设计公司：上海萧氏设计
项目名称：昆山水月周庄售楼会所

Best 100：2015全球最佳室内设计作品

设计公司：上海无相室内设计工程有限公司
项目名称：苏州昆山和风雅颂样板房
主创设计：王兵、徐洁芳
软装设计：李欣

Best 100：2015全球最佳室内设计作品

王兵（Wang Edmond）

上海无相室内设计工程有限公司创办人、设计总监，毕业于上海同济大学建筑系，从事室内设计25年。认为空间环境既具有使用价值，同时也应反映相应的历史文脉、建筑风格、环境气氛等精神因素。秉持"传承中创新"的设计理念，深度解读现代与古典美学并以独到手法演绎，从功能出发创造出具有生命力的空间场景。

与美国JWDA合作的苏浙汇1933店曾荣获美国精品商业空间设计大奖（Boutique Design Awards）金奖，连续三届获上海装饰装修行业协会室内设计大赛金奖，以及第十四届亚太室内设计大赛荣誉奖等国内外十多个设计奖项，苏浙汇虹桥店曾被香港杂志评为"年度最佳餐厅"。公司长期与绿城地产、新湖地产、同策等知名地产商合作，主要项目包括上海紫园、檀宫、臻园、御翠园和绿城玫瑰园等知名楼盘的样板房及私宅设计，并为万科地产、金地地产、盛高置地公司等多家知名地产商的楼盘进行软装饰配合。在商业空间方面，曾设计过德国阿尔诺、意大利艾麦维、德国凯乐玛卫浴等国际知名品牌展厅，以及担纲多家中国知名餐饮品牌"苏浙汇"的室内设计。

设计说明

本项目从属于政府的留学归国人才奖励项目，其中包括一批从北欧归来的留学人士，因此空间从一开始就定为简约、自然、实用的北欧风格。设计师王兵除了在色调、材质、装饰方面原味呈现出现代北欧风情之外，还从居住者的生活习惯出发，对动线安排、空间互动方面进行了精心的布局，深度展现了他的"传承与创新"的设计理念。

北欧风格重在体现出简约、舒适之感，整个空间摒弃过多装饰色调干净清雅，以纯白色、原木色及温和的灰蓝色、浅褐色为主，白墙、原木、创意灯具，恰到好处的留白与尺度营造出恬静宜人的生活场景。真正的品质往往隐藏在看不见的细节里，这里的沙发、茶几、餐桌、床等家具多数为量身定制，所用的实木原料在仓库里养了很长一段时间，自然烘干以后做出来的家具极富质感，充满展现出木材固有的温情与优美。

精选的富有北欧特色的纯手工装饰品也是室内亮点之一。憨态可掬的小木鸟或在圆桌上成群蹲守，或在树枝上独自停驻，带来一幕幕生动有趣的画面；墙上的驯鹿头像、维京题材油画，排列整齐的圆木，则将人不由自主地带入北欧原始、质朴的生活情境中，行走室内，仿佛时时有北欧的清风拂面而来。

Best 100：2015全球最佳室内设计作品

吴军宏（Wu Junhong）

上海鼎族室内装饰设计有限公司董事兼设计总监，高级建筑室内设计师。毕业于中国美术学院，多年的广告创意人经历赋予他独特的空间掌控与表现能力，善于用和谐的比例、丰富的色彩、精致的细节塑造充满艺术灵感的场景。曾连续多年被评为"上海十大最具影响力设计师""年度十大高端室内设计师"，并多次荣获业内权威设计大奖。设计范围涵盖样板房、售楼中心、高端客户私宅等。

设计公司：上海鼎族室内装饰设计有限公司
项目名称：天津海上国际城样板房

设计说明

"海上国际城"属于天津的空港生活配套区，其大部分户型定位适合适婚的年轻人，也有一些是面对主导社会资源运作的财智阶级。同时，开发商对建筑风格有自己的诠释和比较严格的造价预算限制。对样板房设计来说，如何凸显时尚、年轻而又不失高贵，简约又能让业主感觉空间沉淀的内涵与品位，将业主的期望和开发商追求的理念相结合，这些都是对设计师的挑战。

设计师综合各方面因素，融个性与创造性于一体，采用简约、平衡、和谐而性价比极高的现代风格来打造本案。室内围绕黑、灰、米、白等色彩基调展开，材料以原木色饰面、不锈钢、烤漆玻璃、木纹大理石、拼花素色马赛克为主，无论材料、色彩、装修还是陈设都秉承简洁干净的原则展开，各种空间区域只是通过地面、墙体、垭口等材质和设计的变化，以及软装饰品的细微变化加以区隔，并通过对材质和功能性的不同的巧妙深度造型切割，营造出简约而不凡的品质感。

在软装配饰和家具的运用上，比较显著的特色是自然质朴的布艺沙发和吹制深色玻璃制品（glass-blowing）的点缀。海蓝色、橄榄绿的花瓶、器皿散布于各种功能区间，剔透的质感和美丽的色彩带来优雅活泼的氛围。再加上设计师对自然光线的精心导引，以及镜子、窗帘等的适当搭配运用，使得光线更加自然通透和明亮，缔造了更为宽敞的空间感。

设计公司：无间建筑设计有限公司
项目名称：宁波私宅

吴滨（Wu Ben）

世尊设计集团创始人，香港无间建筑设计有限公司设计总监，国际室内建筑师与设计师理事会上海地区理事长，清华大学软装与陈设设计高级研修班特邀客座教授，中国房地产业协会商业地产专业委员会研究员。曾获国内外多项设计大奖，并多次受邀参加德国法兰克福家居展、加拿大 IIDEX/NeoCon 室内设计与用品展等国际大型展览做主题演讲。

设计说明

这是一位拥有一定美学素养的浙商的私宅，空间定位兼备展现主人情怀与品位的待客之用。设计师吴滨在整个设计过程中延续了一贯对于"幸福感"的重视，简练悠远的黑白色仿若水墨画般引人遐想，充满艺术感的材料、家具与装饰品则勾画出当代名士的审美趣味，叠合出一个当代诗意之家。

设计师首先对建筑内部空间关系做了很大调整，重新塑造了新的空间秩序。螺旋式的楼梯作为一个形体始终连接整个空间，以轻盈的玻璃和白色墙体展现了几何形态在空间中的独特风采；不同空间之间的双开铁艺框架玻璃格门，让客厅、餐厅在独立与开放之间开阖自如。东方精神和西方形态的交织结合，最终呈现在氛围与线条的表现上。自幼跟从大师学习水墨画的吴滨，将浓淡变化的黑白色调、大面积的留白手法、含蓄中富有生机的国画表现方式融入设计中，让人步入其中就能感受到当代的诗意，处处体现出当代与古典兼具的精致生活美学。

孙云（Sun Yun）

杭州内建筑设计有限公司合伙人、设计总监，观复博物馆、观复会所董事，高级室内建筑设计师，中国建筑学学会会员。主要作品包括阿里巴巴总部大楼、外婆家餐厅系列设计。

沈雷（Shen Lei）

杭州内建筑设计有限公司合伙人、设计总监，毕业于中国美术学院环境艺术系，英国爱丁堡艺术学院设计硕士，曾任浙江建筑设计研究院建筑师。主要作品包括阿里巴巴集团总部室内设计、2008年上海世博会中国馆贵宾接待区室内设计、外婆家餐厅系列设计。

设计说明

隐居繁华酒店所在的吴兴路83、85号，原名"竹苑"，是典型的西班牙式花园住宅，建造于1939年，主建筑共有3层，砖木结构，双坡顶，形体简洁。竹苑经由内建筑设计事务所修复翻新，变身"隐居繁华酒店"，复合时代特色，突出民国时期海派文化的包容与多样性，以城市文化客厅的形式，重现东方贵雅生活的气韵。"在隐居繁华中，仔细倾听，隐约间似乎有人在聊天，如同电影旁白，男人或在询问远方的消息、关于欧洲来的船期，而女人关心的则是花朵风干的颜色及香味。此时此地，设计就是把这些故意凑在一起。"设计师的叙事性思考如多重梦境层层展开。

翻新设计尊重老屋格局，未对院内的几幢老建筑作结构改动，仅在此基础上重新规划酒店的各种功能空间。入口大堂充分利用了建筑旧有的一块中空区域，保留了原本的结构木梁及人字顶面，作为一种时光印记的展示，融合到当下的新时空中。穿过大堂嵌着水纹玻璃的折叠门步入早餐厅，仿佛将人带回旧上海公馆的馥郁时光。大堂吧隔着内庭院与早餐厅相望，让室外景观与两处室内空间相互交融。繁茂葱茏的树丛花影借助墙面彩绘进一步被引入室内，搭配各式插花与垂吊的草叶花束为公共空间增添勃勃生机。

设计公司：杭州内建筑设计有限公司
项目名称：上海隐居繁华酒店

Best 100：2015全球最佳室内设计作品

设计公司：上海微建建筑空间设计有限公司
项目名称：苏州和氏设计营造股份有限公司办公大楼一期

宋微建（Song Weijian）

中国建筑学会室内设计分会副理事长，上海微建建筑空间设计首席设计师，上海农道乡村规划创作总监，2012和2013年度"中国室内设计十大影响力人物"之一。20世纪80年代开始从事室内设计，创作出一系列具有"新江南形式语言"特色、影响深远的空间作品和家具产品。近年来致力于传统乡村修复性规划、历史街区、老建筑改造等设计。崇尚道法自然、天人合一的中国宇宙观。在设计中对中国传统文化进行深入探索与发展，构建了微建空间设计的核心观念：传承东方文化的精髓；营造适合当代人生活的具有东方人文关怀的空间。

设计说明

缘于姑苏地域特征转化凝练而成的风水光影等基本元素，是建筑灵魂得以形成的重要基石，更是空间体验不可或缺的绝妙感受。建筑的户外墙体大胆采用了铝片包裹，在晨风的吹拂下，发出清脆悦耳的声音，宛如间流淌出的乐符，那是风与建筑的神奇协奏。一楼以水为主题拉开空间帷幕，环绕水系与水中半亭，述说着曾经的水岸风景和生活习俗，耳边隐隐飘过温婉的吴侬软语及园林戏台的悠扬昆曲。

高达数十米的整堵墙体斑驳勾勒出小桥流水、粉墙黛瓦、枕河人家，手法自然而老到，那是悠远而亲切的姑苏记忆。中庭挑高直达顶端，串起了大厦各个层面。又如传统江南民居中的天井，满足了人与自然的和谐关系，折射出中国传统文化的影子。三叶小舟悬浮于空中，与地面水系及墙体画意相互呼应，语境共濡，激活了空间的生命体征。同时，利用屋顶自然光的泄入，在有限的空间中造成多层次的丰富景色，把自然的光、声、色、气有效组织到空间中来，营造出舒缓绵延的音乐律感。

二层以上，围绕文化主题，采取"有意味的形式"的创造手法，以苏州传统民居中的厅、堂、楼、馆为空间设计元素，无论是形象、色彩、质感、光影等，几乎都与功能、材料和结构紧密结合，不崇庄严伟大，而求幽静精巧、因地制宜、随宜曲折、引人入胜。尤其是各种墙式的混合相连使用，形成水巷岸上高低起伏、错落有致的外墙景观，色彩淡雅、层次丰富、柔和清美。空间块面装饰中，汲取了中国传统民居形态构成中最主要的材料使用原理，如山之木、原之土、滩之石、田之草等，一一进入画面，使得建筑宛如深植于丰饶的江南大地，与自然环境构成有机的整体。

Best 100：2015全球最佳室内设计作品

彭征（Peng Zheng）

广州共生形态工程设计有限公司董事、设计总监，广州美术学院设计艺术学硕士，曾任教于中山大学传播与设计学院、华南理工大学设计学院。关注城市化进程中的当代设计，主张空间设计的跨界思维。代表作品包括南昆山十字水生态度假村、凯置地御金沙、时代地产中心、广州亚运会景观创意装置"风动红棉"、广东绿道标识系统等。个人荣誉包括 2014 年意大利 A'设计大奖（A'Design Award & Competition）银奖、铜奖，香港亚太室内设计大奖，金堂奖全国十佳设计、现代装饰国际传媒奖、艾特奖等国际和国内设计大奖，并获得 2013 年"广东设计之星"和"广州设计名片"荣誉称号。

设计公司：广州共生形态工程设计有限公司
项目名称：广东东莞城市山谷别墅样板房
设计团队：彭征、陈泳夏、李永华

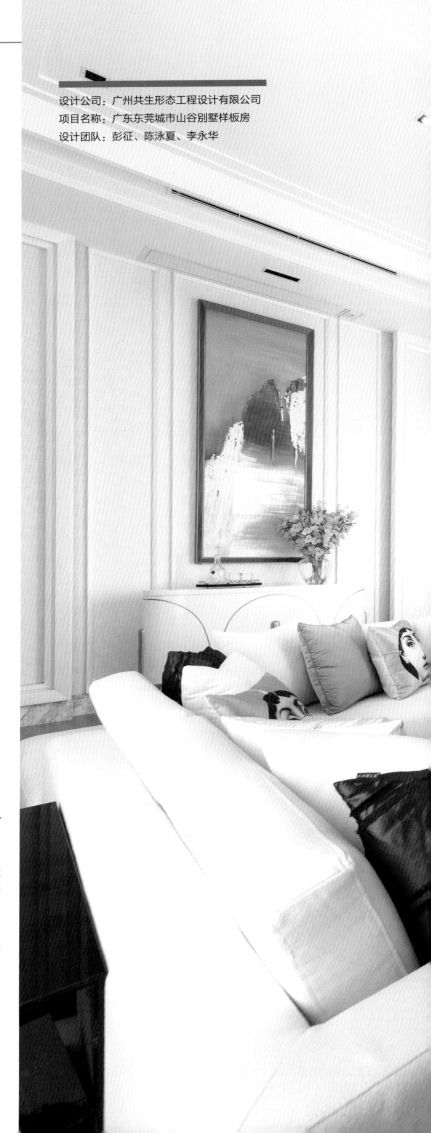

设计说明

作为日益稀缺的别墅资源，本案针对莞深目标客户打造小户型联排别墅，项目位于广东东莞与深圳交界的清溪镇。清溪拥有得天独厚的山水资源，是一个鲜花盛开的地方。设计以"阳光下的慢生活"为主题，希望将项目的地理位置、建筑户型等优点通过样板房淋漓展现。

一层的起居空间充分沐浴着明媚的阳光，室内外的空间通过生活场景的设置有效交互，尤其是室内向室外扩建的阳光房，成为传统功能的客厅与餐厅之间个性化起居生活的重要场所。设计摒弃客厅上空复式挑空的传统手法，使二楼的使用空间最大化。顶层的主卧不仅设有独立衣帽间、迷你水吧台，还拥有能享受日光的屋顶平台与按摩浴缸。

厌倦了都市的繁华与喧嚣后，需要一份简单与宁静。设计摒弃了复杂的装饰、夸张的尺度及艳丽的色彩，沉淀下宜人的尺度、明快的色调及材质典雅的质感、空间中能容纳想象与可能性的"留白"。在城市山谷的午后时光，风夹带着阳光和泥土的芬芳扑面而来……

Best 100：2015全球最佳室内设计作品

291

设计公司：孟也空间创意设计事务所
项目名称：北京燕莎公寓

孟也（Meng Ye）

孟也空间创意设计事务所设计总监、渡道国际空间设计（北京）创始人。致力于为中国精英阶层定制独有的高端住宅空间，主张设计的多变性及创新性，在北京、上海、深圳、成都、贵阳及江浙多地完成了众多私人别墅府邸及样板间设计项目。著名影星章子怡，及伊能静、陈宝国、汪峰等多位名人的私宅均由他担纲设计，曾荣获国内近20项设计奖项及荣誉称号。

设计说明

项目设计核心为居住者开启国际化视角的空间体验，体现女性化色彩观念，让公寓更显缤纷属性。客厅的设计孟也延续他设计中倡导的"时髦精神"，打造略带性感摩登感觉的空间。客厅纯白的空间之中加入樱桃红、莓紫、明黄、暖灰，显得格外俏丽鲜明。餐厅呈现出简约的设计感，白色的餐桌、白色的圆凳带有科技感。充满设计感的灯具的加入赋予空间个性色彩。

书房以淡雅的色调带来安静的阅读环境，而卧室则是属于女性的空间，纯白、浅咖、淡灰、樱桃红营造出沉静的氛围，窈窕的床头、空灵的灯具让空间跳脱沉闷，变得轻盈起来。这是属于女性的卧室空间，带有淑女的特性，沉静、空灵、优雅。

设计公司：吕永中设计事务所
项目名称：上海福和慧健康素食餐厅

吕永中（Lv Yongzhong）

CIID 中国建筑学会室内设计分会理事，吕永中设计事务所主持设计师，半木品牌创始人兼设计总监。1968 年出生，1990 年毕业于同济大学，留校任教逾 20 年。2009 德国 IF 大奖中国区特邀评委、爱马仕品牌中国地区橱窗设计特邀艺术家、2010 香港营商周特邀演讲嘉宾，并于 2011、2012 连续两年被中国建筑学会室内设计分会评选为"CIID 中国室内设计十大影响力人物"。携其家具设计作品应邀参加荷兰设计周、米兰设计周。空间设计作品获得美国 IIDA 国际室内设计协会 2011 年度最优秀空间设计大奖，并于国内外的媒体报道当中被喻为中国独创设计力的代表，以及十位"中国下一个时代开拓者"之一。

设计说明

项目位于上海愚园路风貌保护区，周边都是尺度相对要小的住宅街区。餐厅处于一座办公楼的裙房，建筑与道路之间有一个小院子相连，两侧也是一些定位较为高端的餐厅。受到场地条件和内部结构的制约，餐厅设计需要解决两个方面的问题：如何合理利用好面积不算太大的空间，并用现代设计的语言来表达高端素食的主题，营造恰如其分的餐饮空间感受。

从街道上看，餐厅的外立面通过精心控制的窗洞、背后的灯光配以外凸的隔板，在一小片竹林的掩衬之下若隐若现。对室内而言，这些位置和尺寸都经过设计的窗户也成为向外观赏竹林院落和梧桐街区的取景框。穿过院子可以看见主入口背后的人行通廊，作为室外通往餐厅的过渡空间，它依次连接了疏散楼梯、前台、客用电梯和端头一层餐饮区的大门。幽静的通廊传达出静逸深远的第一印象，而它与东侧餐饮区之间的少许半透隔断，为客人在步行的过程中创造出引人入胜的空间感受。从整体空间布局上，通廊将餐厅清晰的划分为服务空间（东侧的餐饮区域）和公共空间（西侧的走道、垂直交通空间、卫生间等）这两个主体部分，通过穿插、交叠而衍生出大小各异的厅廊，使餐厅布局上更为合理的同时丰富了空间的尺度感和多样性。

如果说平面是展示了空间在功能上组织的逻辑性，那么剖面则传递出更多空间设计的情感体验。透过纵向的观察，不难发现除了电梯和疏散楼梯等垂直空间外，餐厅的南北中心区域设置了一道与通廊交错贯穿的天井，配以变化丰富的木格栅作为背景，天井从视觉上将一至三层联系成一个整体。室内每层的顶面和立面以白色为基调，采用适当的镂空图案让空间界面在宁静和丰富之间达到一种平衡。天光自上而下，明暗变化的气韵在各层空间中轻轻萦绕，塑造出一种柔和的韵律感，也给人更多的想象空间。

Best 100：2015全球最佳室内设计作品

刘强（Liu Charles）

一墨十方·刘强设计师事务所创始人兼设计总监，2006年创办高端设计品牌"一墨十方"，2011年创办设计师整体家居定制品牌"一木一作"。拥有18年高端室内设计经验，擅长从中西文化中提炼艺术元素，以精工细作的专业精神与美学修养，打造凝聚文化风范，彰显精致生活态度，历久弥新的经典空间。历年服务客户包括万科地产、中海地产、中信置业、景瑞地产等近30家知名地产商，以及精品私宅、各类商业项目、品牌展厅。

设计说明

渴望拥有梦想之家的业主前后共与上海13家设计公司接触，在经过深入地沟通、了解后，最终选定由一墨十方的设计总监刘强为其打造新家。刘强擅长的优雅、精致的风格在这里得到充分施展，他大胆采用暖黄、浅绿等明快色彩，以此柔和古典元素的厚重感，营造出清新雅致的美式经典氛围。

考虑到父母与女儿同住，室内古典元素的加入经过了设计师的多重考量，在现代生活与往昔经典之间寻求平衡，已达到繁简相宜的适度效果。地面墙面及天花多用简洁手法处理，部分重点空间则以古典元素变化强调。比如玄关门廊顶部的四分肋拱天花与脚下的黑白格大理石拼接地板，古意十足又对比映照；挑高客厅里的雕花壁炉则在延伸向上的简洁背景框内构成重叠景深变化。

配合古典主题，家具陈设大多选用美式和法式古典风格，部分家具由设计师专门为空间设计并找厂家定制。原汁原味的深色木雕家具由此成为室内重点，与之相应，门廊两侧的简化版方形立柱、门框、餐厅檐口等处皆饰以同色雕花木料。连接地下活动空间与二楼卧室的楼梯同样铺设木质台阶，两种纽索纹交错而成的扶手于细节处见心思。为了缓解整天的厚重古典感觉，墙面与面料配饰采用明快色彩调和，从暖黄色门厅到浅绿色客厅，从普蓝色卧房到湖绿色卫浴间，用色清新多变。此外，另有花色纹样的地毯、落地窗帘、靠垫、座椅软包及墙面装饰画等，以缤纷色彩为空间点睛。

设计公司：一墨十方·刘强设计师事务所
项目名称：上海佘山圣安德鲁斯庄园

林开新（Lin Kaixin）

毕业于福建师范大学，林开新设计有限公司创始人，大成（香港）设计顾问有限公司联席董事。摒弃浮躁的形式主义，将"观乎人文，化于自然"的和居美学理念淋漓尽致地运用到项目实践中，令空间回归本质，直指本心。曾获 2015 德国 iF 设计大奖（iF Design Award）、2014A&D 建筑与室内设计最佳奖、香港 APIDA 亚太室内设计大赛金、银、铜奖，以及 2013 台湾室内设计大奖（TID 奖）等诸多知名奖项。

设计说明

茶会所临江而设，客人需沿着公园小径绕过建筑外围来到主入口。整体布局于对称中表达丰富内涵。入口一边为餐厅包厢和茶室，一边为相互独立的两个饮茶区域。为了保护各个区域的隐私性，营造空间的虚实意境，设计师设置了一系列灰空间来完成场景的转换和过渡，令室内处处皆景。首先是饮茶区中间过道的端景。地面采用亮面瓷砖，经由阳光的折射，如同一泓池水，格栅和饰物的倒影若隐若现。窄窄的过道显得深邃悠长，衍生出一种宁静超然的意境。其次是餐厅包厢和茶室中间过道的端景。大石头装置立于碎石子铺就的地面之上，引发观者对自然生息、生命轮回问题的思考。

在靠近公园走道的两个饮茶区，设计师分别设置了室外灰空间和室内灰空间。室外灰空间为一喝茶区域，除了遮阳避雨所需的屋檐之外，场所直接面向公园开放，在气候宜人、景色优美的 4 月至 10 月，这里将是与大自然亲密接触的理想之地。在另一边的饮茶区，设计师以退为进，采用留白的手法预留了一小部分空间，营造出界定室内外的小型景观。端景的设计不仅丰富了室内的景致，而且增添了空间的层次感和温润灵动的尺度感。

Best 100：2015全球最佳室内设计作品

设计公司：林开新设计有限公司
项目名称：福州江滨茶会所
参与设计师：余花

Best 100：2015全球最佳室内设计作品

Best 100：2015全球最佳室内设计作品

设计公司：Studio HBA 赫室
项目名称：漳州市长泰半月山温泉度假村

李鹰（Li Leo）

中央工艺美术学院学士，美国弗吉尼亚联邦大学艺术硕士，2003年加入HBA旧金山办公室，现为Studio HBA赫室合伙人、总监，在室内设计领域拥有近20年的工作经验。

设计说明

长泰半月山温泉度假村以自然生态为主题打造，知名酒店设计团队Studio HBA设计团队充分考量了当地秀丽清幽的周边环境，将自然界的静谧氛围延伸到酒店的室内空间，为居住者提供了一个亲近自然、休养生息的休闲环境。酒店的内部设计以土、木、石、竹为主要元素，延续了建筑外观的流线型设计理念，并巧妙融入当地传统土楼的圆形轮廓，打造出内外渗透、层层递进的空间布局。

大堂内两层的挑高空间给人以开阔大气之感，以传统土楼外形为蓝本定制的圆形木质吊灯、竹编座椅、木栏隔断，均以原木色调传达出温暖舒适的自在氛围。墙面以石砖垒砌的装饰来追寻旧日记忆中"土墙"的味道，有序排列的石柱则在丰富空间层次的同时传达出恢宏气势。SPA区以水为设计概念，采用湖蓝色作为空间点缀，让人仿若置身于大自然。咖啡厅和餐厅沿窗设置的座位布局使得山林美景近在咫尺，结合线条明朗流畅的原木色系家具，营造出清爽通透的用餐环境。度假村还拥有众多私密性良好的独立空间。不论是午后在水疗池中畅游，还是傍晚时分栖息在湖边木屋，均可伴随着悠悠山风，在湖光山色里尽情陶醉，畅享属于自己的宁静时光。

设计公司：Design 333
项目名称：杭州香格里拉·璞墅样板房

李懿恩（Li Mildred）

Design 333 创始人设计总监，美国康涅狄格州耶鲁大学建筑学硕士，美国加利福尼亚州伯克利分校建筑学学士，曾任美国康涅狄格洲耶鲁大学讲师。设计作品包括上海大剧院室内设计、上海翡翠别墅Ⅰ期 — Ⅴ期样板房、上海兰桥圣菲Ⅰ期 — Ⅲ期样板房及会所、天津柏翠园销售中心、会所、样板房的室内设计等。

崔臻（Cui Celia）

毕业于上海同济大学建筑系，Design 333 建筑工程事务所主案设计师、工程师。擅长高端别墅及商业会所的室内设计。

设计说明

样板房坐落在整个项目最大的蓝月湖的湖边，湖上常见白鹭、野鸭等候鸟栖息于此，背靠私享山地公园，尽得"风水"之玄妙。建筑本身呈现赖特享负盛名的草原式住宅风格，与如此"真山真水"和得天独厚的生态环境融为一体，室内设计秉承这一得天独厚的地理位置，将赖特风格延续至室内，并运用更加细腻的设计手法将赖特风不断推进、升华，这设计师对这位强调"建筑与周围自然风景紧密结合"的建筑大师最崇高的致敬。

竣工后的整体效果基本完成了最初设计理想，就是立足于传统文化去创立当代文化，使赖特风得以在当今生活完美呈现。诸多细节部分的设计手法和工艺处理方式可以看出设计过程中的良苦用心。比如大面积的木饰面的运用，木种选用雅致且有质感的胡桃木，没有过多修饰的线条，运用赖特所推崇的简洁、自然的木饰面拼缝并运用现代技术对实木木皮重新染色，使之适应当代生活的视觉效果。再就是极具20世纪30年代风格的玻璃铁艺隔断的展现，设计师延承赖特的装饰图案，但运用更具有现代感的不同表明处理的透光玻璃去镶嵌，别有一番韵味和情趣。

空间配色力图表达自然、淳朴、温馨的基调，运用木、石材、铁等建筑材料和棉、麻、皮等最为自然的织品和配饰，体现浪漫主义闲情逸致的典雅风格。运用传统的素材、材料，结合新技术、新材料，呈现当代的自然美。以砖、木、铁、天然石材、玻璃为材料主线，尽量表现材料的自然本色。重点装饰部分的图案大多是曲线或直线组成的几何图形，打造淳朴、自然而不失奢华感的新赖特风格。

Best 100：2015全球最佳室内设计作品

Best 100：2015全球最佳室内设计作品

设计公司：李益中空间设计有限公司
项目名称：西安万科高新华府售楼处
室内设计：李益中、范宜华、黄强
软装设计：熊灿、刘灿灿、欧雪婷

李益中（Li Yizhong）

李益中空间设计（深圳·成都）有限公司创始人，大连理工大学建筑系学士，意大利米兰理工大学设计管理硕士，深圳大学艺术学院客座教授。深圳设计师高尔夫球队队长，中国建筑学会室内设计分会（全国）理事。

设计说明

"大道至简"，对于空间，设计师注重空间之"无"，即空的部分；而对空间之"有"，即界面，则尽量简洁，剔除多余的装饰，为空间的内容物（比如家具、陈设等）提供最干净的基底。因此在本案中，设计师以简洁的界面为主，尽量消减形体重量，以保持"干净"和"轻盈"。同时，界面的设置也讲究通透，令到空间之间能相互引申，相互借景。

现代空间设计的精髓在于空间的自由分割，创造流动的空间特质。这是设计师一直坚持的设计信条，本案里设计师依此信条建立了空间序列，创造了空间节奏，在"起承转合"中，完成了销售的流线。核心空间以"先抑后扬"的手法来突出，在接待前厅用四个大小不同的"BOX"压低空间高度，但同时用金字塔的负形消减了"BOX"的重量感，仿若一个轻盈的光罩。这种造型被反复的使用，比如在单体模型和水吧之上，成为标志性的空间中的造型，并且界定特定领域。

穿过企业文化展厅，到达6米高的模型区域，这个空间成为售楼处的核心空间。悬挂在空中的艺术水景吊灯蜿蜒飘荡，成为视觉焦点。洽谈区则再次降低天花的高度，天花饰以木饰面，形成强烈的包裹感。木与地毯、家具、软装、艺术品搭配，柔化了空间质感，塑造了舒适的空间氛围。

Best 100：2015全球最佳室内设计作品

设计公司：唯想建筑设计（上海）有限公司
项目名称：千岛湖云水·格精品酒店

李想（Li Xiang）

唯想国际创始人、董事长、创意总监，毕业于英国伯明翰城市大学，英国、马来西亚双建筑学士学位，多年的马来西亚和英国留学及工作经验。曾获得马来西亚著名 SBC 绿色建筑设计大奖，并多项设计入围英国皇家建筑设计协会展览。2011 年创立唯想建筑设计（上海）有限公司，主持设计了被誉为"上海最美书店"的钟书阁等一系列项目，曾荣获包括 IDA、透视设计在内的诸多大奖。

设计说明

"云水·格精品酒店"坐落于千岛湖青山秀水间，客房由 12 栋 SOHO 型别墅组成，建筑简洁现代，出自德国 GMP 建筑事务所之手。室内设计由唯想建筑设计公司担纲，考虑到建筑风格是现代简洁风格，结合甲方要求尽快完工的前提，设计师便提出装修一切从简的想法。画布与舞台就从这纯白的、干净的基底开始，白色地板与粉饰白墙将直白地衬托出之后将在这里上演的一场室内外的对话、一幅臆想中的山水、一出没有言语的戏剧。

设计的重点逻辑在于每一组家具的表现形式，家具即是这出戏的主角。在大堂里，设计师用实木雕琢出了两叶扁舟，其一用支架的方式悬空，让它飘浮在空气里，像水已经充盈了整个空间。船桨被艺术化，成了屏风与摆件，配以如荷花一般挺立的"飘浮椅"。再用当地盛产的细竹编制成的网格作为吊顶，透过灯光把竹影洒向白色墙面，如此来传达一种"扁舟浮水面"的意境。在餐厅里，设计师把枯树镶嵌在了桌面上，辅以光影的互动，跳脱出一幅山林景致。

每一间客房里，用沙发演绎出一颗石子触碰水面的刹那波动，涟漪一般荡漾出几轮优雅的弧线，便成就了空间里水的动态与静态。设计师寻找出一棵树、一枝藤、一颗石子、一个鱼篓，经过精细地加工，小心翼翼地放置它们，就像它们本该出现在那里，填补出整个构图中的主次角色。整个设计的材料均以木、竹为主，以此来表达一种亲近生态的质感。而纯白色主调不仅凸显了木质带来的宁静，也有一种简练的当代时尚气息。

Best 100：2015全球最佳室内设计作品

李建光（Li Jianguang）

1998年成立福州造美室内设计有限公司，崇尚内心与自然的融合，注重当下人精神生活与现实的平衡，致力于结合当下时代气息传达"简单、清净、自在、无边"的美学意境，曾多次荣获国内外设计奖项。

设计说明

"造美合创"坐落于福州乌山东麓历史文化街区，白墙青瓦木门，封火山墙翘角，传统的福州古民居外观赋予其浓厚的文化底蕴和历史韵味。然而推门而入，藏在那传统外形之下的，则是一个兼具团队工作、产品展示与品茗社交等多重功能的现代办公、生活美学馆。

选择在这片浓缩历史遗迹的古建街区打造自己的办公空间，设计师李建光考虑更多的是能够把积淀下来的中华传统文化精髓与自己从事的现代文化创意产业相结合。结合周边依山傍寺的自然人文环境，设计师选择以中性色调、自然材料串联室内外，让东方气韵与现代艺术在空间里自如挥洒。

推门而入，原先传统民居的露天院落被改造成了由钢筋与玻璃打造的阳光走道，阳光、树影、屋檐透过玻璃融入室内，明净澄澈，天人合一。与品茗空间一墙之隔的设计产品展示区则相对独立，设计师将单件产品放在一层，产品组合居中，最上层放置茶座，随着脚步逐级而上，很快便可从工作模式切换到生活状态。这也正契合了设计师当初的设计宗旨："设计是为了解决问题而不是创造问题，在这个空间里，我最想要展现的就是我们团队的凝聚力，以及设计源于生活的感悟。"

设计公司：造美室内设计有限公司
项目名称：福州造美合创工作室

琚宾（Ju Bin）

高级建筑室内设计师，HSD水平线空间设计首席创意总监。任中央美术学院建筑学院、清华大学美术学院、同济大学城市建筑与规划学院设计实践导师。

设计公司：HSD 水平线室内设计
项目名称：天津中海八里台样板间
主案设计：琚宾
设计：黄智勇、刘斌斐、张旭

设计说明

该项目所在地位于天津，是兼具浓郁市井文化、舶来殖民风韵和当代工业文明的城市，看似多元对立的悖论，经过历史风雨和市民生活的洗礼，反而成就了天津独有的地缘风貌。设计师以写意手法提炼主题，使之连贯不同的空间。游走其间的异象，质感不同，却在笔触与纹理处暗通款曲；肌理有别，在形态上遥相呼应；功能差异，在线条上达到统一。各组异质物象之间结成微妙的内在关系，在神韵上融会贯通，构成层次丰富而统一的空间意象。

观照空间整体印象，趋于冷静克制。大量采用横平竖直的造型，以不锈钢边框勾勒出功能分区。结合现代极简风格的家具、几何造型装饰物，形成都市摩登感。不过，身处其间领略细节，则会发觉细密流畅的木纹、石理和暗金浮动的光影环绕在空间中。它们天然形成的起伏线条与柔和变幻的光线，有效形成了物与物之间的制约，当代工业技法与传统人居理念的平衡，共同筑就了共生环境。

"蝉噪林愈静，鸟鸣山更幽"，二元对立演化出的反衬效果，无论在文字、视觉和空间上都是一种高妙的表现手法。本案中，空间复杂功能多样，那么保证延续性成为考虑重点。大幅饰面的手法运用到中庭、卧室、书房等需要平心静气的场所，体量沉稳的家具填充其中，整体采用黑白主色调，暗金色点缀。相似的处理手法，却让空间气质延绵流动起来，构成设计的完整性。

HSD水平线的确擅长将东方神韵融入现代生活，但在实操中，会根据城市、地产、商业、艺术多方面考量，构思新的项目定位和设计策略，践行"无创新，不设计"的理念。根据本案的实际情况，提炼东西文化、传统当代的矛盾统一，构成空间的内在张力，有意隐去东西方符号化的表达，以简洁的现代语汇布局全篇。却暗藏质感、体量、纹理等细节处的西情东韵，等待居住其中的人，来日方长，细细体味。

Best 100：2015全球最佳室内设计作品

331

设计公司：J&A 杰恩设计公司
项目名称：长沙德思勤城市广场 121 当代艺术中心

姜峰（Jiang Feng）

J&A 杰恩设计公司（原 J&A 姜峰设计公司）董事长、总设计师。哈尔滨建筑工程学院建筑学硕士，中欧国际工商学院 EMBA，教授级高级建筑师，国务院特殊津贴专家。现担任中国建筑学会室内设计分会副理事长、中国建筑装饰协会设计委副主任、中国室内装饰协会设计委副主任等社会职务。在广州美院、天津美院、鲁迅美院、深圳大学、北京建筑大学、广州大学等高校担任客座教授或研究生导师。曾获数十项设计大奖，多次担任国内外大型专业学术论坛的特邀演讲嘉宾，在行业中有着广泛的社会影响力。

设计说明

长沙德思勤城市广场是位于湖南长沙的国内首个全业态、全业种、全客层的商业娱乐中心，也是亚洲最大的城市综合体。J&A 作为长沙德思勤城市广场购物中心、商业街及 121 当代艺术中心的原创设计公司，将德思勤广场独有的品牌特征与精美的艺术品相融合，最终效果得到了客户的一致认可和高度赞赏。

设计师将艺术中心的室内表现从色彩、风格及设计手法与其他会所区别开来。经过项目分析及人群定位后，提炼出以天鹅湖动人的爱情故事为设计灵感的来源，并将此转化为具体的设计元素贯穿于整个项目的设计中。

二层 VIP 接待室在一个圆形的空间里，设计师希望让客人有一种宾至如归的感受，将它设计为一个家庭红酒房，客人们如同在自己家中品酒交谈，一切都是轻松与惬意的感受。

在品牌项目展示前厅，则为客人制造了一份惊喜，把入口设计成为隐藏式电动门，通过智能化控制自动开启，打破传统思维，提升项目档次。让客人犹如进入桃花源一般，充满好奇。

在品牌项目展示中，设计师巧妙地运用屏风把品牌项目展示和会所展示分为两部分，在空间上保持一致又相互独立。品牌项目展示的是，德思勤城市广场即将建设的凯悦酒店与费尔蒙酒店的历史老照片与物品。在这个区域中，地面材料运用了实木拼花地板，通过石材与木地板的变化，以及脚步在木地板上发出的声音，提醒着客人放慢脚步，去欣赏艺术品。同时也通过艺术品的价值，告诉客人此项目如同一件艺术品，充满魅力。

禾易设计团队：(左起)沈磊、苗勋、李怡、王玉洁、陆嵘、卜兆玲、项晓庆

禾易设计（HYEE DESIGN）

原上海HKG建筑设计咨询有限公司，2001年HKG上海办事处成立、2008年正式组建了合资公司。拥有一支经验丰富的顶尖设计团队，设计融合了东西方的文化与理念，至今已完成包括浦东国际机场T2航站楼、上海世博洲际酒店、无锡灵山梵宫、灵山精舍，以及五印坛城等一批在国内影响深远的室内设计项目。自2014年1月起，HKG（原团队）正式改制为"上海禾易建筑设计有限公司"。

设计公司：上海禾易建筑设计有限公司
项目名称：无锡拈花湾禅意小镇·售楼中心

设计说明

所有的室内设计均基于前期精心的项目定位、策划，才度义而后动，一气呵成！在设计构造上，运用了"竹、木、水、石"这些最简单的材料。取竹之气节、水之灵动、木之温润、石之坚韧。摒弃了刀劈斧凿的痕迹，保留其古朴与天然的味道，旨在为来到这里的人们营造轻松从容，潇洒写意的禅意氛围。

入口处主题艺术装置为该空间设计的精神堡垒，天然竹节通过透明鱼线串联组合成了一个"天圆地方"，透过中心孔洞，后面是一幅由天然材质拼贴而成的、气势磅礴的巨幅水墨山水画，在底下薄薄一汪清泉缓缓涌动下如梦如幻。步入二层，映入眼帘的是灰白砂石铺设的枯山水，上面布满了大小各异的鹅卵石……踩踏之下，才知那厚实柔软的触感原来是几可乱真的地毯。最末端的小竹亭掩映在一层自天而下的半透明纱幔里，在禅意的角落里，人们能够忘记生活的烦燥，在静谧中"诗意地栖居"。

作为销售空间，其不同于一般城市里所常见的，也感受不到丝毫的商业气息。门外树木藤蔓苍郁葱茏，世俗喧嚣；门内青苔丛生，小径幽然，掩映成趣，仿佛置身尘嚣的另一个世界，唯有这样的环境，才是闹市中窥探天人合一的境界，将生命的本质升华到另一个层面。

Best 100：2015全球最佳室内设计作品

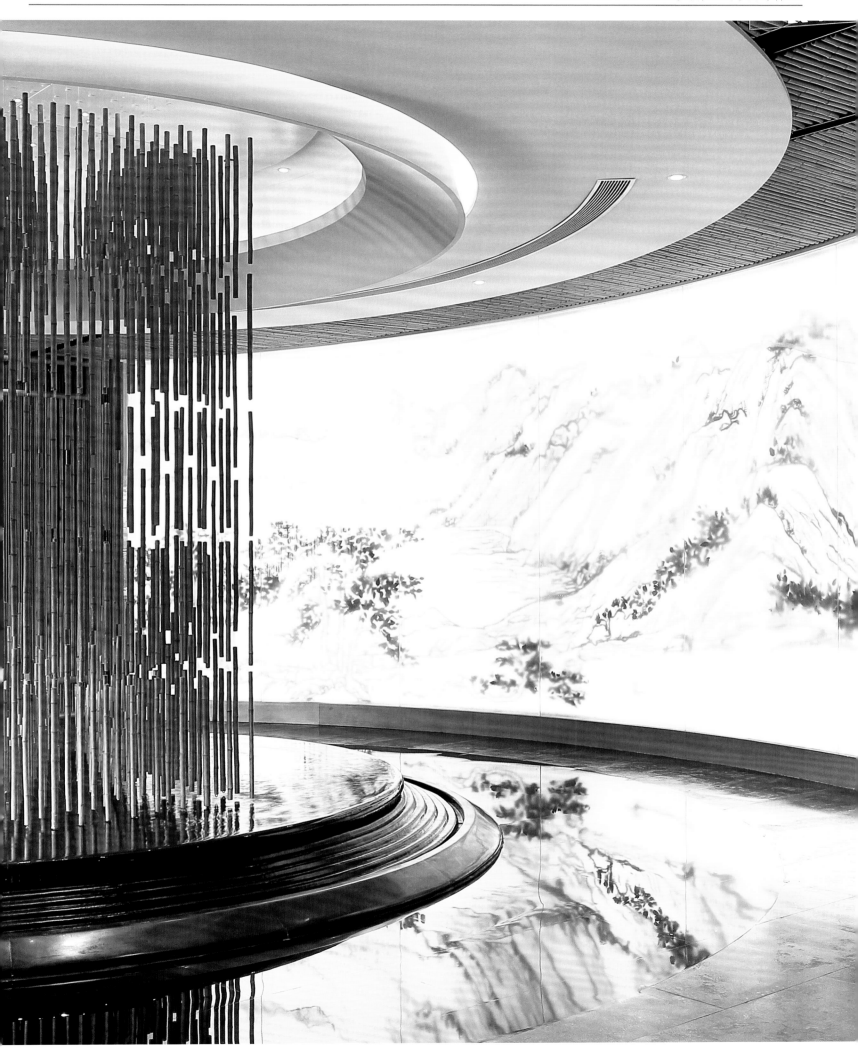

设计公司：LSDCASA
项目名称：北京中粮瑞府 400 户型样板房

葛亚曦（Ge Kot）

LSDCASA 创始人兼艺术总监，深圳市室内设计师协会轮值会长、清华大学软装与陈列设计高级研修班特邀讲师，曾多次荣获艾特奖最佳别墅豪宅奖、金堂奖年度十佳样板房／售楼处等奖项。

设计说明

北京中粮认为他们的客群是先于他人逐渐意识到生活趣味的一群人，是不易被物质打动的一群人。而本案的设计团队 LSDCASA 则认为文化就是生活世界，中国思维总是一些以经验、历史为支撑的生活现场，正在发生的当下，与物质无关。

LSDCASA 设计团队一直在说"生活美学"，他们始终坚持在做一件事，重建日常生活的神性。他们的创作、设计试图通过每个人的独立记忆和体验创建一个经验的世界，用平凡的生活，物件背后的故事，安静朴素的深刻，有着时间、空间雕刻痕迹的人性来感动世界，做符合当代人生活居住形式的设计。

什么是生活的品位？生活品位是一种诗意，源自对生活的热爱，而无论那是何种生活。生活的品位是人们日复一日的热爱着某事某物，成为某个领域的专者，一种生活的专业，清楚地知道自己最适合什么，且在这一点上决不妥协，这便是好的品位。所以，在这个空间里，设计团队采用了原创的一些家具、雕塑甚至装置，体现出对品味的不妥协，对美学的执着。

设计公司：无锡上瑞元筑设计制作有限公司
项目名称：烧鹅仔时尚餐厅

Best 100：2015全球最佳室内设计作品

冯嘉云（Feng Jiayun）

无锡上瑞元筑设计制作有限公司董事设计师、董事长，法国国立科学技术与管理学院项目管理硕士学位，中国建筑学会室内设计分会高级室内建筑师，IFI 国际室内建筑师、设计师联盟会员，ICIAD 国际室内建筑师与设计师理事会会员，项目曾多次荣获国内各类设计大奖。

设计说明

这家餐厅的定位面向年轻人，因此设计师以凸显时尚活力为主要设计思路，同时通过空间调性和材质的把握，塑造了一个有张力而不夸张、丰富而不繁杂、处处散发着当代时尚气息的餐饮空间。尽管广东客家菜给人一种传统的印象，但餐厅室内设计却以多元新颖的风格形成反差。整个空间如调色板一般，以黑白灰的空间底色作为背景，同时融入高亮度的彩色彰显年轻活力。一排排鲜紫色和深天蓝的沙发椅、柠檬黄色的工业风格吊灯形成视觉冲击，通过老木板的剪影化正负形状处理，以及字母涂鸦和多变的灯光，完成了从沉稳端庄到现代时尚的性格演绎。丰富张扬的撞色搭配并未给人过于喧闹的感觉，反而在实木色的衬托下形成一张一弛、简繁有致的美感。

在不同的就餐区之间，设计师以镂空的黑白字母装饰画、有彩色印记的做旧木板作为隔断，不但将前卫的涂鸦艺术带进室内，也由于材质、色彩和空间切割的秩序与条理，使得整体空间稳健而不呆板，有张力而不夸张，饱满又不拥挤。整个空间通过内敛的中式精神与国际化空间调性的交互参差，将"烧鹅仔"的历史厚度与时尚业态进行了巧妙的融合，高端餐饮的品质感与当代意识的亲和在元素与结构之间获得了充分呈现，充满隽永与活力的情境体验感。

345

戴昆（Dai Kun）

建筑师及室内设计师。北京居其美业住宅技术开发有限公司执行总裁。近年来，致力于美式居住文化和生活方式的推广。工作方向偏向住宅室内设计，主持设计了全国各地大量的样板间室内设计及陈设工作，同时担任中国陈设专业艺术委员会副主任。推动中国陈设艺术的教育推广及发展。

设计说明

上海一直是中国最具西方气质的大城市，同时也是外国人眼中最具东方格调的城市。于是设计师在这套样板房中创造了一种糅合了东方古典美学和西方装饰艺术派（Art Deco）的设计风格，以此表达"世界的东方"的意象。

项目地上二层、地下一层。待客起居空间位于一层，二层是卧室和休息空间。在地下室集中了家庭娱乐和收藏等更为个性化的房间。设计师首先对空间进行了平面梳理，让轴线更清晰，让平面上各空间的比例和位置更加均衡。在陈设色调方面，采用了灰色系，降低色彩纯度，并充分调和，力争做到柔和、平静、和谐、不强烈、不刺眼。局部饰品上则点缀具有中国韵味的色彩如松石绿、桃红、蒂凡尼蓝及暗金色等，调和出典雅时尚的空间氛围。

设计公司：北京居其美业住宅技术开发有限公司
项目名称：上海绿城玫瑰园样板房

主创设计师：陈向京

集美组机构（NEWSDAYS）

创建于1992年，由广州集美组设计工程有限公司与加拿大西尔曼设计公司合资组建而成。公司是国家装饰一级企业，中国建筑装饰协会会员，以从事大型公用建筑装饰及住宅设计而著称。集美组家居以拥有多名设计界享负盛誉的设计大师和留学归国的设计先驱而自豪。多年来，他们在钻研室内设计的同时，也在探索家居用品设计跨越地域时空的个性艺术创造道路，并确立了集美组家居"现代简约，淳朴自然"的艺术风格和"自然而然，自居而居"的品牌理念。

设计公司：集美组机构
项目名称：安吉君澜温泉度假酒店
主创设计师：陈向京、周筠、许琼纯、
　　　　　　石雅文、吴漫龙

设计说明

本案以当地的竹文化作为主线，用传统与现代、乡土与时尚、东方与西方的语言融合来形成独具特色的竹文化主题酒店。大堂里，天然的竹林悬挂于日光之下，悠然而大气，中央顶上的大型吊竹在巧妙的布局下，使到大堂得到了空间上的延伸，精神上的统一。薄如蝉翼，轻如丝缕，置于大堂中央顶部的大型吊饰，宛如丝绸般轻柔折叠自由舒展，与日光相连，同吊竹辉映。经其思绪间自然衍射的光线，洗涤充溢了整个大堂，仰望间感应罡风之气，共鸣天地之灵。

茶吧里饱含着设计延续性的竹屏风和竹天花，在不经意间将空间重组成一个个独立而开放的、交错而又分离的整体。西餐厅的顶上，那流淌着动态美的竹编线条将时间和空间在这刻交融，宾客在恬静的环境中感受着离自然最接近的景色，优雅进餐。圆形过厅是连接大堂与餐饮区的重要设计节点，创造出一个温暖精致的氛围。零点餐厅的灵感来源于传统的竹篮手工艺，用竹子做成的竹棍成为空间的主要材料，有序地编织出一个现代而又富有创意的用餐空间。套房则是将竹子新芽、长成、成林的主线作为设计主题，通过不同的色调和材质、造型，带来细腻而富有美感的愉悦体验。

Best 100：2015全球最佳室内设计作品

Best 100:2015全球最佳室内设计作品

白庆聪（Bai Qingcong）

毕业于台湾成功大学建筑系，在建筑与室内等专业上有 24 年丰富的实务经验。LPL 阆品集团的创办人，现任 LPL 阆品集团总设计师，专为高端人士提供顶级的设计与软装量身定制的执行。

设计说明

"上实和墅"会所坐落于上海四大历史文化名镇之一的朱家角镇西侧，深具人文底蕴的梦里水乡激发了设计师的无限灵感。他以中国自古便备受推崇的"和"文化为出发点，在设计中融入众多传统文化意象，并结合现代生活的习惯要求，悉心打造了一处和谐有序、与时俱进的新中式风格别墅居所。

"和"文化向来是中华民族传统文化的重要组成部分，也是中国古代人文精神的思想精髓。为了在居室中渲染和睦、祥和的氛围，设计师采用石木材质、洁净色调、流畅线条构筑空间。全木结构的建筑内部，以进口木料打造的斜顶与圆柱将视觉无限延伸，原木材质本身拥有的温暖特质也传达出舒适禅意的空间气韵。与之相呼应的是纯白色的大理石地砖及由白色石砖垒砌而成的背景墙面，在色彩上以大面积纯色包容空间内一切杂质，同时又形成木石相生、清雅逸远的卓然意境。

在白色背景之中，一条由木地板铺就的长廊将一楼分为泾渭分明的两个区块，分别用作洽谈区和休息厅。横向舒展的流线设计，打造出开阔舒朗的视觉体验。洽谈区的墙面上悬挂着一组"梅兰竹菊四君子"水墨画，作为新中式风格的主要组成元素，在空间中起到画龙点睛的效果。除原作外，画面内容也同样被复制在洽谈区的高背椅背上，将艺术典藏与实用家具两相结合，体现出别墅生活与人文艺术相融共生的中心思想。在休息厅的背景墙上，设计师以"荷""鱼"为元素，独具匠心地创作了一幅主题艺术装饰。"鱼"代表着富足有余，俱足圆满的美好寓意；"荷"作为"和"的谐音，既点明空间设计里和睦吉祥、海纳百川的主旨，同时又传达出传统人文概念中高洁出众、出泥不染的姿态。

设计公司：LPL 阆品集团
项目名称：上海上实和墅会所

Best 100:2015全球最佳室内设计作品

359

港台地区设计师

设计公司：香港德坚设计
项目名称：香港金牌海鲜火锅澳门店

Best 100：2015全球最佳室内设计作品

陈德坚（Chen Kenny）

毕业于英国李斯特迪蒙福大学（De Monfort University）室内设计系，早期曾经在曼彻斯特著名的设计公司 Company Designer Limited 工作，1995 年成立德坚设计（KCA），曾获美国金钥匙设计大奖（Gold Key Award）、亚太室内设计大奖等众多奖项，曾任香港室内设计协会会长和香港设计中心董事之职，致力推动香港设计文化。

设计说明

在中国的古老传说"九重天"中，古人认为天有九层，而九重天中的"九"字代表"无限"。在这家火锅店里，设计师注入了大量的东方色彩，不但撷取中国传说中"九重天"之意作为灵感来源，还以云彩为主题，来描绘火锅蒸汽缓缓上升的意境，以中式意而非形来塑造室内设计，创意独特新颖。

店内布局紧凑，整体设计以现代、时尚为主，辅以简约东方风来搭配，营造出一种别有韵味的风格。店内布置华丽大方，装饰格调统一，风格明快，用餐环境简洁。颜色方面以中性暖色调为主，同时利用古时极为珍贵的朱红色作为点缀，突显气派与高贵。

经过一条云的形状的入口走廊，便进入火锅店内。厅堂墙壁利用 9 条 LED 流线型灯槽来描绘流云，同时呼应了九重天的设计主题。正中位置的大型柱子内藏了一条由贝母砌成的光槽，光由地面打上去，营造了火锅冒出的香喷喷的烟雾的情境。地面部分采用黑白金云石作拼贴，意大利云石墙壁上的密宗形状的云彩线条以金属条打造。这样的厅堂布置既有创新美感，又能保持干净的环境，更提升了火锅店的档次。金牌海鲜火锅店不单带给客人味觉的享受，更在视觉上提供了无限乐趣——云彩的画面，东方的文化气氛，每一处细节都充满设计师的巧思和创意。

Best 100：2015全球最佳室内设计作品

方钦正（Fang Adam）

法国纳索建筑设计事务所合伙人，设计总监。生长于台湾地区，后赴英国攻读建筑，不到35岁就成为上海世博会中最年轻的国家馆（摩纳哥馆）主持建筑师。同年在上海完成的新衡山电影院建筑群体设计也是倾力之作。近几年参与众多外滩保护建筑改造设计项目，包括外滩5号整体改造总负责和北京东路240号四明大楼室内设计。曾三次荣获台湾室内设计大奖（TID Award），以及IDC酒店设计年度大奖等。

设计说明

杭州西溪花间堂酒店的选址位于原生态景区西溪湿地内，距离西湖5公里，是罕见的城中次生湿地。在这里没有太多的历史文化遗迹，设计师必须为"人文客栈"——花间堂寻觅新的亮点。西溪有着未经雕琢、野味十足且独特的湿地风貌。这是一幅随性的山水画卷。

在建筑的形式上，设计师尽量低调处理。景观与建筑的关系是"湿地里的屋子"，而不是"建筑配套的湿地"。这里没有建造一栋巨大的高楼，取而代之的是将一至二层的小房子规划成5片分布在园区内。接待室、餐厅、客房、水疗中心、别墅等，各自散落，但又有栈道连接。

整个酒店更像是一个湿地中的小村落。灰白色的涂料、风干的松木、纤细的铁扶手、简单的斜屋顶及通透的大玻璃几乎已经是建筑外观上所有的元素了。去除了不必要的修饰，朴实的小屋自然地融入了湿地的大环境。

不仅仅是建筑，为了让住客也能充分地融入湿地，零距离地体验自然的趣味，设计师尽可能采用开放式的设计格局。不论是建筑外还是建筑内，几乎所有的走道连廊都是开放的；整洁的栈道、精心规划的动线安置在杂乱野生的植被中，住客在任何路途中都将置身于大自然的湿地内。在大面积地保留了湿地原始地貌与植被的同时，点缀了一些别样的小趣味，户外的书屋、儿童树屋、湖边的无边际泳池都为住客提供了在户外休憩、赏景的据点。在野趣盎然的环境中也有精致舒适的小天地。

设计公司：法国纳索建筑设计事务所（Naco Architectures）
项目名称：杭州西溪花间堂度假酒店

设计公司：OFA 飞形设计
项目名称：博德宝 Poggenpohl 上海展厅

Best 100：2015全球最佳室内设计作品

耿治国（Kan Gustaf）

台湾地区设计师，从业二十年来发展出其独特的商业设计哲学——OFA Inspire，坚持对城市生活与都市人进行细致观察，引领其团队发展对商业运作的独到洞见与深刻思考。抛弃表浮式的商业设计方式，擅于牵动消费思考、触发消费欲望，开放人与环境、人与人，以及人与自身的对话可能，并以此摸索与开拓中国当代都市生活的全新走向。

设计说明

曾经的老旧厂房，如今的黑色铁盒。依缘地面光亮的指引推开大门，巨大空间的冲击迎面扑来——这里是世界最负盛名的高端厨房品牌博德宝在全球唯一以博物馆为主题的展厅空间。

挑空制造的超大空间中，历史相片与珍贵实物依次陈列，将品牌历程清晰展现；大型现代艺术作品的设置使空间又仿若一座典雅的美术馆。空间中的展品既是品牌历史长廊的一部分，亦成为美术馆中的珍藏作品。

设计师在规划本案时，将高端品牌、艺术品位与生活体验融为一体，使品牌对自身的表述显出自然与优雅。人们在展厅中的不同活动与互动关系，使空间作为展厅、博物馆与美术馆的同时，也可以成为烹饪教室、美食厨房及派对会场。三层 VIP 房间既是厨房宴客厅，也可成为烹饪教室，依缘透明瞭望台举行小型派对活动。空间超脱出单一的展示功能，为品牌主动表达自身提供了可能。

空间中的大型对象也依据场景功能转变自身角色：6 米宽的巨大楼梯可以是连接楼层的功能性存在，亦可以是观赏品牌活动的观众座席，甚至是模特款而下的倾斜 T 台。垂直直达电梯连接起超大空间中的各楼层，功能性之外，它也是一座移动的小型客厅，将客人带往三层的厨房宴客厅；它还是一座小型观览室，在向上的行进中展现观看整个空间及其中展品对象的上佳角度。三层 VIP 房间与透明瞭望台也可因品牌活动随时变身为一座开放厨房宴客厅与空中观景庭院。空间入口处灯光、底层水平环绕的盒状灯光、垂直电梯移动中形成的灯光、6 米宽巨大楼梯的倾斜灯光 —— 空间四个维度上的灯光设置，依据场景功能的变化组合切换，为不同空间情境提供全方位差异感受。

371

黄志达（Wong Ricky）

黄志达设计师有限公司创始人及董事，美国威斯康星国际大学建筑学专业毕业。一贯主张"生活需要无限可能"，在设计与生活方式之间搭建起灵感的桥梁，在创作的同时，亦在享受设计。众多作品享誉业界，曾获 APIDA 亚太室内设计奖项、美国金钥匙大奖（Gold Key Award）、亚洲最具影响力设计等国内外设计大奖。

设计公司：黄志达设计师有限公司（Ricky Wong Designers）
项目名称：深圳皖厨餐厅（欢乐海岸店）

设计说明

徽派建筑是中国古代社会后期成熟的一大古建流派，徽派建筑在成型的过程中，受到独特的地理环境和人文观念的影响，显示出较鲜明的区域特色，马头翘角、青砖黛瓦、粉墙天窗，典雅的浅灰、庄重的深黑、轻柔的雪白，共同构成了一曲黑白主调的悠然乐章。

设计师在皖厨餐厅项目中，把徽派建筑的精神融入作品中，以独特视角深入刻画"马头翘角"元素，整体感、细节处都点滴反映出徽派文化的建筑特征和地域文化倾向，将徽派独有的高墙封闭、马头翘角、墙线错落、黑瓦白墙展现于本案作品中。餐厅内以古朴的灰砖背景墙去协调深沉安静的木质桌椅，自然和谐，天然去雕饰的纯朴之风弥漫了每个角落。细节处的粉墙黛瓦设计更独具匠心，营造出"行云有影月含羞"的古风之美，将商业空间提升出悠然文化气息，质朴中透着清秀。

在徽派艺术中，徽州砖雕的发展形成和其所处时代的经济文化息息相关。徽派最具特色的徽派三雕，后被广为流传为徽派艺术"三绝"，其"砖雕"从早期的简单、粗犷、朴素的纹样，不断演变发展，生动活泼而雅俗共赏。餐厅设计中沿用了这一艺术元素，整面墙体通过砖雕文化元素装饰，更突出其独特的格调，将带有地域特色的文化融入现代都市环境中，让人们在就餐氛围中切实体验到浓厚的传统文化与淳朴的生活气息。

Best 100：2015全球最佳室内设计作品

375

Best 100：2015全球最佳室内设计作品

设计公司：PAL 设计事务所有限公司
项目名称：上海万科翡翠滨江销售中心

梁景华（Leung Patrick）

毕业于香港理工大学设计系室内设计专业，1994 年成立 PAL 设计事务所有限公司。曾担任香港室内设计师协会副会长，多次荣获亚太区室内设计大奖，并在之后担任亚太室内设计大奖评委。其风格追求永恒、创意，以简约精巧见称，擅长融合东西方文化之精华，创造出和谐、舒适和不受时空限制的空间。

设计说明

"万科翡翠滨江"营销中心是万科在上海浦东新区力推的楼盘，由 PAL 设计事务所创始人梁景华先生担纲其会所及精装样板房的设计。设计师以流线型作为切入点，通过对于流线美学的演绎为都市中的人们提供精神和压力释放的出口，对当代豪宅设计有着开创性的意义。

会所外观由香港著名建筑师严迅奇（Rocco Yim）设计，内部设计采用具有未来感的银白色系，并以灵动的流线来勾勒不同空间、细节的轮廓，带来如同走进太空舱的奇妙体验。流线形设计其实在当代设计史上有着举足轻重的地位，作为美国 20 世纪三四十年代非常流行的一种设计风格，它以圆滑流畅的流线体为主要形式，最初主要运用在汽车、火车等交通工具上，后来广泛流行，几乎涉及所有的产品外形。

流线形的魅力在于它给人们带来了希望和解脱，成为走向未来的标志。它的情感价值超过了实用功能，而这也正是 PAL 设计事务所以流线展开设计的初衷。在上海这样一个生活节奏快速的国际大都市，人们需要一种美学来提供精神出口，获得压力释放，而源于自然，充满节奏感和韵律感的流线能舒缓人们的身心，必定会在未来成为流行的热点。

Best 100：2015全球最佳室内设计作品

设计公司：梁志天设计师有限公司
项目名称：黄山雨润涵月楼酒店

梁志天（Leung Steve）

梁志天建筑师有限公司及梁志天设计师有限公司创始人、Steve Leung & yoo 牌创意总监。香港大学建筑学学士，城市规划硕士。1999 年至 2012 年间十度获得安德鲁·马丁国际设计大奖（Andrew Martin Award）。

设计说明

黄山雨润涵月楼酒店，是黄山区规模最大的高端别墅型度假酒店，共 99 间独立别墅，一户一别苑。室内设计以现代中式为题，糅合其擅长的现代手法及传统徽派建筑元素，简约之中散发古雅与富丽。设计师选用大量大地色系的天然石材和木材，并运用"奇松""云海"等著名的黄山地域元素，让设计达至里外合一，简约之中却散发浓烈的中国情怀，呈献富有徽派色彩的地域设计。

沿着黑麻石地台步入接待大堂，抬头可见金字形的屋顶，一盏盏灯笼造型的灯饰垂吊而下，配合中央的四根黑麻石莲花柱、黑檀木饰面吊顶墙身，为酒店奠定和谐古雅的气派。透光云石服务台的后方置有一幅黄山迎客松石雕，与两旁烛台造型的台灯互相映衬，气势磅礴。绕过大堂，来到商务中心、商店、茶室，其设计与接待大堂互相呼应，运用了鸟笼、通花木窗棂等元素，配合质朴的石材及木材墙身、地板、展示架，淡淡地流露中国传统艺术的意韵。

酒店设有三款共 99 间不同的独立别墅，尊享一户一别苑的私密空间，每户均设有水流按摩浴缸或泳池，客人可在庭院内，一边欣赏竹林景色，一边忘忧畅泳，恬适宁谧。室内选用米、深啡两色作主调，并配以具有质感的木地板、灰色墙身，设计简洁谐和，完美融合房外的自然美景。卧室内的实木花格移门、鸟笼装置及仿古大床等元素，含蓄地展现中国传统工艺的意韵，成就别具格调、气派的度假空间。

凌子达（Lin Kris）

毕业于台湾逢甲大学建筑系，法国国立工艺学院（Conservatoire National des Arts et Metiers）建筑管理硕士，以"达者为新，观之有道"为设计宗旨，曾连续多次荣获德国红点设计大奖、英国 SBID 国际设计大奖、美国 IIDA 全球卓越设计大奖、意大利 A'设计大奖（A' Design Award & Competition）铂金奖等各类国际奖项。

设计说明

在这个项目中，设计师试图探讨空间的构成方式的更多可能性，想打破常规横、平、竖、直的墙体去围绕出室内的空间。不管是建筑或室内，起始空间构成都是由点拉成线，由线形成面，再由面围合出一个三度空间。这次设计师则希望用另外一种思维方式，并利用折线条去构筑一个具有立体感的立面，形成特有的表面质感。因此可以看到充满丰富变化性的折线条的立面由墙体延伸至天花、吊顶，最终汇聚成一个充满独特性、让人意象不到的新视觉模式。

设计公司：KLID 达观建筑工程事务所
项目名称：南通万濠星城售楼处

设计公司：台湾大易国际 · 邱春瑞设计
项目名称：珠海莲邦广场艺术中心

邱春瑞（Qiu Chunrui）

台湾地区室内建筑设计师，从事室内设计行业二十余载，提倡"室外环境就是最好的装修"，摒弃过多的装饰装修。曾获 2015 年 iF 设计大奖（iF Design Award）、意大利 A' 设计大奖（A' Design Award & Competition）室内建筑设计类铂金奖和银奖、2014 年红点设计大奖（Red Dot Design Award）等各类国内外奖项。

设计说明

本案所处位置与澳门一海之隔，可观澳门塔、美高梅、新葡京等澳门地标建筑，地理环境优越。整体项目从"绿色""生态""未来"三个方向出发规划，以"鱼"为创意，采用覆土建筑形式，与周边环境融为一体。设计师首先考虑建筑外观以及建筑形态，在达到审美和功能性需求之后，把建筑的材料、造型语汇延伸到室内，并把自然光及风景引进室内，将室内各个楼层紧密联系，人文环境相互律动，是室内空间的节奏。

室内部分共分为展示区域和办公区域两层，展示区阶梯式分布着模型区域、开放式洽谈区域、水吧台以及半封闭式洽谈区域。在流线形的透光薄膜造型下，这里可以纵观整个综合体项目的规划 3D 模型台。绕着一个全透明的类似于椎体的玻璃橱窗，即整个不规则建筑体的最高处，可以到达位于 2 层的办公区域。通过圆柱形玻璃体内侧的弧形楼梯可以到达建筑的屋顶，在这里能够将澳门和横琴的景色尽收眼底。

Best 100:2015全球最佳室内设计作品

邱德光（Qiu Deguang）

淡江大学建筑系毕业，三十年来致力于两岸的尖端室内设计，被誉为"新装饰主义大师"，以丰富的经验与深厚的素养，将装饰元素结合当代设计，开创了新装饰主义（NEO-ART DECO）东方美学风格，熟悉运用东方华丽、艺术、时尚元素，将生活形态和美学意识转化为尊贵身份，赋予新奢华生活新内涵，成功塑造当代东方都会美学与21世纪时尚多元的生活形态。

设计公司：邱德光设计事务所
项目名称：上海盛世滨江样板房

设计说明

这套定位高端的公寓俨然便是一座小型"顶级家具联合国"，邱德光突破性地将东西方艺术元素跨界置于同一场域中，借此呼应海纳百川，融贯中西的海派文化意象。在黑、红、金三色调和的背景下，一系列世界顶级家具与定制的极具东方韵味的当代艺术画作、装饰品被创新性地融为一体，带来充满时代感的豪宅新体验。

擅长融汇中西文化艺术元素独创风格自成一家的邱德光，在这套样板房里上演了设计无界，元素共融的戏剧化场景，重新定义了豪宅的气度与内涵。项目定位为东方美学风格，在东西方语境里都代表奢华与高贵的黑红金三色成为空间的主色调，通过墙体饰面、家具及装饰陈设展现，恰到好处地控制了空间情绪的表达，于内敛中见奢华，正符合上海优雅从容，海纳百川的国际大都市气质。

东方美学在"意"而非"形"，本案中西方顶级家具搭配定制的东方元素的艺术雕塑、当代画作，结合具有光泽感的银白龙石材、莱姆石材、黑檀木皮、古铜金箔、镀钛不锈钢等现代材料，以多元的手法调和着空间的韵律与张力，在光影流动间赋予时尚艺术东方韵味，营造出独特的跨界意象与格调。

Best 100：2015全球最佳室内设计作品

孙建亚（Sun Alex）

台湾地区设计师，拥有超过20年的室内设计经验，上海亚邑室内设计有限公司主持人，上海米勒建筑室内设计有限公司设计总监。曾多次获得包括IAI亚太绿色设计全球大奖金奖在内的各类国内外设计奖项。

设计说明

本案业主背景为境外时尚广告创意人，崇尚极简主义。一栋有着20年屋龄的坡屋顶别墅，要改造设计成极简的建筑风格，是对设计师极大的挑战，但也正是他最期待的。设计师对建筑及外立面进行了较大的修改，把原有的斜屋顶拉平，将外凸的屋檐改建为结构感很强的外挑，并以"方盒"为基础的设计理念，重新分割成功能性较强的露台或雨篷，既增强了建筑的设计感，又增大了空间的实用性。总结而言，设计师通过对原有建筑结构的分析、剖切、取舍、重组，最终达到满足业主的极简主义需求。

从户外景观、建筑，一直到室内，极简的精神必须一气呵成，没有间断及多余的装饰。外墙窗户成为设计过程中非常重要的一环，所以设计师尽可能地扩大窗户的范围，并且避免出现一切多余的框线，把所有外墙窗框预埋隐藏在建筑框架内，以达到室内外没有界限的效果。

在室内部分，设计师剔除了一切多余的元素及颜色，利用墙面的分割达成空间的使用机能。不同角度倾斜的爵士白大理石拼接，成为空间的主角，同时，它作为突出家具空间的背景，又不会过于张扬，且成功地精致化了材料细节，但又不会过分地分散空间注意力，从而让视觉均匀地停留在整个空间内。

设计公司：上海亚邑（YAYI）室内设计有限公司
项目名称：上海虹梅21住宅

唐忠汉（Tang Zhonghan）

近境制作设计设计有限公司总监,毕业于中原大学室内设计学系,曾获英国安德鲁·马丁室内设计大奖、台湾室内设计大奖（TID Award）居住空间类奖及商业空间类奖。

设计说明

设计师刻意将量体运用穿透或局部开放的手法。除了虚化量体给人的压迫感,更让视觉得以在各空间中串联继而延伸,透过量体的穿透,观察外在自然环境。于是环境、光与影,因着有形的构物随之变化,带来不同的生活体验场景。

场景一——梦想起动。空间的氛围来自于生活的需求,梦想着一辆品味象征的古董车,拥有满足宴会需求的大长桌,物件的背后隐藏着真实的情感需求。虚化的层架,陈列着收藏也包含记忆。

场景二——贴近自然。纵目远观,一目全然,以空间为框,取环境为景,形成一种与存在共构、与自然共生的和谐状态,这是我们所能理解的生活形态,是一种基于环境及基地条件,运用建筑手法与自然环境产生关系的一种生活空间。

场景三——休憩停留。自然环境的色彩来自于光线,空间场域的色彩来自于素材,运用材料本身的肌理及原色,赋予造型新的生命,透光光线与环境融合,刻意散落的浴室布局,营造一种随意轻松的氛围。

场景四——场域延伸。运用实墙或量体交错的手法,由主卧室进入主浴的过程,因着量体的置入,除了赋予实际的功能,也巧妙地区隔空间的形态,形成廊道空间,亦为更衣空间,借由不同的空间分配的可能性,界定了场域也活络了人于空间中的动线。

场景五——秘密基地。顶楼的空间,在童年的记忆里,是神秘而充满幻想的阁楼,拾级而上,一步步将所有的梦想及记忆,真实地呈现在生活的场景之中,或坐或卧或阅读或小憩,形成家的另一个小天地,于是梦想终将完美实现。

设计公司：近境制作设计有限公司
项目名称：台湾新北市华固华城住宅

Best 100：2015全球最佳室内设计作品

设计公司：香港 IVAN C. DESIGN LIMITED、
郑仕樑室内设计（上海）有限公司
项目名称：上海阁楼·戏剧公寓项目

郑仕樑（Cheng Ivan）

毕业于香港理工大学室内设计系和香港演艺学院舞台布景及服装设计系，曾就读于香港珠海大学建筑系，2002年在香港创立Ivan C. Design Limited室内设计事务所，后进入内地市场，创立郑仕樑室内设计（上海）有限公司。深受中西方文化的熏陶，有着丰富舞台设计背景的他酷爱新古典主义，擅长缔造标新立异的生活空间，创建奢华美妙的居所氛围。曾获得英国安德鲁·马丁（Andrew Martin）国际室内设计年度奖、意大利A'设计大奖（A' Design Award & Competition）、香港亚太设计大奖（Asia Pacific Design & Architecture Awards）等一系列国内外重要设计奖项及荣誉。

设计说明

在这间面积约为110平方米的小型Loft空间内，设计师融贯中西元素，运用舞台设计手法，创作不同的场景，又将它们巧妙地融合在一起，光影交错间，凝造悠闲、静谧、舒适的居所氛围。玄关鲜明的黑白色调相得益彰，在半掩的红色帷帐下，揭开斗室的神秘面纱。为了呈现开放式的客厅空间，设计师特意将吧台用通透的黄、蓝色贴膜玻璃拼接搭成，在黑白格地砖映衬下，富有浓郁的悠闲时尚现代气息。尽管空间不大，设计师却利用2米宽的简易隔墙划分出客厅和书房两块区域，一边浓烈丰富，一边清新典雅。一墙之隔，形成强烈的视觉对比冲击，犹如舞台转景般鲜明跳跃着。

结合弧形的建筑格局，设计师采用S形隔层收边，营造别致的挑高空间。设计师追逐着自己早年的印迹，将灰镜与明镜的结合，弧线造型，罗马柱头的运用，以及放大的外窗抽象造型，搭配镜前高耸的雕塑，透过蓝、黄色贴膜玻璃的光线，呈现出古典而明快的教堂空间氛围。餐厅区域里，中国当代著名雕塑家瞿广慈的作品《彩虹天使》，波普艺术大师安迪·沃霍尔创造的毛泽东肖像画，改良的中式家具搭配，诠释着中国从古至今的历史变迁。卧室则以"花样年华"为主题，在空间里渲染出怀旧复古的情怀格调。

Best 100：2015全球最佳室内设计作品

409

朱志康（Chu Chih Kang）

台北朱志康工作室、深圳朱志康设计咨询有限公司设计总监，2001 年毕业于国立台湾艺术学院美术系国画，2007 年实践大学产品与建筑设计研究所毕业。多年学习国画的背景，使他对于空间尺度的把握特别敏锐，并以纯粹的手法解决问题，创立自己的风格。其家具作品曾获德国 iF 设计大奖（iF Design Award）和红点设计大奖（Red Dot Design Award），并获邀参加多项国际展览其中包括米兰家具展、2008 年巴黎家饰展、2008 年台北国际家具展、2009 年新加坡设计节等。

设计公司：朱志康设计咨询有限公司
项目名称：成都方所书店

设计说明

书店设计在台湾设计师朱志康看来，不仅是一个项目，而是一个埋藏了 14 年的梦想。对于做设计的人，一辈子能够做一件对社会有贡献的项目，是非常荣耀的。朱志康的"藏经阁"概念，一提出便获得认可，这一概念从未改变。初期，没有人知道成都方所该是什么样子，只有业主提出希望与成都有关。为此，团队做了详细的调查，发现了大慈寺与唐三藏的关联，包括四川人对"窝"和"摆"的生活态度。中国人早在千年前就为了寻找古老智慧而不辞劳苦获取经书。而经书和书店都是智慧的宝藏，因此联想到藏经阁。书带有高深无法想象的寓意，所以便有了圣殿般的庄重。四川人生活闲适，喜爱交流，因此便有了随处可以看书的小空间和咖啡交流的场所。

对朱志康来说，每一次的设计都是创新，这不仅是兴趣所在，也是他一贯设计的手法。当完美主义遇到梦想家，事情变得充满挑战。如何突破？如何变得更好？成了最大的挑战。为了让现场更有张力，让作品变为传奇，前后修改了 50 多个版本，投入了数倍的人力、物力。书应该收纳古今中外的历史和智慧，根植于人类已知的世界，求索未来。所以在整个空间里运用了星球运行图、星座元素来增加浩瀚的宇宙视野。同时，为了注重人在其中的感受，形成沧海一粟的巨大对比，增加了陨石造型的方舟雕塑，以及高压后释放的手法，让人体会通过神秘隧道进入圣殿的感动。从 100 分到 101 分，这 1 分才是完美的最好诠释。

Best 100：2015全球最佳室内设计作品

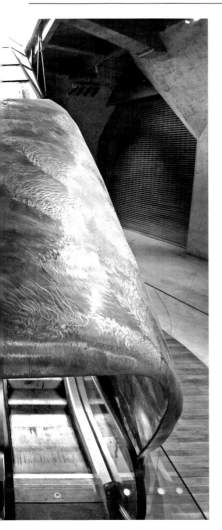

2015设计师名录

姚雪婷
香港瑞和装饰设工程有限公司

朱成阳
海逸星空广告有限公司

叶辉
嘉兴红船装饰有限公司

周华东
浙江中冠装饰工程有限公司

黄逸伦
海南盛星装饰工程有限公司

陈洁
武汉澳华装饰设计工程有限公司

宋卫良
深圳市空间力量设计顾问有限公司

杨澜
上海申远空间设计

文俊强
建悦装饰设计工程有限公司

刘浩正
KANO 设计有限公司

卞路
北京业之峰公司

吕雅焜
东易日盛装饰公司

李秀玲
合肥飞墨装饰设计工程有限公司

李浩
广东省尚品宅配家居股份有限公司

蒲环发
海华设计

王渝萍
成都市志淼装饰工程设计有限公司

吴秀燕
蕴空间设计工作室

丁文涛
常州中泰装饰工程有限公司

邓拓
建筑灯光设计国际顾问有限公司（英国）

王夏云
金满堂装饰

邱伟锋
三星品高装饰公司

郭小飞
龙鑫达展俱公司

秦志杰
华卓空间

陆先跃
国都建设（集团）

路以垒
济南尚古装饰工程有限公司

甘洪波
深圳南利装饰公司河南分公司

潜守政
绍兴拓者装饰

王泽源
王泽源设计师事务所

林国宇
台北基础设计中心

邢灵敏
法国莱蒙国际建筑景观设计集团（香港）有限公司

周雪峰
北京尚品天工装饰工程有限公司

谢立超
邓州市三友装饰工程有限公司

姜哲浩
北京韵空间装饰设计工作室

石磊
河南省晟丰装饰工程有限公司

张斐
业之峰装饰

黄昆龙
深圳市大成哲匠装饰设计公司

周然
上海三筑建筑装饰工程有限公司

Cindy Ang
上海荣欣装潢有限公司

吴新福
陕西新沃野置业有限公司

Sean
业之峰诺华装饰公司

安建阳
北京元洲装饰集团

孙大胜
博然装饰设计

章明坤
章明坤工作室

刘建敏
天艺峰尚装饰有限公司

san
星杰国际设计

熊华阳
深圳市华空间设计顾问有限公司

郝东坡
图吧数字设计中心

Fredrik Amnas
上海荣欣装潢有限公司

谢勇彬
国平装饰设计工程有限公司

鄭珊華
华浔品位装饰设计公司

高伟
哈尔滨俊汇装饰公司

邬贤彬
深圳市居众装饰工程有限公司

陈左
上海聚通建筑装潢工程有限公司

郭小风
云南华凌建筑设计工程有限公司

徐世明
上海聚通建筑装潢工程有限公司

甄世凯
淳尚空间设计

刘国斌
深圳市居众装饰

杨谦
YQ 设计工作室

林锐荣
壹品设计

李宏升
雲端實業有限公司

赵继蕾
美巢美铭装饰工程有限公司

李峯
峰创国际设计事务所

王洪亮
卓宏装饰

刘净云
鼎晟装饰工程有限公司

李振兴
北京佰第装饰工程设计有限公司

彭冬霞
新正派设计有限公司

杨文旭
杜特装饰设计

郑美娟
太原市艾诺克装饰有限公司

张红卫
宁波太合麦田设计

刘涛
贵州方成室装饰设计工程有限公司

万家炜
香港尚品炜业室内设计有限公司

荆好然
深圳市美隆建筑装饰有限公司

陈昭瑗
艺铭工作室

樊江红
苏州金螳螂建筑装饰股份有限公司

史静
威堡设计

顺威
河南润宏装饰有限公司

Stephen
美芝华商贸有限公司

谭水柏
东莞创达装饰有限公司

刁铭
星艺装饰

lisa
上海荣欣装潢有限公司

祝培培
鲁班装饰装成有限公司

熊浩华
九江市鼎金装饰工程设计有限公司

宋延军
泰安东易日盛装饰

李计
天地和装饰集团

关之晔
广州爵斯

陈晓丹
福州佐泽装饰工程有限公司

彭涛
东易日盛装饰集团

阮永红
广州宜创装饰设计有限公司

袁新
业之峰吉林分公司

谢洪洋
上海甘草景观规划设计事务所

郑美衡
广东衡美文化传播有限公司

徐子千
高度国际装饰设计集团

李春浩
823 室内空间设计工作室

刘栋
北京紫辰印象装饰设计有限公司 - 睿意空间

徐冲
Foxkisses 设计事务所

马志国
城市人家

杨玉龙
上海吉木装饰设计有限公司

张小奎
昆明艺海装饰

孟晶垠
三百米设计顾问有限公司

梓晴
深圳市商谷设计有限公司

刘大川
成都品卓

胡燕
sandyjungle 室内设计工作室

马黎明
艾木空间设计公司

宋应瑞
欧化装饰

李跃
香港喜力设计成都公司

紀世伟
北京实创装饰天津工程有限公司

贺玉锋
东易

何俊霖
弗瑞德设计机构

林志明
观城设计咨询事务所

沈玲玲
玲珑设计工作室

吴祥
贵州南瑞装饰工作有限公司

王欣赞
安徽中韵设计有限公司

盛益明
HAPA 设计事务所

魏庆勇
济南尚城建筑装饰工程有限公司

镕菲
厦门镕菲设计装饰有限公司

陈霞
成都意点实业有限责任公司

兰敏华
深圳市本果建筑装饰设计有限公司

吴涛
中科设计

李古武
佳友装饰

田勇 .
洞宅

吴文熙
深圳市有无空间设计有限公司

江城
广东如家印象装饰设计工程有限公司江都分公

李兵
北京龙发装饰

卢鸿超
西安恒润装饰有限责任公司

廖忠路
杭州圣都装饰有限公司

杨祥华
深圳零正空间顾问设计有限公司

张泽淋
深圳大学设计部落概念设计工作室

邹幸高
利华装饰公司

初晓
北京蝶影设计事务所

熊鸿
鸿源设计

姜开
上海姜开空间设计有限公司

林菊英
中山市思捷装饰艺术设计

郑强
上海聚通建筑装潢工程有限公司

赵雪峰
通辽业之峰装饰

张志怀
北京龙发装饰

李石
上海聚通建筑装潢工程有限公司

张海河
大景设计

王兵
台州铭晶装饰设计工程有限公司

萧軍
江西迪美汇实业有限公司

蒋志洲
华晖装饰

李广
无形空间哲学馆

王飞
简石空间室内设计

李鹏翔
象诚一品装饰有限公司

郭小冬
深圳瑞和建筑装饰股份有限公司

梁海辉
晋江铭扬装饰工程有限公司

赵庆江
昆明创艺装饰设计公司

朱太平
北京龙发装饰武汉公司

周容
海南天涯装饰工程有限公司

田华
内蒙古铭元设计事务所

李凌峰
上海乾铸建筑装饰工程有限公司

林民东
独自狂奔

杨世舜
森柏装饰设计工程有限公司

王斌
大斌空间设计事务所

沈磊
大众建设集团有限公司

郑云
尚美世家

乐云飞
广州慧和高端定制家具工厂

王小航
思创美家家具有限公司

李贞莹
万穗设计公司

吴羽
深圳市华辉装饰工程有限公司

李聪灵
杭州良匠装饰工程有限公司

曹晶
腾飞装饰

刘红涛
深圳狼逸设计装饰工程有限公司

王冲
柒玖捌装饰

孟冬
北京王凤波设计机构

张林
北京实创装饰

岳蒙
深圳成象设计有限公司

段会彬
壹米设计

张福海
大同市阳光嘉业房地产开发有限公司

范文涛
北京王凤波设计机构

范苏子
范苏子设计

梁虎
金艺美家

谭鑫
广东春满人间装饰徐州分公司

川川
广州新正装饰工程有限公司

郭筱玉
北京王凤波设计机构

侯海洲
宝鸡市东盛装饰

梁博刚
鑫阳光装饰

李雪峰
上海浩硕建筑工程有限公司

任韧
山水空间装饰

成勇君
成勇君设计工作室

林秋松
漳州市铭润装饰工程有限公司

张醴文
杭州邦建建筑装饰有限公司

张致诚
一府·空间设计

吴军
深圳市 YHD 空间设计有限公司

贺少娥
洛阳市金元装饰

金翠森
上海荣欣装潢有限公司

连君
广州连君室内设计公司

倪伍君
蓝鸟博格

邹韬
东易日盛

赖建敏
香港博雅国际设计顾问有限公司

许建国
许建国建筑室内装饰设计有限公司

覃宗强
囧居空间 DESIGN

龙俊鹏
河南省阿龙设计事务所

哞谋
天工匠装饰设计

王应水
星艺装饰

李刚
上海荣欣装潢有限公司

姜鑫
森琢室内设计

杨永生
贵装装饰设计

邱初镜
维野商业空间设计

米格
重庆华浔

张清平
逢甲大學室內景觀學系現任講師

林锌
尚层装饰（北京）有限公司成都分公司

张子浩
安构国际设计机构

李晓菲
赤峰美之家装饰

甘祖志
宏润装饰

曲艺红
上海荣欣装潢有限公司

李国权
广州实创家居装饰集团

王桥星
云南巨和集团

胡贵林
32 度空间装饰设计有限责任公司

刘琦
广元市尚宸装饰工程有限公司

王金威
上海荣欣装潢有限公司

吕健
北京实创装饰工程有限公司

席晓波
昆明缇丰（软装）文化传播有限公司

赵义
艺之峰建筑装饰设计有限公司

魏云
美伦设计工作室

高文安
高文安设计有限公司

王凤波
北京王凤波设计机构

邢柯亮
绘创国际设计工作室

叶绍平
上海欧澜家具有限公司

Sophie Bamberg
上海荣欣装潢有限公司

吴斌
上海荣欣装潢有限公司

刘兵
上海刘兵空间设计事务所

黄湘凯
广西桂林完美装饰公司

唐明杰
唐山品尚铭宅装饰

关海春
上海荣欣装潢有限公司

刘卫军
品伊创意机构 & 美国 IARI 刘卫军设计事务所

李飞
890 建筑装饰

木可可
叁的龙装修设计工程有限公司

李文平
欧工国际软装集团

胡志刚
上海荣欣装潢有限公司

施旭东
唐玛国际设计机构

曹前锦
锦尚装饰

徐世超
济南龙利达装饰

王韧
冠业商贸

徐树仁
深圳帝凯室内设计有限公司

王小根
根尚国际空间设计（北京）有限公司

刘彬彬
西安华安建筑安装工程公司

胡昌敏
瑞安华辰装饰

杜娟
名门意会

戴勇
深圳市戴勇室内设计有限公司

万文拓
深圳市品源装饰工程有限公司

李铭轩
尚层装饰（北京）有限公司成都分公司

陈思达
沈阳鑫驰装饰工程有限公司

冯阁静
众典合力

王冠
深圳矩阵纵横

张起铭
深圳张起铭室内设计有限公司

马菲立
山西省优品室内设计顾问有限公司

刘者羽
大翥营造

罗观
中国美术学院风景建筑研究院

郑鸿
深圳市鸿艺源建筑室内设计有限公司

吕邵苍
吕邵苍酒店设计事务所

王鹏菊
思慕国际

卢军
三益装饰设计工作室

程伟永
紫名都装饰

谭精忠
大隐室内设计有限公司

徐静
EXCEPTION 例外（香港）国际陈设艺术顾问有限

谢慧思
广州品锐装饰设计有限公司

刘阳
建峰集团设计院外研院

陈辉
十上设计事务所

孙世杰
上海聚通建筑装潢工程有限公司

夏天
一诺室内设计有限公司

苏文福
福建洁利来装饰设计有限公司

韩震
沈阳晶唯装饰工程有限公司

陈彬华
无锡知行建筑设计有限公司

周桐
杭州周视空间设计机构

欧阳楚堅
香港築境華藝建筑设计院

郭大鹏
满登设计工作室

刘鑫阁
凡高丽社空间设计事务所

吴伟
南京蓝巢装饰设计公司

赖旭东
“重庆年代营创室内设计有限公司

李战强
河南壹念叁仟装饰设计工程有限公司

刘波
南京刘波原创工作室

韩松
昊泽空间设计

王五平
深圳王五平设计机构

郑忠
香港郑中设计事务所

朱厚铭
广州市尤度装修设计有限公司

郑展鸿
鸿文空间设计机构

吴文粒
深圳市盘石室内设计有限公司

林开新
大成（香港）设计顾问有限公司

殷艳明
深圳市创域设计有限公司

汪洋
欧坊国际设计

龚德成
深圳龚德成室内设计事务所

林冠成
香港 KSL 设计事务所

徐静
深圳市例外藝術顧問有限公司

陈大为
陈大为别墅室内设计

刘星
易百装饰

黄涛
艺翔国际设计机构

沈烤华
南京 SKH 室内设计工作室

朱玉晓
独立室内建筑设计师

赵春龙
蓝调装饰设计工程（深圳）有限公司

邓冬平
中装建设集团股份有限公司

展小宁
苏州贝瑞空间设计事务所

吕海宁
吕海宁空间设计工作室

李坤刚
深圳欧陆风装饰苏州分公司

曲照军
青岛曲照军室内设计有限公司

邵枫
江苏嘉洋华联建筑装饰有限公司

王源
北京恒安德别墅装饰有限公司

黎武
LIVE 国际设计事务所

邓海金
广东新居缘装饰

葛乔治
葛乔治设计咨询（上海）有限公司

肖书婷
广东星艺装饰南昌分公司

凌子达
达观国际建筑室内设计事务所

李萍
兆石室内设计

严洪飞
CTY 设计事务所

邓方华
深圳欧陆风装饰苏州分公司

車華
上海吾意间室内装饰工程有限公司

黄小峰
五觉美筑环境艺术设计（无锡）有限公司

余洁
890 建筑装饰

万翔
YHY 工作室

冯易进
易百装饰（新加坡）国际有限公司

付俭
北京业之峰装饰重庆分公司

吕爱华
北京尚界设计

张一凡
上海实创装饰公司

肖恩
广东星艺装饰大连分公司

谭淑静
禾筑设计公司

唐敬凯
唐泽株式会社室内设计工作室

黎广浓
城饰室内设计

张雨辰
四川鼎慧建设工程有限公司

陆峰
点睛装饰设计有限公司

Malin Unger
上海荣欣装潢有限公司

靳炎
北京悦界堂装饰设计有限公司

陈飞杰
陈飞杰香港设计事务所

吴锐
武汉市方正纵横装饰

周高峰
苏州鼎层装饰设计工程有限公司

费国景
阳景工作室

李上勇
广田设计院

郑树芬
SCD 香港郑树芬设计事务所

王卫东
東合高端室内设计工作室

于强
深圳市于强室内设计师事务所

吴戈
长沙灵隐空间设计有限公司

杨南南
漯河市瑞和装饰工程有限公司

郑杨辉
福州宽北装饰设计有限公司

李建林
李建林室内设计工作室

吴滨
香港无间设计

张保刚
北京鸣仁装饰工程有限责任公司

况名轩
一号家居网面对面装饰集团

唐列平
唐列平设计

曹咚
曹咚创意装饰设计

刘伟婷
刘伟婷设计师有限公司

闫瑞琪
东易日盛

刘强
西安鸿锋装饰工程有限公司

肖雅
上海荣欣装潢有限公司

赵鸿
绵阳凌霄装饰工程有限责任公司

罗思敏
广州市思哲设计有限公司

方静
杭州晟光有限公司

樊小刚
生活家（北京）公司

邱春瑞
台湾大易国际设计事业有限公司
邱春瑞设计师事务所

胡忠德
深圳市中一建装饰设计有限公司

王锟
深圳市艺鼎装饰设计有限公司设计总监

吴夏艳
广东星艺装饰集团广西有限公司玉林分公司

杨洸
大琢室内设计事务所

黄书恒
黄書恆建築師事務所

李秀玲
合肥风雨天易装饰设计工作室

徐镭
上海荣欣装潢有限公司

丁俊玲
空间智造装饰工程有限公司

范锦铭
堂术室内设计事务所

薛雯俊
上海聚通建筑装潢工程有限公司

徐跃兵
杭州易圣装饰 - 凡品高端设计机构

袁静
朗昇空间设计

谭华视
谭工室内设计事务所

陈晓来
华宁装饰

刘庭钊
广州市慕森家具有限公司

黄卢光
伊美装饰设计工程有限公司

李青梅
西安图瑞装饰设计工程有限公司

刘旭
北京叉十饰家装饰工程有限公司

盛唐
锋范工作间

李琪
设计工作室

萧子浩
晓梦室内空间设计工作室

赵子轩
北京长迪

AndyCheng
深圳市上宸装饰设计工程有限公司

冉嵩
澳华装饰

杨德维
江苏红蚂蚁装饰设计工程有限公司

石腾蛟
丽都装饰公司

陈立平
湖南铭晟装饰有限公司

张超
自由装饰公司

黄金
实创装饰工程（长春）有限公司

黄涛
鸿达照明装饰工程有限公司

沈涛
悟凡设计

郭亚宁
成都璟绚装饰设计有限公司

孔凡
业之峰

陈忠波
居众装饰

Sean
今朝装饰公司

吴志谦
香港元信酒店顾问设计公司

焦建兴
北京千樽月木业有限公司

唐建琼
成都万帮市政工程有限责任公司

李晓菲
城市人家

毛雪华
南京乐居信息科技有限公司

陆仁
陆仁设计事务所

徐商善
高密嘉德装饰工程有限公司

刘建
南京国豪装饰安装股份有限公司

龚燕
苏州纵贯建筑设计有限公司

董典兵
迈道空间设计

林浩森
广州市越秀建筑设计院

许海杰
江门市融展灯饰照明有限公司

陈国高
0851 多耶设计

张桂龙
吉林省装饰工程设计院

胡铁军
上海万鲨装饰

曹新年
河北北郡建筑工程有限公司

范鑫
墨渲亭设计工作室

高美肖
洛阳高美装饰工程有限公司

李祖飞
厦门慧诺装饰设计工程有限公司

董飞
湖北襄阳鼎业装饰

姚军
金树叶设计公司

仇威望
上海聚通建筑装潢工程有限公司

张雷
点创空间设计机构

池伟琳
上海聚通建筑装潢工程有限公司

李振兴
三和空间

朱毅华
广州毅华设计工作室

顾一帆
上海精胜装饰设计有限公司

毕庆阳
毕庆阳设计师有限公司

王志伟
上海唐琪装饰

钟海锋
湖北宜居设计事务所

潘英豪
广东韶关海纳装饰设计有限公司

苏蕾
江苏徐州美拓建筑装饰工程有限公司

好好
东城装修设计工程有限公司

李云龙
云龙国际家居空间设计机构

林学明
集美组”设计工程有限公司

钟作寿
台湾大易国际邱春瑞设计师事务所

闵忠兵
尚美装饰

郑佩斯
装修圈

张志超
统帅装饰

江根
合肥易凌室内环境设计有限公司

徐志新
上海荣欣装潢有限公司

高钰贺
自由空间设计

秦惠子
南通乐活装饰工程有限公司

付程瑞
河南中远

郑亮
上海聚通建筑装潢工程有限公司

李昱
HK&MEL HBA

邹嘉哲
韵空间环境艺术设计工作室

左嘉旗
重庆汇缘居装饰设计工程有限公司

马松
欧易装饰

张超锐
深圳雍庭装饰设计有限公司

肖昊
江苏桔尚装饰工程有限公司

谢晓静
鑫百度

吴明青
广州鼎御装饰

雷文龙
行云工坊

张晖
厦门莉鑫

柳海峰
烟台科瑞装饰设计工程有限公司

郝建斌
陕西三和装饰安装有限责任公司

霍伟强
天赐方圆装饰

刘法雄
高雄设计工作室

李俊林
湖南省随意居集团株洲分公司

陈潇
杭州国美建筑装饰设计研究院

于涛
壹玖捌空间设计

江其
海口鸿睿装饰

曾繁樾
广州城丰装饰工程有限公司

黄少秘
壹度设计

薛照阳
河北康卓装饰公司

杨蔓
柚尊家居集团

王雪冬
北京百观

吴雪莲
业之峰

李程
陈列宝室内建筑师（深圳）有限公司

石伟
浏阳锦华装饰有限公司

金骏
苏州金象香山工匠设计装饰

汤影
北京卓然雅居装饰有限公司

刘长冠
骄阳装饰

朱奕
度空间设计事务所

刘启
郑州九溪设计

王璟
九鼎装饰

陈志雄
深圳居景天装饰有限公司

刘继满
深圳广田装饰集团股份有限公司

孙进
上海实创装饰

周琼姣
宁夏宝塔石化集团设计院

谢霆
西安景丰装饰工程有限公司

李琦
东莞市多维尚书家居有限公司

张和飞
深圳市华禾室内设计有限公司 合伙人

王文翠
南京我们设计

魏晋安
魏晋安设计事务所

赵鑫
甲壳虫装饰设计有限公司

邓红波
旭峰设计工作室

刘荣禄
咏義设计股份有限公司

郑亮
上海聚通建筑装潢工程有限公司

杨灿
武汉交换空间装饰设计工程有限公司

郑燕
上海聚通建筑装潢工程有限公司

陈刚
陈刚设计机构

周谦如
京璽國際

余亚东
合肥绿芒果装饰设计公司

雷雨明
北京 AM 雷雨明建筑工程设计有限公司

元镔
中海外装饰设计工程有限公司

张万权
骐麟装饰有限公司

廖奕权
PplusP Designers Limited 创办人及首席设计师

王强
四川竞成环艺空间装饰工程有限公司

常帅
北京樊迪装饰设计有限公司

梁博刚
通道兴福装饰设计工程有限公司

边璐
美伦美

杜柏均
柏仁國際聯合設計

韩凯
厦门家年华装饰

宋彪
英迪格空间设计机构

纵诚
纵诚室内设计机构

董文水
浩顺装饰

刘建辉
矩阵纵横设计

张红
贵州度创装饰公司

张力
博洛尼装饰装修有限公司

马荣
郴州华浔品味装饰

梁微棱
香港海阔设计（杭州）设计事务所

鲁小川
鲁小川文化创意

李胜
上海聚通建筑装潢工程有限公司

丁夫
苏州金螳螂建筑装饰股份有限公司

徐文波
西宁博趣装饰工程有限公司

李子仁
济宁东方红建设装饰有限公司

郭明
悦界设计

导火牛
导火牛设计团队

施鹏飞
品尚設計工作室

江河
九江源一装饰工程有限公司

陈磊
西安紫珊瑚装饰工程有限公司

马辉
杭州易和室内设计有限公司

葛建伟
杭州意关联设计事务所

黄子峰
盛峰装饰（集团）工程有限公司

李重天
广州铭筑装饰

乔马强
北京龙发装饰有限公司

何武賢
山隱建築室內設計

王亮
王亮设计顾问有限公司

应秉达
浙江大学城市学院

张一仆
西安圆景空间建筑设计有限公司

刘浩宇
冠军装饰

蘇洞和
境觀設計

孙洪涛
浙江亚厦装饰股份有限公司

陈江陵
深圳市茂华装饰工程有限公司

曹威
长沙嘉饰宅配软装设计有限公司

德利
天工设计

熊绍辉
艾恩迪（北京）室内设计有限公司

张寒
贵州晶情缘商贸有限公司

张欣
西安众庭装饰

李志祥
云晓设计

汪文华
上海紫苹果

纪春芳
上海聚通建筑装潢工程有限公司

冯颖
香港麦秸设计事务所

郭晓东
山西宏裕发装饰工程有限公司

邢雪
南京我们艺术设计有限公司

宋继斌
经纬度室内设计事务所

陈祥
无锡市御匠世家装饰设计

刘忠斌
上海益居空间设计

富振辉
深圳希遇装饰设计有限公司

吴泉金
防城港好日子装饰

吴伟灿
健龙工作室

刘恒伟
美国立鼎世酒店集团公司 LHW 设计事务所

孙海防
河南大铭装饰

戴杨璐
宁波富邦装饰工程有限公司

许瀛亓
九河国际建筑装饰

少阳
北京米德兰装饰

任清泉
任清泉设计有限公司

王文亮
汉诺森设计机构

张诗瀚
上海荣欣装潢有限公司

韩斌
深圳构筑环境艺术设计有限公司设计总监

张向东
HBS 宁波红宝石装饰设计有限公司 总设计师

林志宁
香港埃菲尔·森瀚国际设计有限公司 董事 / 设计总监

孙明久
哈尔滨市装饰协会设计研究中心

马岩松
北京 MAD 建筑事务所

陈飞杰
香港汇杰设计工程有限公司董事

曾麒麟
北京筑邦建筑装饰工程有限公司成都分公司 设计总监

黄炳童
深圳市雅美阁家居装饰工程有限公司 经理

沈立东
上海现代建筑装饰环境设计研究院有限公司

何周礼
宾周礼建筑设计事务所 创办人、设计总监

高龙
上海阡陌环境艺术设计有限公司设计总监。

俞佳宏
台湾尚艺室内设计有限公司 设计总监

程兵
上海知贤装饰设计有限公司

崔华峰
崔华峰空间设计顾问工作室创始人

叶晖
今古·凤凰空间策划机构设计总监

许娜
福州宽北装饰有限公司 联席设计师

朱锫
朱锫建筑事务所 主持设计师

吴宗建
集美设计工程公司山田组 总设计师

林伟而
香港思联建筑设计有限公司 董事总经理

王胜正
现任 十邑设计 总执行设计师

曾传杰
班堤室内装修设计企业有限公司总经理

邢新华
深圳市建装业集团股份有限公司设计总监

叶斌
国广一叶装饰机构 董事长 / 首席设计师

史南桥
高迪设计有限公司总经理

田饶
CCDI 室内事业部深圳区域 总经理 / 设计总监

唐兆倩
上海晶仓建筑室内设计有限公司高级室内设计师

张永和
非常建筑工作室主持建筑师

李杰
上海聚通建筑装潢工程有限公司

张智忠
深圳市易工营造设计有限公司 总经理 / 总设计师

孙建亚
上海亚邑室内设计有限公司 主持人

施传峰
福州宽北装饰设计有限公司 董事 / 首席设计师

吴亮棠
易度室内设计有限公司 负责人

吴启民
尚展室内空间 主持设计师

汪玮煜
上海聚通建筑装潢工程有限公司

付慧
上海知贤装饰设计有限公司

潘二建
上海知贤装饰设计有限公司

麦尘
东莞市峰野牧歌装饰设计工程有限公司 设计总监

黄士华（Mac Huang）
台北隐巷设计顾问 主持设计师

江宁
迈思（亚洲）顾问有限公司

刘燃
河南东森装饰工程有限公司 创意总监

廖奕权 （Wesley Liu ）
维斯林室内建筑设计有限公司 创意 / 执行总监

赵辉
上海聚通建筑装潢工程有限公司

甘泰来（KAN TAI LAI）
齐物设计事业有限公司 总监

杨兰蓉
上海荣欣装潢有限公司

黄裕杰
大器联合室内装修设计有限公司室内设计总监

王启贤
王启贤设计事务所 创始人

刘积光
东莞市艺高装饰工程有限公司 设计总监

王本立
河南西元绘空间设计有限公司 创始人 & 设计总监

严笠
君禹国际设计创始人，君禹设计成立于 1998 年。

黄育波
广州华浔品味装饰福州分公司 首席设计师

赵蓉
上海聚通建筑装潢工程有限公司

雷伟良
东莞市汇能装饰设计工程有限公司 总经理 / 设计总监

郭柏伸（台湾）
奇逸设计 主持设计师

王严民
黑龙江佳木斯市豪思环境艺术顾问设计公司 首席设计师

黄贻民
广州市华宁装饰工程有限公司惠州分公司 设计总监

李健（Jacky Li）
上海晶仓建筑室内设计有限公司董事 / 设计总监

周华美
品川设计顾问公司 联席设计总监

程浩
河南西元绘空间设计有限公司 设计师

秦岳明
深圳朗联设计顾问有限公司设计总监

关升亮（Ansun Kuan）
香港亮道设计顾问有限公司 董事 / 首席设计师

赖建安
上海十方圆国际设计工程设计总监

张海鹏
深圳市雅美阁家居装饰工程有限公司 设计师

刘鸣
上海知贤装饰设计有限公司

龙慧祺
壹正企划设计总监

高雄
道和设计机构 设计总监

许剛胤
上海知贤装饰设计有限公司

姚永德
深圳聚城艺术有限公司 艺术总监

王琨
深圳艺鼎装饰设计有限公司 创始人

刘延斌
南京测建装饰设计顾问有限公司设计总监

陈膺信
晶楨空间设计 设计总监

何北
厦门炫丽装饰工程有限公司

孙志刚
沈阳大展装饰设计顾问有限公司总经理 / 创意总监

郭翼
重庆大乘空间设计工作室 首席设计

林影
现任汕头市蓝鲸室内设计公司设计总监。

陈连武
城市室内装修设计有限公司

周远鹏
深圳周远鹏室内设计有限公司 设计总监

钱宇
孙志刚空间艺术设计工作室 方案设计师

王寄明
宁波新世纪设计装饰设计有限公司 总经理 / 设计总监

洪亚妮
深圳市大木艺术设计有限公司董事长

王黑龙
黑龙设计品牌创办人、设计总监，HLD 设计顾问（香港）首席设计师

钟馥如
成舍设计 助理总监

聂剑平
深圳市世纪雅典居装饰设计工程有限公司 董事长

彭东生
汕头市天顺祥设计有限公司 设计总监

登琨艳
上海大样建筑设计工作室 创始人

卢迅
慧谷纳帕装饰设计工程有限公司设计总监卢迅。

赵志伟
元致美秀环境艺术设计机构 总经理 / 设计总监

刘斌武
AU 雅域国际 执行董事

朱忆民
上海荣欣装潢有限公司

姜峰
姜峰室内设计有限公司 创始人

罗远翔
广州思哲设计有限公司总经理

刘波 (Paul Liu)
香港刘波设计顾问有限公司 负责人

叶定妙
妙空间室内设计

纳杰
昆明鱼骨设计机构

何永明 (Tony Ho)
广州道胜装饰设计有限公司设计总监

谢智明
佛山市大木明威社建筑工程设计有限公司 设计总监

夏美清
上海知贤装饰设计有限公司

邝永强
香港黄鄺建築师有限公司

如凤
香港凤翼空间设计有限公司

冯鸣
万象整合装饰设计有限公司董事总经理

张承宏
安徽承宏设计顾问有限公司 设计主持

彭一平
上海知贤装饰设计有限公司

郑叔芬
香港郑树芬室内设计事务所

李健明
DAS 大森设计机构

于跃波
重庆品辰室内设计公司 设计总监

王善祥
上海善祥建筑设计有限公司 创始人

张伟
上海知贤装饰设计有限公司

任磊
上海缔筑建筑工程有限公司

赵金
昆明另类空间室内工程设计有限公司

黄书恒
玄武设计群 & 上海丹凤建筑 主持设计师

马楚
安徽马楚装饰设计有限公司设计总监

王小军
陕西汉海实业有限公司 设计总监

许清平
上海达达精品设计

涂华梅
重庆巴古装饰设计有限公司

范江
宁波市高得装饰设计有限公司 总经理 / 设计总监

陆离
合肥怡禾室内设计有限公司总经理

罗国春
罗一博装饰设计有限公司 设计总监

胡俊峰
IHOR INTERIOR DESIGN

秦振
重庆意象装饰设计工程有限公司

周建志
春雨时尚空间设计 主持设计师

陈跃中
ECOLAND 易兰规划设计公司 总裁兼首席设计师

张健
美煜佳华软装配饰机构 设计总监

赵延锋
赵延锋室内外设计咨询有限公司

谢红伟
名雕丹迪别墅设计事务所

黄犇
深圳杰信装饰设计工程有限公司 总经理

孙刚
福布斯建筑装饰工程有限公司 设计总监

陆屹
广东省汕头市目标设计装饰公司 创始人

张显峰
加拿大联石设计公司

段文娟
深圳市伊派室内设计有限公司

万文拓
深圳海外装饰工程公司 首席设计师

叶绍雄 (Brian Ip)
天豪设计有限公司 总设计师

周文胜
楅格设计 创始人

林赛赛
上海西麦国际装饰集团

向宏
永安装饰设计工程有限公司

张祥镐
伊太空间设计事务所 设计总监

邓子豪 (Philip Tang)
天豪设计有限公司 创办人 / 设计总监

陈武
深圳市新冶组设计顾问有限公司 创始人

善水堂
善水堂创意设计机构

王红光
深圳市原筑室内设计有限公司

辛军
深圳市辛视设计 总经理 / 设计总监

罗玉洪
汉邦装饰设计公司 设计总监

唐嘉临
沈阳梵诺空间装饰设计有限公司

孙伟锋
十宅九间品牌设计有限公司

涂一
深圳市一品美泰设计有限公司

李杭
深圳市高登室内设计有限公司 总设计师

贺晓春
上海聚通建筑装潢工程有限公司

张永宏
上海知贤装饰设计有限公司

王络萱
斑马设计中心

洪忠轩
深圳市假日东方室内设计有限公司

方振华
方振华设计（香港）有限公司 创始人 / 董事

王勤俭
深圳市墨客环境艺术设计有限公司 总设计师

谢银秋
杭州设谷设计有限公司

郭坤仲
厦门市开山装饰工程有限公司

程恂
深圳市建筑装饰（集团）设计研究院

卓新谛
卓新谛室内空间工作室 设计总监

李景光
DA 国际设计师协会上海分会 副会长

赵培烽
杭州东观美林建筑设计有限公司

阿森
森圆設計顧問（香港）有限公司

邱斌
深圳市浩天装饰设计工程有限公司

陈倩
上海知贤装饰设计有限公司

徐旭俊
上海国际建筑装饰室内设计协会华东分会 理事

郑岩富
嘉兴市水木石装饰有限公司

罗正环
缔维室内设计机构

丁晓斌
华南装饰设计研究院

蔡蕾
上海统帅建筑装潢有限公司

王俊钦
睿智汇设计 总经理 / 总设计师

黄忠海
香港海阊设计有限公司

韦麟
龙发装饰集团 成都公司

蔡少芬
深圳市米兰轩陈设艺术有限公司

谢宇书
芮马室内设计 设计总监

潘均
深圳市尚辰设计有限公司 设计总监

史琳
香港神采设计建筑装饰总公司宁波分公司

廖志强
之境内建筑设计咨询有限公司

明星
深圳市明示建筑装饰设计工程有限公司

张星
香港东仓集团有限公司 董事 / 首席技术官

牟红波
深圳久度室内设计有限公司 负责人 / 设计总监

陈铖
慈溪设计巢

沈嘉伟
成都集嘉创意装饰设计公司

王忠明
上海聚通建筑装潢有限公司

潘旭强
深圳市尚邦装饰设计工程有限公司

李欣
北京三好同创装饰设计有限公司

熊伟
郴州华浔品味装饰

孙义飞
沈阳自然风装饰工程设计有限公司

谢景桂
谢景桂（深圳）室内设计有限公司

陈伟文
深圳市同心同盟装饰设计有限公司

沈霜晨
上海聚通建筑装潢工程有限公司

柯俊华
郴州华浔品味装饰

李为
上海知贤装饰设计有限公司

庞虎成
深圳市楚盛建筑装饰设计有限公司

李家耀
世纪名典装饰工程有限公司

徐也
北京业之峰装饰

段柏桃
郴州华浔品味装饰

佟强
源点国际

陈德伦
深圳森态城市工程有限公司

司徒刚
深圳市瑞斯美筑设计顾问有限公司

宋名峻
宋名峻室内设计工作室

柯军
郴州华浔品味装饰

派迪设计
沈阳派迪装饰设计有限公司

胡军
名雕丹迪

韩月良
上海聚通建筑装潢工程有限公司

佘文
ITDC

张响荣
长沙嘉饰宅配软装设计有限公司

孙明辉
里外建筑装饰设计公司

梅杰
深圳市森爵装饰工程有限公司

曹勇
华洋坊环境艺术设计公司

孙伟
元洲装饰有限公司

曹元敏
长沙嘉饰宅配软装设计有限公司

梁建宁
安徽华然装饰有限公司

王远
深圳市莫川建筑室内设计有限公司

李云
李云室内设计事务所

王磊
贵州 F2C 度创装饰有限公司

周建元
长沙嘉饰宅配软装设计有限公司

佘元国
香港易品国际室内设计

吴尚
观复室内设计机构

赵凯
北京博美思环境艺术设计有限公司

秦青青
贵州 F2C 度创装饰有限公司

彭剑
长沙嘉饰宅配软装设计有限公司

凌奔
深圳市凌奔环境艺术有限公司

陈丁楠
深圳艺臣设计顾问有限公司

刘崇胜
今鼎华尚

黄大群
贵州 F2C 度创装饰有限公司

廖易风
上海廖易风建筑装饰工程有限公司

黄雨
凡·爱克设计师工作室

段勇
深圳市逸品装饰设计有限公司

沈志刚
上海聚通建筑装潢工程有限公司

郑树芬（Simon chong）
SCD（香港）郑树芬室内设计有限公司

史迪威
上海元柏建筑设计事务所

程飞
深圳市荣美设计有限公司

沈智立
深圳市立禾林室内设计有限公司

安志远
古思室内设计事务所

龚建波
南京锦华装饰

章进
上海星杰设计装饰工程有限公司

张红星
张红星设计有限公司

张成荣
珠海天王空间设计有限公司

郑勇
北京大德永鼎设计事务所

陈杨
北京 AM 雷雨明建筑工程设计有限公司

洪忠涛
业沣设计事务所

李志文
深圳市汉洋环境艺术设计有限公司

薛守山
山艺空间设计有限公司

东子
北京大自在国际空间设计工作室

罗思敏
北京 AM 雷雨明建筑工程设计有限公司

刘俊玲
上海聚通建筑装潢工程有限公司

林文格
文格酒店空间设计事务所

李冲冲
深圳市 JC 设计事务所

黄海
北京海陆嘉装饰工程设计有限公司

Frank
北京 AM 雷雨明建筑工程设计有限公司

宋晗
沈阳佳睦装饰设计有限公司

余义良
深圳市美圻室内设计有限公司

席凡
森瑞设计顾问有限公司

王绪龙
AM 雷雨明建筑工程设计有限公司

崔山
北京 AM 雷雨明建筑工程设计有限公司

金涛
沈阳万唐设计工作室

王光辉
深圳太谷设计顾问有限公司

罗伟
深圳高思迪赛室内设计有限公司

田歌
艺念之禾设计事务所

郑思刚
甲壳虫装饰设计有限公司

马克辛
沈阳鲁迅美术学院

汪子滟
深圳市御融装饰设计有限公司

黄俊潜
深圳市韵城装饰设计有限公司

林巧琴
WDD 室内设计顾问

谢明亮
甲壳虫装饰设计有限公司

徐麟
加拿大立方体设计事务所

林全金
深圳市林全金设计事务所

陈任远
深圳瑞和建筑装饰设计研究院

姜亮
神州长城国际工程有限公司

熊艺纯
郴州华浔品味装饰

丁士强
沈阳市智强装饰工程设计有限责任公司

伍曦
伍曦设计事务所

曾嵩
上海聚通建筑装潢工程有限公司

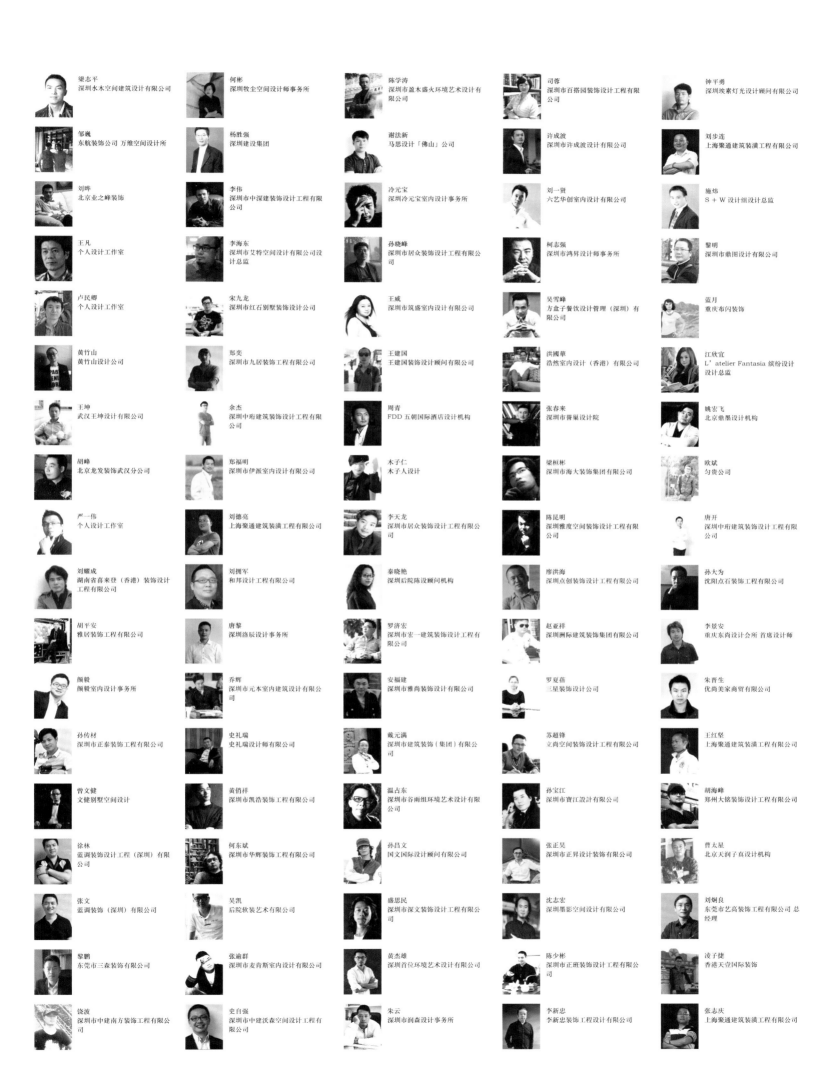

内容简介

这是国内迄今为止唯一涵盖全球范围的高水准室内设计作品集。编者耗时一年独家邀稿并采访，精选了全球 100 位顶尖设计大师的近期新作，范围包括欧美、亚太、中国大陆和港台等 20 多个国家和地区。精美的编排结合深度的撰文，全面解读了当前国际设计潮流和趋势，具有极高的欣赏和收藏价值，是专业设计人士、室内设计爱好者必备的参考书籍。

书内收录的大师包括美国著名华裔设计师季裕棠、荷兰国宝级设计师马塞尔·万德斯、法国怪才菲利普·斯塔克、国际知名设计组合雅布·普歇尔伯格、日本建筑大师隈研吾、英国"设计女王"凯丽·赫本、法国明星御用女设计师弗朗辛·加德娜、美国顶尖传奇设计师弗兰克·德·比亚西、美国时尚女设计师凯丽·维尔斯特勒、美国"色彩之王"杰米·德瑞克、英国时尚先锋汤姆·迪克森、洛克威尔集团创始人戴维·洛克威尔、主持上海外滩 19 号和上海 K11 购物中心设计的意大利柯凯建筑事务所、澳大利亚顶级设计师格雷格·纳塔尔，中国大陆及港台地区的著名设计师梁景华、宋微建、吕永中、凌子达及萧爱彬等的近期新作。

图书在版编目（CIP）数据

Best 100：2015 全球最佳室内设计作品 / 李耿，曹莹编著．-- 上海：同济大学出版社，2015.9
 ISBN 978-7-5608-5987-3

Ⅰ．①B⋯ Ⅱ．①李⋯ ②曹⋯ Ⅲ．①室内装饰设计—作品集—世界—现代 Ⅳ．① TU238

中国版本图书馆 CIP 数据核字（2015）第 211449 号

Best 100：2015 全球最佳室内设计作品
李耿 曹莹 编著

责任编辑：常科实　　责任校对：徐逢乔　　装帧设计：刘望学

出版发行　同济大学出版社　www.tongjipress.com.cn
（地址：上海市四平路 1239 号　邮编：200092　电话：021-65985622）
经　　销　全国各地新华书店
印　　刷　上海锦良印刷厂
开　　本　235mm×320mm　1/11
印　　张　40
印　　数　1—6 100
字　　数　864000
版　　次　2015 年 9 月第 1 版　2015 年 9 月第 1 次印刷
书　　号　ISBN-978-7-5608-5987-3
定　　价　580.00 元

本书若有印装质量问题，请向本社发行部调换　　　版权所有　侵权必究

ENTS

Wide BBQ 外屋地思烤空间	235 页	308	Beijing Huairou Area Planning Design 北京怀柔区规划改造设计方案
Guangzhou Seafood Dock 广州番禺海鲜码头	238 页	311	Architectural Design of the Building and Mansion in Xiqing, Tianjin 天津西青办公楼与官邸建筑设计
Simple Apartment 素舍	240 页	314	Pavilion of Tianjin cuisine collection 天津西青津菜典藏展馆建筑设计
The Shimao Riverside Kam River Private Residence 世茂滨江·锦畔私宅	243 页	315	Flavor King No.16 风味大王16号店
Huaqing Pool 华清池	246 页	320	De Long Chafing Dish Hotpot Restaurants 德龙火锅·涮了吧
house that is in sechu: theatre building design 天津西沽公园耳朵眼儿会所戏院建筑设计	252 页	322	Qingdao Peacock Dynasty Beauty Club 青岛孔雀王朝
Jiulonghe Club Solulion Design 九龙河会所设计	254 页	326	Jiagedaqi Villa 加格达奇1号别墅设计
Chinese Villa 中式别墅	257 页	330	Peacock Dynasty Beauty Club 孔雀王朝美丽汇
The Cathay's 紫云饭店	262 页	334	Hunan Local Flavor Restaurant 湘吧佬
Family Expo 家博会	268 页	337	Garden House Sample Rooms 花园洋房
Big Lane, Small Lane 大巷小巷	269 页	339	Qianjin Restaurant 芊锦园
Modern Coarse Grain Restaurant 现代粗粮	274 页	343	Burson Gametea 博雅茶苑
Flavor King No. 13 风味大王13号店	279 页	347	General Steak Restaurant·Jinan Mall & NO.4 将军牛排金安 & 4号店
The Yellow River Museum 黄河博物馆	284 页	348	General Steak Restaurant·Jinan Mall 将军牛排金安店
Gainly SPA Anti-aging Beauty Club 姿雅丽抗衰老美容SAP会馆	289 页	351	The Essence of Weimei 实相唯美
Walk into the Wine shop Space with an Artistic Name 走进被赋有"艺术"名称的酒店空间	294 页	361	Paintings on the Wall 唯美墙上的画
Gild Our Life BBQ 锦上天天烤肉	302 页	365	Dream 梦

2009年11月13日 广州

1页

Dream Lake Record

梦天湖散记

Project location | Guangzhou
Design Time | October 2010

项目地点 | 广　州
设计时间 | 2010年10月

以前同业主选择材料和家具时曾多次到过广州，但那时只是来去匆匆，没有时间过多地了解这座城市。这一次，我们的一位老朋友要在广州开设一间大型的商务会馆，因为异地施工的缘故要在广州住上几个月，监督工程实施的情况，于是就有了这一段在广州"打工"的经历。

我和助手三月份到达广州，这里的温度当时已经达到30℃了，这样的气温在哈尔滨要在盛夏的时候才能够受到。刚下飞机，一股热气"扑面而来"。我们在机场换上了夏装，一路上看着车窗外久违的绿色，心情也格外的愉快了。那时已经是晚上10点，可这里的行人还是熙熙攘攘的，路边有许多大排档坐满了食客。听来接机的朋友说，广州的夜生活才刚刚开始呢。

我们工程的地点位于白云区小坪村的工业园内。开始还以为是很偏僻的地方，等到了那里看到的却是别村风景。那里绿树林立，鸟鸣阵阵。转过了解才知道，广州城区原先是很小的，周边有多多的村子围绕。随着广州的改革开放，城市不断地扩大，周边的村落被划为城区。人们都称之为城中村。原有的居民地保留着祠堂和老宅，老街也得到保护，每个村口都设有石牌坊，上面刻着本村的祖训。农民的土地都被村里统一规划，建成了工业园区。引入外来的企业设立工厂，并实现产销一体的经营模式，形成区域规模化经济。村里把收来的地分配给村民，平均下来，每人每年的收入也要十几万。这使我感到北方的农村与广州比差距很大。在北方，村中大都是低矮的平房，三合土的路面风一吹就扬起半人高，雨天就是泥泞的泥汁儿。一入夜就只有几户人家院子里的光亮照在路上，很少有人在街上活动。

为了工作方便，我们就住在小坪村的公寓里。这里与施工现场只隔了一条村子里的老街。每天早上，我们就在老街的路边档口吃早餐。这里的小吃种类很丰富，有炒米粉、牛河还有肠粉。说道肠粉，开始我还以为那是加了肥肠的面食，但其实它是由米粉做成，很像北方的拉皮儿。细细的米浆在屉上摊成一个薄片，上面加上牛肉或鸡蛋浆过，再将粉皮卷起来，淋上调味汁。成品看上去像是一段猪肠，口感十分的滑嫩。爽滑的米粉裹着满满的肉汁和蛋香味，再加上一盘老鸭汤，可算是人间美味。这早餐可是每天早晨最为期待的了。

工地上的工人来自五湖四海，有四川的，有湖南的，也有广东的。他们说起方言来就像在讲外语。多亏了普通话的普及，他们都会讲。但是因为一些名称和叫法不同，一个问题常常要讲上几遍，真的很谢谢始皇统一了文字，不然的话就更糟了。

在交流和沟通上虽说有些不便，但在这里选择装饰材料还是十分便利的。因为广州的轻工业非常发达，每个地区都有自产的特色产品，像佛山的瓷砖，云浮的石材，南海的建材，深圳的LED产品，我们都是直接到厂家去订货。可选的样式多，价格经济，质量也有保证。这是北方城市无法相比的。但是，这样也会给甲方造成选择上的盲目，我们更要花费心思与业主沟通，不能因为一味地追求造价低而影响了最终的效果。

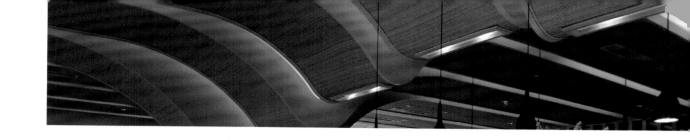

工程按工期以最快的要求，一直经历了10个月，人台经验都苦极了。工作的效率写效不住。站
然是是一是，都未不断的大时时的时间过的又累得是中心。一般加上午一直工作到晚上10点。
工程以是尽心尽力的尽管，让大家了解做。了可能以最后是"最高了"。小孩有场个
向着使欧洲的让人觉得人程。当时我们加加人其中。环境这广州的业业生式。有大排精品实物解
在地上。有着不少不是在的人相。里多的是中风景人。国亨世温个里一体。空待系因过使效尽强
了。空洞事件。工程建是得到了的还可他们的工作做了。

国造多年我以为时想想那是一位身边行前的样子。那就是字字先来感到的的候。—[周文]王律支

A Training Center in Jiamusi

Project location | Jiamusi
Design Time | June 2011

佳木斯某培训中心

项目地点 | 佳木斯
设计时间 | 2011年6月

若是把空间转化成音响场，转化为节奏和旋律，转化成流动的时间，那她就是像《渔舟唱晚》这类的筝曲。优雅、婉转、舒畅，将绵远、悠长、沉静、深邃体现到了极致。空间风格的不争，在中庸中体现低调的华贵，徘徊于进与退之间。也许对这里来说再适合不过了。　　（撰文 | 辛明雨）

If the training center is converted into sound field into following time in a rhythm and melody, it is regarded as a piece of graceful, tactful, happy, fantasy and clam music of koto like "Fisherman's Song". You can feel how peaceful splendid and attractive the training center is! This center is the best place for learners to improve you

(Text | Xin Mingyu)

A Jew and his son went on a long journey. Suddenly the Jew saw a piece of iron and let his son pick it up, but the son was too lazy that he pretended not to have heard about it. The Jew picked up the piece of iron and sold it for three-penny when they passed through a town, then he bought eighteen cherries with the money. He dropped the cherries deliberately when they went across the moors, hungry and thirsty, the son bent eighteen times for the cherries. - Taken from the network

Harbin Ice-Sn

Project location | Harbin
Design Time | March 2009

13 页

哈尔滨冰雪艺术中心

项目地点 | 哈尔滨
设计时间 | 2009年3月

余秋雨在冰雪艺术中心 Yu Qiuyu at Ice-Snow Art Center

Harbin Ice and Snow Art center is located in the center of Harbin, with a total construction area of 2510 square meters, and its theme is to show the new aesthetic of ice and snow from a fresh perspective and develop cold region's traditional culture. The original architecture is post-modern style with large areas of glass curtain wall, through which so much natural light will be adopted, that neither the characteristic of exhibits remain prominent or light requirements of exhibition space is suited. Some places which are nine-meter high are not appropriate for exhibition.

Accordingly, without destroying the aesthetic feeling of the original architecture, a large area of wall is used to block outdoor natural light. And with the help of appropriate amount of natural light and gentle lighting, the light can meet the requirements of the exhibition place. In space, the designer retains the original architecture of roofing shapes as Chinese character "人" and concrete construction, which reflects the architectural aesthetics and the unified color, emphasizing the building as an art and sculpture and highlighting the theme. In the center of the pavilion, the designer uses "ice hammer" which has the characteristics of snow and ice to echo with the ground pools and connect with water droplets, which forms central landscape sculpture. On upper wall there is an area of white metope, which is used for projecting with multimedia presentations such as voice and animation through modern means of science and technology. The whole design style based on a "block face" clear, black and white tonal approach, reflect the mountains and the geographical features of the northern winter, and fully demonstrate the cultural of ice and snow as well as interpret the unique charm of northland ice and snow.   （Text | Wang Zhaoming）

以全新视角展现冰雪艺术新美学和弘扬寒地传统文化为主题的哈尔滨冰雪艺术中心,位于哈尔滨的城市中心区域,总建筑面积为2 510m²。

原建筑外观采用后现代的建筑风格,采用了大面积玻璃幕墙,使其室内空间产生了大量的自然光,不能突出展品的特点,又不符合展示空间的光线要求。局部9m高的层高,不利于布展的需要。所以在不破坏原有建筑美感的前提下在室内部分采用大面积墙体将室外的自然光进行遮挡,充分利用天光,配合柔和的灯光及局部重点照明,使展厅的光线达到展示空间的需要。在空间上适当地保留原建筑的"人"字形屋面和混凝土构造,体现建筑的美感。统一的颜色,强调了建筑的雕塑感,突出主题。在展厅的中心部位采用具有冰雪特点的"冰锥"与地面的水池呼应,并与水滴相连,形成中心景观雕塑。墙面上部大面积留白,配合多媒体动画影像演示及声音配合,通过现代科技手段进行展示。整体设计风格采用以"块、面"分明,黑白色调的手法,体现北方冬季白山黑水的地域特点,使冰雪的文化得到了充分的展现,演绎出北国冰雪的独特神韵。　　（撰文 | 王兆明）

Canal International Water Art Center

Project location | Beijing Tongzhou
Design Time | July 2013

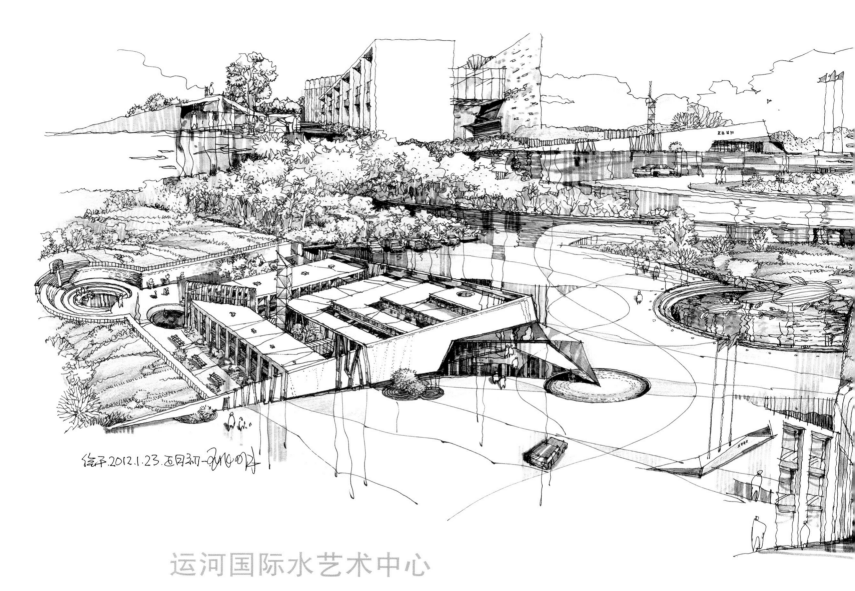

运河国际水艺术中心

项目地点 | 北京 通州
设计时间 | 2013年7月

建筑设计是以东方文化"尚水"为主题，
是自然的本物"水"与生命、与精神相融合的艺术、哲学空间。
建筑外观依水就势与周边的自然环境相融合，用水的包容性、水的含蓄、水的博大诉说着空间的故事。
用朴素的价值观和哲学观，用抽象的建筑语言将水的圆形和鱼的方形直角相切，
圆方共融、外圆内方，生命与水相互依存。体现出"水泽万物、天人合一"的哲学境界。
建筑主体与地势相统一，采用中华上古陶艺   形和金文"   "字为建筑造型，依势运河之水南下，
来展现中华文明古国的文化精髓。用东方的思维方式来创造一个具有思想性、物质性共融的空间环境。
建成后必成为大运河一道独有的艺术风景，同时也将成为当今文化展馆杰出典范。

刘恒甫

视觉艺术家 客座教授 硕士生导师

《艺术中国》—中国文化创意博览园 | 总策划
《大观世界》—世界文化雕塑园 | 总制作
中国艺术产业博览会 | 艺术总监
五洲水韵馆 | 馆长
北京黑龙江商会艺术委员会 | 秘书长
黑龙江省政协 | 委员
哈尔滨市政协 | 委员
黑龙江省非物质文化遗产保护委员会 | 专家评委
黑龙江省社会科学院 | 名誉研究员
哈尔滨师范大学 | 硕士生导师
哈尔滨商业大学 | 客座教授
黑龙江省旅游商品协会 | 会长
哈尔滨市旅游商品协会 | 会长
北京市荣誉市民
黑龙江省优秀中青年专家
首届中国创意设计大赛金奖
中国（国家级）工艺美术大师精品展金奖
中国旅游商品博览会金奖
国际视觉艺术节最佳视觉效果奖

2012 创建北京恒甫艺术中心
2009 创建哈尔滨冰雪艺术中心
2004 创建北方民艺精品馆

Wide Cafe 1930
外 屋 地

Project location | Harbin
Design Time | August 2009

项目地点 | 哈尔滨
设计时间 | 2009年8月

"Wide cafe · 1930" is the second cafeteria with the theme of design and expressing city culture after "Wide · Butterfly Dream." Its name, location and the building itself all reflect a part of Harbin culture.

In Harbin, my hometown, many people has abandoned its cultural context and destroyed many historical buildings, industrial sites, old streets and ancient towns just for profits. Both the culture and memory of a city are passing away. The reputations of "Oriental Paris" and "Oriental Moscow" have become a legend. The behavior shows the disrespect and deny of Harbin's culture as well as a misunderstanding about its cultural context.

Don't you think it's a great fortune to enjoy the Arc de Triomphe, the Eiffel Tower, the Louvre, Notre Dame, Versailles, Place de la Concorde and the Champs-Elysees as well as the other countries' well-known artistic landmark? If people once hate the government's weakness and injustice during World War II because the government eventually reached a compromise in order to keep the entire architecture and civilization of Paris, now how do you feel about the Loss and the Gain, the pros and cons now? In Acropolis ancient Greek, Temple of Athena Nike and the Parthenon Temple exist for more than 2000 years, which enlightens countless architects. These architectures have become worthy world cultural heritage.

Another example is Fu Tso-yi, an anti-Japanese hero and aggressive KMT, who responded the Chinese Communist Party's "stop the civil war and reunify peacefully" and launched a peaceful uprising led by troops in January 1949, which made the ancient cultural capital survive and saved 2 million people's lives and property in havoc. Fu Tso-yi has made a significant contribution to Chinese people's revolution victory. General Fu has a large number of military power and civilian property, which can compete with the Communist Party, but he didn't become a criminal in history only caring for his personal interest because he knew that if he waged a war, Beijing Forbidden City, the ancient city walls and those traditional buildings mostly made of wooden and earthen would be vulnerable. However, a lot of Beijing traditional buildings and ancient walls were torn down during Great Leap Forward period. Mr. Liang Sicheng, a famous architect and educator, struggled up from the bed touching those ruins with tears and wrote down the following sentence "to tear down a tower is to cut a piece of flesh of me and to strip the bricks of the old building is to strip a layer of shin of me". We should learn the lessons drawn from other's mistake!

During Manchukuo era Harbin was an international special administrative region, people from all over the world gathering here. Harbin was so prosperous and harmonious that some foreign reactionary nobles and survivors have immigrated here to escape from the Red Political Power. After World War II, there were a number of Jews came here, among whom were many world celebrities, such as Israeli Prime Minister Ehud Olmert, who was born in Harbin.

Before the Qing government declined, Russia and some other countries settled in Harbin. In Qing Guangxu 24th year, Russia built mid-east railway (also known as the East Qing Railway or Easte Province Railway), at the same tine, they constructed Harbin temporary general plant of mid-east railway (vehicle factory). After the victory of the October Revolution in Russia, mid-east railway was managed by Sino-Soviet in 1924 and it was sold to Puppet government in 1935, it was handed over to local government in 1937. Chairman Mao Zedong and Premier Zhou Enlai visited Harbin railway factory in February 27, 1950, from the colonial perspective, the visit showed some government's passiveness in sovereignty and management, but from a cultural point of view, it was a kind of international communion, as what Darwin has said that aggression also brought civilization. There are only several ruins left as museums for those who want to witness the last tortuous history and share the weal and woe through the old plants. It is a great pity that we and our descendents want to see the self-confidence and pride of the city through "East Railway Museum".

After the liberation, the former Soviet Union helped build a number of factories, flax factory and the three major powers (Boiler plant, steam turbine plant and electrical plant) etc, but now they all disappear. We should face up to history whether it is humiliating or proud, some history nodes will be reflected in those buildings, and building nodes are the enlightenments of Harbin. There is still much enlightenment left by ancestors in Shanxi province. However, how do we continue our history when so much enlightenment of Harbin is disappearing?

In order to create more space and live a more comfortable life, many unscientific and disordered demolitions are everywhere, which is the denying of both our history and our ancestors. However, every courtyard we demolish is the painstaking effort of our forefathers. Each brick and each stone suffered the weather beaten, recorded our ancestors' pursuit for good life and reflected their judging and understanding of the value of the then society. But we destroy these magnificent buildings blindly by the excuse for urban renewal and then build various architectural trashes with new technological materials and techniques, and a lot of people make a large amount of profits because of urban renewal. Although in order to meet our demand for space we build the "architectural trashes", we are irresponsible for our descendants in terms of the city's future. We should try to keep the representative buildings and find out the direction of developing the city scientifically and selectively, if by far we have not prepared well for the urban renewal, we can do it later. As we all know that, Qin Imperial Mausoleum's hasn't been excavated until the technology and other conditions permitted, which shows a more figurative and glorious history to descendents. We shouldn't blindly deny the city' buildings, or at least, leave more options for future generations. Harbin has really changed now since so many artless buildings have been constructed, which can't withstand the test of time, what we are really proud of are the remaining ancient architectures. The buildings themselves are important historic symbols of a city, so we should cherish and protect them.

Outstanding architectural works cannot be rebuilt, and its replication has lost the original meaning. In order to create more space and live a more comfortable life, the demolition is everywhere, but this time we should take every building into account seriously. What we should demolish is the unscientific, unsatisfactory buildings and those have not been demonstrated; what we should retain are buildings, which increase the city's cultural self-confidence. Only in this way, we can distinguish our city from others in the regional style; only in this way, we will be proud of Harbin, only in this way; we will have superiority when friends from all over the world come to Harbin. Harbin declined soon after the September 18th Incident, and it is the humiliating history that we can't change, however, as we all know that cultural identity is a manifestation of civilization, in recent years, we descendents are destroying homes where our ancestors living for generations, which is not only the deny of our own cultural, but also the deny of civilization of our city.

It has been said that the real meaning and value of ancient buildings are to record history, to show culture, to keep one's soul, to show identification and to enhance self-confidence. Without ancient buildings, you will lose your own culture; without ancient buildings, you won't experience the civilized integration when you come back to Harbin, which is a completely different feeling as French returning to Paris. Ancient buildings are the places where human's belief lies, only be in front of these holy temples, you know who you are!

(Text | Wang Zhaoming)

设计师朋友们在外屋地小酌

"外屋地·1930"是继"外屋地·蝶之梦."之后第二个以设计和城市文化为主题的咖啡店。这座房子的名字、位置以及本身都体现了这座城市文化的基因和文脉的一个侧面。

如今的家乡哈尔滨抛弃了太多的城市基因和文脉，人们为了眼前的利益破坏了太多的建筑、工业遗迹、街道和老城区。城市文化遗迹在消失，那些人文记忆也在消失。"东方小巴黎"、"东方莫斯科"的美名早已变成了传说。这些消除城市胎记的行为是对历史文化的不尊重和否定，是对这个城市传承的误导。

相比较法国巴黎，二战时期为了保留整个巴黎城市的建筑以及文明，政府最终采取了妥协议和。如果当时人们对此举还曾痛恨过市政府的软弱和不正义，那么经过漫长的人类历史长河，我们仍旧有幸欣赏到凯旋门、埃菲尔铁塔、卢浮宫、巴黎圣母院、凡尔赛宫、协和广场和香榭丽舍大街等这些杰出的国家标志性建筑艺术，你又作何感想呢？失与得，孰轻孰重，不言自明。再比如古希腊雅典卫城中巍峨的雅典女神庙和帕特农神庙，二千多年的世事变迁能保留至今，启蒙了无数建筑师对建筑的灵感，成为当之无愧的珍稀世界文化遗产。

再比如，我国抗日名将、追求进步的国民党员傅作义，在1949年1月，响应中国共产党提出的"停止内战，和平统一"的主张，毅然率领部队举行北平和平起义，使古老的文化古都完好地回归人民，200万市民的生命财产免遭兵燹。这一义举对中国人民革命事业的胜利，作出了重大贡献。因为他知道北京故宫、古老的城墙，这些传统的中国建筑多为木制和土制，如果发生战火，那将不堪一击。然而在大跃进时期，北京许多老建筑和城墙被拆掉了，当时著名的建筑学家和教育家梁思成先生从病床上挣扎着起来，留着泪去抚摸那些被拆掉的残垣断壁，并写下这样一段话"拆掉一座城楼像挖去我一块肉；剥去了外城的城砖像剥去我一层皮"。前车之鉴，后车之师啊！

哈尔滨曾经作为国际化的特别行政区，满洲国时期，聚集了世界各地的人，当时繁华和谐的程度，曾使一些外国的达官贵族移民到这里，因为他们认为哈尔滨是一个国际化的城市。二战之后，又有一些犹太人来到这里，这其中不乏很多世界名人，比如以色列总理奥尔默特就出生在哈尔滨。

在清政府走向落败之际，清光绪二十四年，俄国在建筑中东铁路（又称东清铁路或东省铁路）的同时，兴建了中东铁路哈尔滨临时总工厂（即车辆厂）。俄国十月革命胜利后，1924年实行中苏合办中东铁路，1935年日伪当局从苏联手中收买了中东铁路，1937年又移交当地人管理，1950年2月27日，毛泽东主席和周恩来总理视察了哈铁路工厂。虽然从殖民角度来讲，带来了一些主权和管理上的被动，但是从文化角度来讲，却是一种国际的交融。这样一个记载着曲折历史，记载着心酸荣辱的老厂房，如今却只剩下了几处残垣作为博物馆来打发我们这些想见证历史的人。想来，是多么的可悲。

解放之后，前苏联又帮助兴建了许多工业，亚麻厂、三大动力等，而如今也都不复存在了。不论是屈辱过的，还是自豪过的，都是我们要正视的历史。某些历史的节点会体现在这些建筑上，而这些建筑节点都是哈尔滨的骄傲。陕西民宅门口还会依存着祖辈留下的骄傲，而我们这样一座偌大的城市却消失去了如此多的骄傲，历史要怎么贯穿，怎么完整地呈现和延续？

因应城市和社会的发展的需求，拆迁铺天盖地袭来，但是其中很多不科学的、无序地拆迁，是对过去的否定，是对前人的否定。殊不知，那一个个庭院曾是我们祖辈几十年的心血，每一块砖，每一块石头，经历的不仅仅是风霜雨雪，而是记录了他们对生活的美好憧憬和追求，体现了当时社会对价值的评判和理解。而我们呢，以改造为名，却毫不思量地将这些美好的东西毁灭，然后用着新科技的材料和技术建筑出各样拙劣的建筑垃圾，大批的人虽然因此而利益丰足，但是这样的建筑只是解决了人们暂时对空间的需求。而对于城市的将来，对于我们的后代，对于更多认可这个城市的人来讲，这样的行为是不负责任的。我们应该科学的，分时区的，找出城市文脉的发展方向，尽量地保留代表性的建筑。如果说我们目前没有做好这些工作，那么可以保留到以后再开发。就像秦始皇陵，因为科学技术等条件需要封存保护，等到条件充足的时候才来发掘。为的是什么，是让辉煌的中国历史能更具象而长久地展示给人类世界。对于我们的城市建筑而言，真的不应该一味的否定，至少要给后代更多的余地。现在的哈尔滨真的改头换面了，太多的伪建筑招摇而立，却没有多少能经得起历史推敲的作品，真正值得我们骄傲和自豪的仍旧是那些残存的古老建筑。

建筑本身是城市重要的历史符号，我们应该去珍惜，去保护它。优秀的建筑作品无法再生，即使复制也失去了原来的意义。所以，对于每一个建筑的去与留，我们都要慎重的考虑。要拆除的应该是不科学的、不理想的、论证过的东西，保留下来的应该是增加城市文化自信的东西。这样才能让这个城市区别于其他城市，有自己的地域风格。让我们无论走到天涯海角再回到哈尔滨都会有自豪感，让世界各地的朋友来到哈尔滨时我们有优越感。文化的认同就是文明的体现，哈尔滨曾经的辉煌，在经历了九•一八事变之后逐渐走向没落。那段国耻，是无法更改的历史，而如今，我们正在亲手破坏祖祖辈辈生存成长的家园，否定自己的文化，否定所生长的城市的文明现象。

曾有人说，记录历史，展示文化，载托灵魂，提供认同，增强自信，这就是古建筑的真正意义和价值。没有古建筑，你就失去了自己的文化。当你再回到哈尔滨时也体会不到曾经的文明融合，这和法国人回到巴黎的感觉完全不同。古建筑就是人类文化信仰的宇宙和教堂。只有在这些圣殿面前，你才知道自己是谁。　　　（撰文 | 王兆明）

2010年8月27日　哈尔滨 花园街 外屋地酒会

天空是亮的吗？为什么天黑的时候我们也有影子？
为什么我们没有走而我们的影子在走？
为什么我们的思想不能飞起来看到我们自己？
为什么我们要有民族？为什么我们要有文化？
为什么祖先留给我们的房子是这样的，我们一直都在追寻着什么？是文化吗？
为什么我们游走在当代空间之中却还梦寐着过去的菜窖和阁楼？
我们的周围被巨大的钢筋水泥所阻挡。我们都变成了井底的一只蛤蟆……
我们的周围到处都是可以挑选的垃圾。我们也是垃圾吗？还是一个拾荒者……

大点

一直都在寻求完美的路上——完美生活

Project location | Qiqihar
Design Time | May 2011

项目地点 | 齐齐哈尔
设计时间 | 2011年5月

Congratulations on the opening of another chain. At the beginning of the design, I again realize the population of the "perfect life" in this small town. To some extent, this is a successful business. The conception of people's consumption has increasingly become rational. They pursue good service, environment, quality and flavor of BBQ. At this point, the designer and owner should pursue persistently what the customers pursue. The problem is what we should actually pursue.

At first, the intention of the designer is correspondent to his desire of the owner. Through the whole design. The owner's desire may be periodic or causal. This time, we have some collisions which are about the admiration and respect for culture, the pursuit and understanding of Chinese culture. Both he decoration of ancient kitchenware-"Lian" and the present pieces of "stones" narrates tenderly the extensive and profound Chinese culture. The most wise and powerful thing in the world is stone, such as the "diamond" in the West and the "jade" in the East. What is the most precious characteristic of the stone in contrast to the flower? People are attracted by its exquisite delicacy silently.

When I remember the whole process of the design, I think this is also a mutual learning process with the owner. The process is originated from the business and the loyalty of inner pursuit.   (Text | Guan Le)

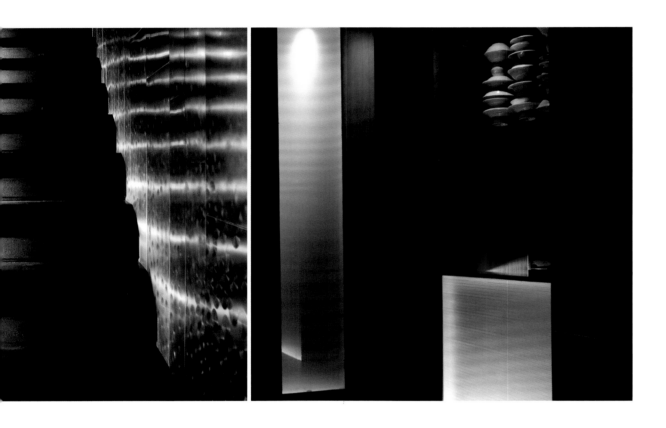
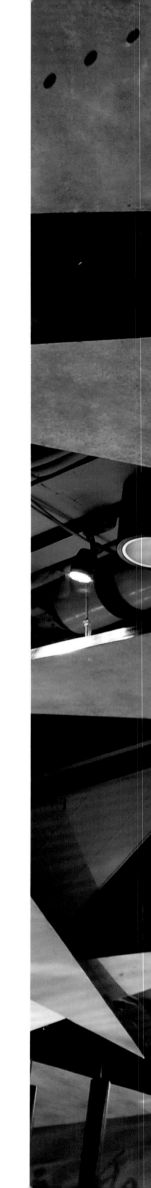

又一间分店计划开张,在设计之初再次见识了"完美生活"在这个小城是如何受人追捧。某种意义上说,这是商家的一种成功。人们的消费观已经日趋理性,他们追求服务、追求环境、追求货真价实、追求一个烤肉店肉的品质与味道……而作为此时应站在同一角度的设计师与店主,面对已有的基础,我们的追求是什么呢?

回到设计师的初衷:通过设计的语言为甲方实现他内心的渴望。这种渴望也许是阶段性的,也可能是他的性格使然。这一次,我们的想法有了些许碰撞,那就是对文化的仰慕和敬重,对中国文化的追求和捕捉。无论是古为食器今为装饰的"瓮",还是那星星点点片片的"石",都用最质朴的言行寻访着中国文化的博大精深。红尘灵性源于石,从西方人眼中的"钻"、东方人眼中的"玉",便对石的魅力可见一斑。正可谓花能解语还多事,石不能言最可人。

从始至终回想起来,这也是我与店主一次共同学习的过程。源于商业,却忠于内心的寻求。 〔撰文 | 关乐〕

The Story of Ching-po Lake

Project location | Mudanjiang
Design Time | March 2013

This case is an epic building complex, which breaks the traditional definition of the entrance door of scenic area and lies on the foundation of humanity history. The old Chinese expression "the great sound is voiceless, the great form is shapeless" is an appropriate description of this design. The radial-annular-shape main building and the annex on left and right constitute the unique architectural shape. It is a microscopic embodiment of natural water droplets construction. The form of the building is undulating with oriental feature. The building is tall and straight, having regional cultural characteristics, like the Erupting volcano and Alpine lake's epitome.

The interactive landscape platform located in the center of the main building is the experiential annular channel, which is available for people to visit. With a comfortable slope and an annular visiting line, the interactive landscape platform provides the tourists more viewing angles–"when you walk, the scene changes". Standing on the top of the scenery area, one faces magnificent natural beauty, which is intoxicated and bewitchingly.

There is a sinking water system on the center of the landscape platform, with a round ancient bronze mirror inlaid on the still water telling the fairy tale of Hongluo Girl. The texture of the bronze mirror shows the ancient northern Shaman culture and the geography map of Ching-po Lake. At the same time, the bronze beast in the fairy tale is the center of the scenery area, which weakens the orderless feeling caused by annular channel.

The still water and the slanted bronze mirror naturally form a center symmetrical cyclic lateral façade, which is directional and vivid. The designer makes a sculpture group with the theme of "The Story of Ching-po Lake", among which four chapters are included, respectively named "the Ancient Beautiful Voice", "Dream Back to Bohai", "the Lake of Best Scenery" and "Masterpiece". The design aims to describe the natural geographical scenery, fantasy legends and epic historical scenes of scenic spot through artistic polishing. When the tourists enjoy the beautiful scenery, seeing the silhouette of sculptures in the water, they will feel a strong sense of ritual, at the same time, the sink-style design will leave them the illusion of contacting with gods. When visiting the truly amazing lake, tourists will appreciate the gift of nature. When visiting the truly amazing lake, tourists will appreciate the gift of nature. Stonehenge, the symbol of "the ten scenery spots of Ching-po Lake", stands in the back of main building. It is its rough surface texture and a few artificial carving that makes Stonehenge persistent and powerful on time, as if it witnesses the past and future of Ching-po Lake. Center Plaza is located in front of the main building, and its radial irregular grass and music fountain add a hint of inspiration and romance to the calm and solemn atmosphere.

The material of the main building is the specific volcanic rocks produced in Ching-po Lake, while the windows and doors is made of cement, which is not only in line with the trend of low-carbon principle, but also increases regional features of the design.

The design, a perfect combination of artistry and functionality, is a landmark building with historical significance, which is beyond the traditional definition of "door" or "entrance". The people-oriented design puts emphasis on the participation, interaction and unlimited tour route, which gives the tourists a deeper spatial experiment. There is an old Chinese saying "to educate somebody, you should start from poems, emphasize ceremonies, and finish with music". Architectural poetry dominated by art, combining with the value of Chinese traditional aesthetics, makes the tourists immerse themselves in the abundant historical deposits and culture connotations of Ching-po Lake.

As time goes on, she still stands there, witnessing the metamorphosis of Ching-po Lake, telling a thick mysterious story of Ching-po Lake.

(Text | Wang Zhaoming)

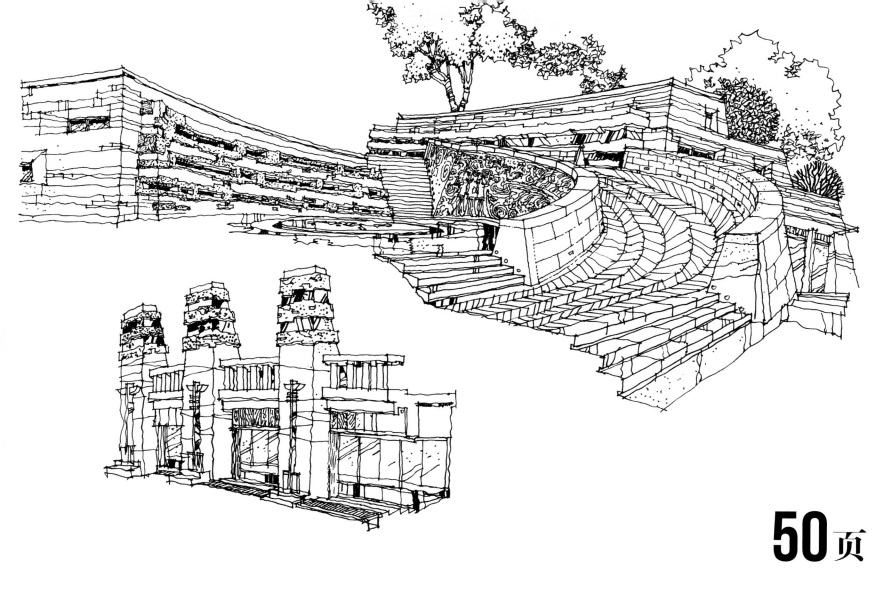

镜泊故事

项目地点 | 牡丹江　设计时间 | 2013年3月

本方案既突破传统上对景区大门的固有界定，同时又具有厚重的人文历史根基，是史诗性建筑综合体。"大音无声，大象无形"用以描述该设计显得尤为贴切。其放射状环形的建筑主体与左右两侧的附属建筑形成了一种独特的建筑空间形态。既波澜起伏，是自然元素水滴筑波的微观表达，极具东方神韵墨，又向心挺拔，如喷薄的火山口、高山堰塞湖的抽象缩影，富有地域文化特色。

互动式景观平台位于主体建筑的中心，是可供人游览的体验式环形通道。具有舒适坡度并呈上升趋势的环形游览动线，给游览者提供更多的观景角度——"步移景变"。行至端顶整个景区都可尽收眼底，流连忘返，令人陶醉。

景观平台的中心是下沉的中央水系，平静的水面中央嵌入一枚圆形的古典铜镜，讲述着红罗女的神话。铜镜上的纹理尽显北方先民所流传下来的萨满崇拜及镜泊湖水系的地貌图形。同时，以神话中的铜兽定位，形成景区的方位坐标，削弱环状通道带来的无序感。

一斜一平之间自然产生了中心对称的环状侧立面。其极具方向性，且富有动感。设计者将其打造成"镜泊故事"主题浮雕组群，其共分为"远古清音"、"梦回渤海"、"湖山大美"、"盛世华章"四大篇章。将镜泊湖景区内的自然地理风光、富有玄幻色彩的神话传说及史诗般的宏大历史场景，通过艺术加工展现于前。游人行走其中，浮雕在水波的映衬下形成了强烈的仪式感，下沉式的设计给人一种能够承接天地神明的错觉与体验。使游览者在观赏的同时，感谢自然的恩赐，给人以心灵上的震撼。象征"镜泊十景"的巨石林屹立在主体建筑的后侧，粗犷的表面肌理，不经过多的人工雕饰，使整个建筑更具时间上的张力与重量，仿佛鉴证着镜泊湖的过去和未来。中心广场位于建筑主体前方，呈放射状不规则的广场绿地及音乐喷泉为沉稳、庄严的气氛增添了些许灵动与浪漫。

建筑主体材料为镜泊湖地区特有的火山岩，窗口及门口都采用仿木水泥。这样既符合当下低碳环保的大趋势，同时也使整个设计更具地域色彩。

该设计是能够承载历史重量的标志性建筑。她远远脱离了"门"或"入口"的传统概念界定，是艺术性与功能性的完美结合。以人为本，不规范的行为动线，并注重游览者的参与性和互动性，给游人带来更深层的空间体验；以艺术为主导的建筑诗歌，结合中国传统美学文化的价值观，兴于诗而成于乐，使人们在观赏自然胜景的同时，感受到镜泊湖厚重的历史积淀和文化底蕴，让人沉浸其中，忘返流连。

随着时光的推移她依然矗立在那里，鉴证着镜泊湖的蜕变，仿佛向人们讲述着一个富有浓厚神秘色彩的"镜泊故事"。　　　　（撰文 | 王兆明）

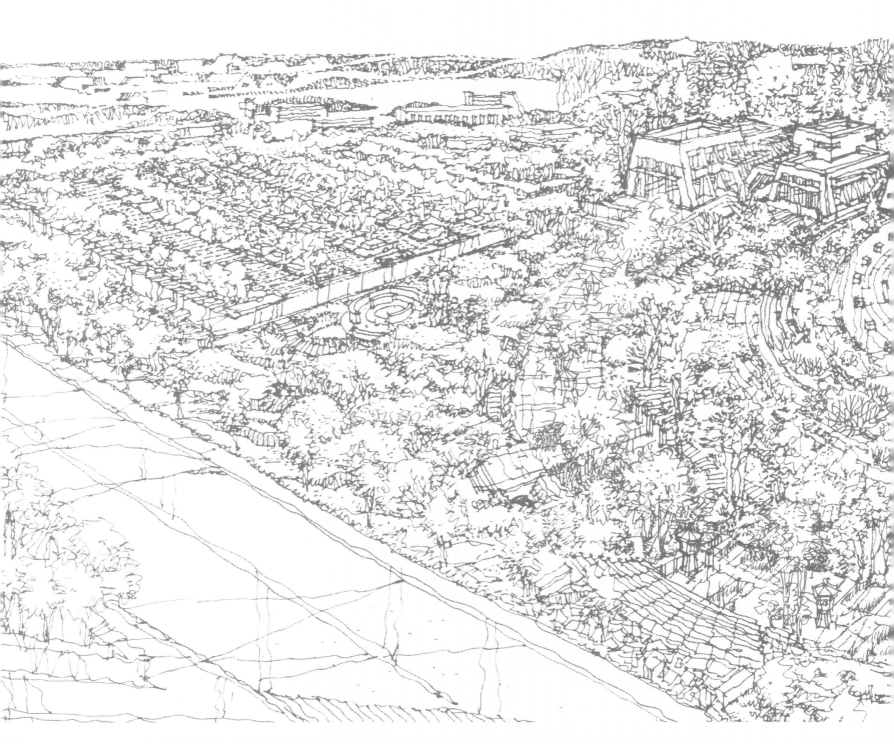

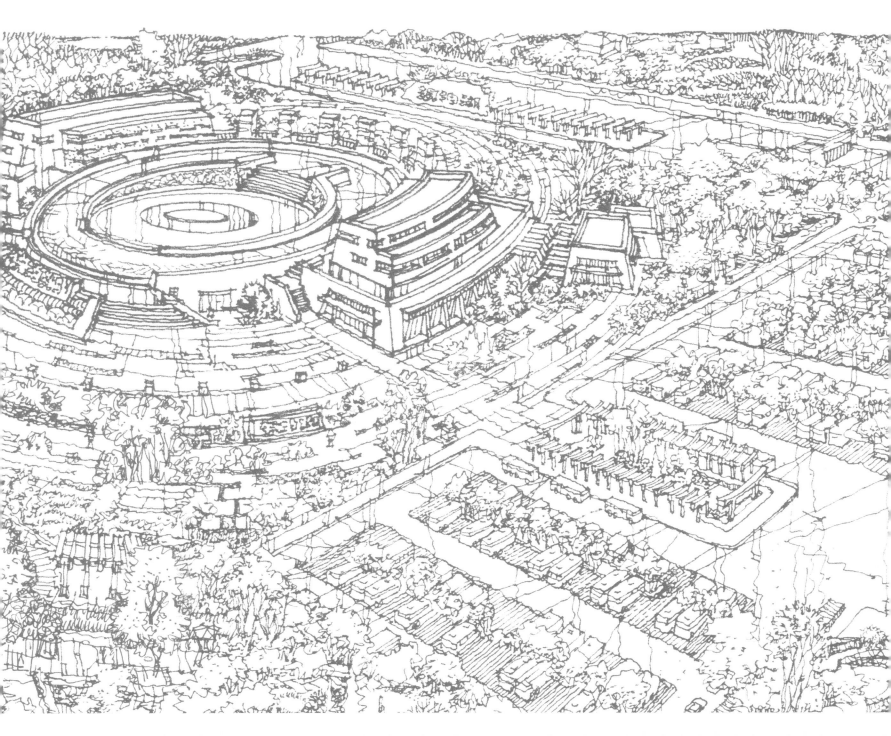

天宏酒窖

项目地点 | 哈尔滨
设计时间 | 2011年9月

TIAN HONG WINE CELLA

Project location | Harbin   Design Time | September 2011

Tian Hong Wine Cellar, a high-end private club with an atmosphere of quietness and elegance, provides you delicate foods with different kinds of combination. The accurate collocation of food and wine makes you enjoy the art of life, taste the fantasy of life, and experience the palatial journey of wine culture.

The red brick wall of the wine cellar obtains its inspiration from French cellar's red brick dome and walls of the other space are mainly decorated with texture paint. Oversea romance is unfolded in a simple way by the architect. On the basis of meeting their own functions, the different zones in space are shaped making use of the relationships between the lines and surfaces, so that they can deliver the artistic sense and taste of space.

On the basis of meeting their own functions, the different zones in space are shaped making use of the relationships between the lines and surfaces, so that they can deliver the artistic sense and taste of space. The Western Restaurant lies in perfect Mediterranean style, with demolition wood decorating the floor, having a nostalgic charm. While the Chinese Restaurant with gold brick floor has an atmosphere of traditional culture.

By means of discovering a gap of time in a match box, the years unconstrained and in which people who are complied with nature are recollected. Genuine vintage wine is enjoyed in poetic and pictorial splendor by pouring a glass of French wine with rich bouquet, enjoying the color of Italian wine, tasting the sweet of Portuguese wine. Reflections of initiating enthusiasm are spread in a new world, followed by a romantic diffuse.   (Text | Jin Quanyong)

天宏酒窖是一所安静、优雅、高端的私人品鉴会所,为您提供精致美食的搭配,餐与酒的精准配合让您享受生活的艺术,让您品味美妙的人生,让您体验圣殿级的葡萄酒文化之旅。

酒窖墙面那砌筑的红砖,灵感来源于法国酒窖的红砖弧形穹顶,其他空间的墙面多以质感涂料。设计师用一种简单方式来展现异域情调。空间中的不同区域在满足各自功能的基础上,通过线、面的关系来进行空间造型塑造,从而传递了空间的艺术气息及品位。以地中海风格进行装饰的西餐厅,地面用四处搜寻的拆迁木铺装,给人一种老的韵味。而中餐厅就以中式为元素,地面用金砖铺装,给人一种传统的文化气息。

在火柴盒子中找到岁月的缝隙,回忆那遵从自然的奔腾年代。斟一杯法国红酒的浓香,赏一抹意大利红酒的色泽,品一口葡萄牙红酒的甘美,新世界具有开创热情的回忆,在浓浓的诗情画意中品尝真纯的佳酿,浪漫尊贵随之弥漫。　　(撰文 | 靳全勇)

的年头；那是信仰的时期，那是怀疑的时期；那是光明的季节，那是黑暗的季节，那是希望的春天，那是失望的冬天；我们全都在直奔天堂，我们也全都在直奔相反的方向——《双城记》

这个年头又何尝不是呢？但是，那些最美好的、智慧的、信仰的、光明的、希望的……一直都是我们不懈追寻的，未曾改变。

（撰文 | 关乐）

It was the best of times, it was the worst of times, it was the age of wisdom, it was the age of foolishness, it was the epoch of belief, it was the epoch of incredulity, it was the season of Light, it was the season of Darkness, it was the spring of hope, it was the winter of despair, we had everything before us, we had nothing before us, we were all going direct to Heaven, we were all going direct the other way.

a quote from A Tale of Two Cities

So it is now. Those best, wisdom, belief, light and hope, however, are still what people always pursue

(Text | Guan Le.)

The Dainty Room Restaurant, Shop on Shangzhi Road

Project location | Harbin
Design Time | August 2012

非尝食间

尚志大街店
项目地点 | 哈尔滨
设计时间 | 2012年8月

64夜

"As a man, how to know the joy of fish" -- 《Zhuangzi·Qushui》 This saying reveals a spirit of self-sacrified state of happiness.This happiness is full of some kind of enjoyment, freedom and even a hint of fantasy.

How beautiful the fantasy is! What integrated satisfying scenery of this elegant, fantasy and modern restaurant is! When customers come in and enjoy themselves, it seems to go into a new and satisfying world, attracted by these multicolored light shadows, the sparkling texture of the metal and stone, gleaming glass of colorful drawing pattern, and the mysterious and sensuous paintings.

How to come out of the fantasy is what I should do. Firstly, it is natural happiness for lovable fishes swimming in golden terrazzo floor with elegant freedom; in addition, it is splendid sparkling characters for irregular changes of colorful glass and special metal ceiling in the smooth shadow; furthermore, it is tender art for the cloth to the graceful and modest ornament.

"Never taste, how to know the unforgettable taste", which is the aim of this restaurant to bring much more happiness to you.　　(Text | Guan Le)

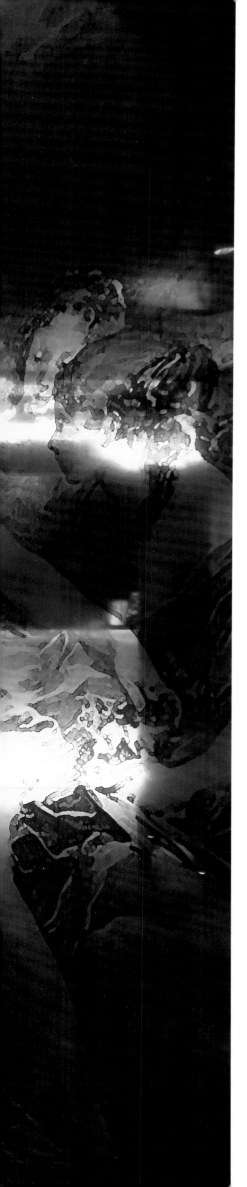

"子非鱼,焉知鱼之乐"——这句出自《庄子·秋水》的名言道出了一种自我精神满足的快乐状态。这种快乐饱含着一种享受,一种自在,甚至带有一丝幻想的色彩。

幻想是美妙的。斑斓的光影,金属和石头碰撞出的质感,若隐若现的玻璃上的彩绘图案,还有那神秘又感性的油画作品……幻想这一切呈现出一种整合的美,将这种美装进这间定位时尚现代却又略显低调华丽的茶餐厅,让走进这里的顾客像是突然进入一种新奇又满足的世界,享受美食,享受美景。

幻想也是可以实现的。于是水磨石地面活灵活现出金属质感的鱼群,线条简练优雅,寓意却很讨喜;于是光影变幻的彩绘玻璃和异形金属吊顶跃然其中,实现了它们"闪耀"的本领;于是布艺上演了其温柔的力量,点缀出空间中的一份柔美与内敛……

"子非尝,安知食间之美",这样的"食间",但愿带给更多人满足与快乐。

(撰文 | 关乐)

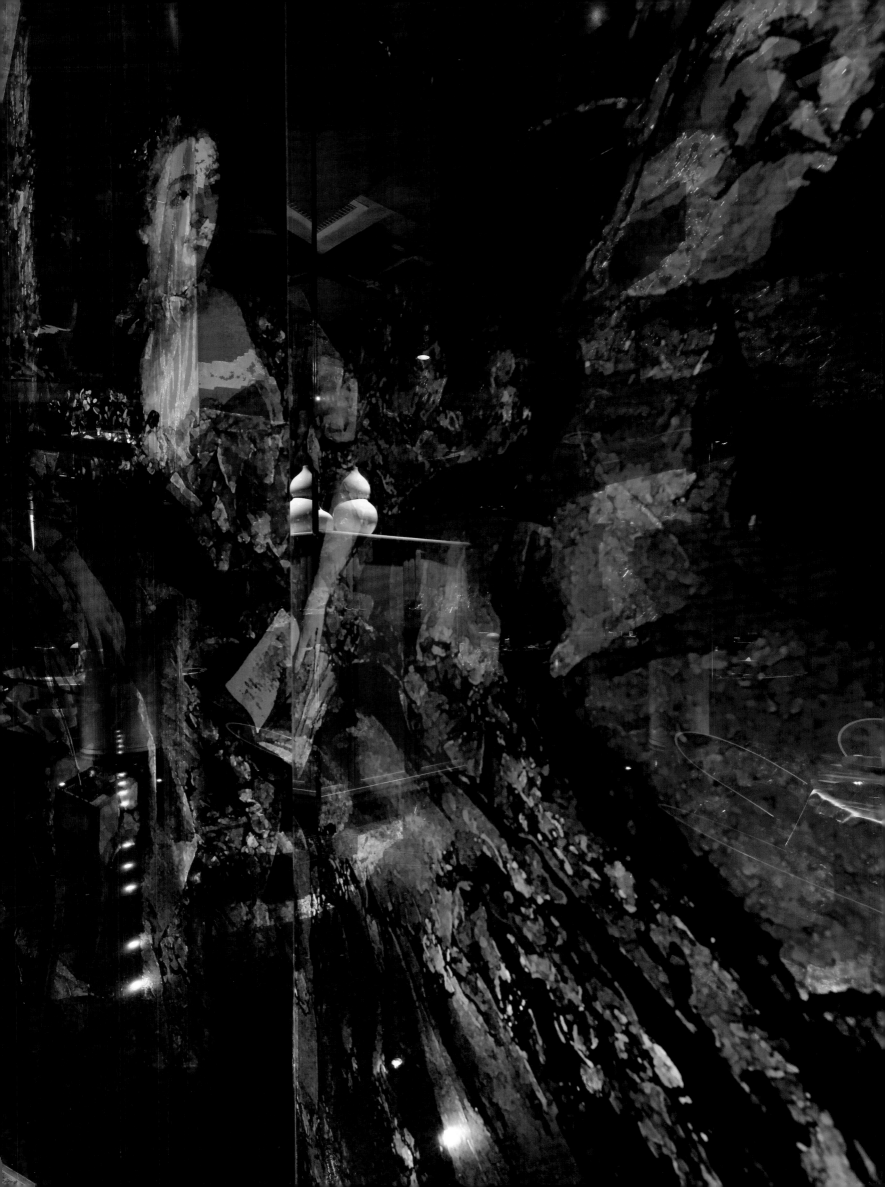

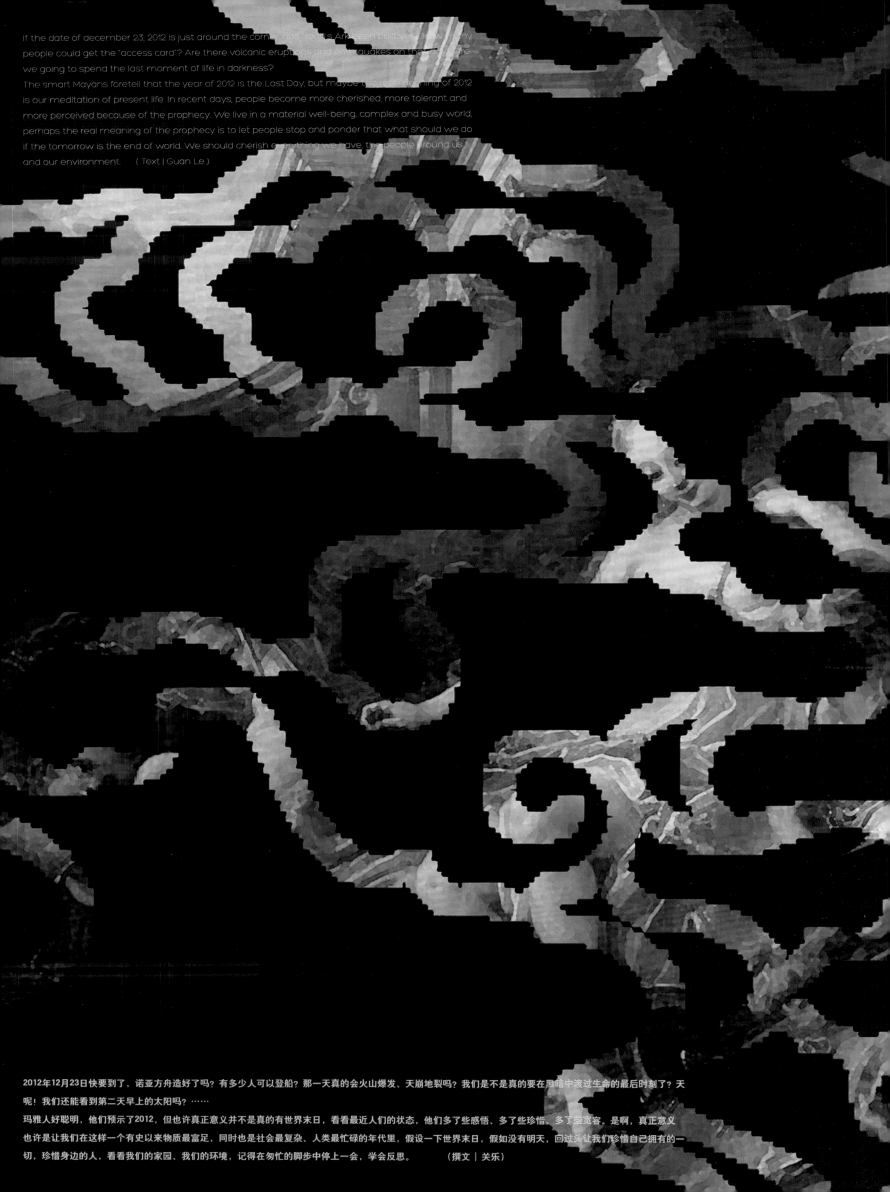

If the date of december 23, 2012 is just around the corner, has Noah's Ark been built yet? How many people could get the "access card"? Are there volcanic eruptions and earthquakes on that day? Are we going to spend the last moment of life in darkness?
The smart Mayans foretell that the year of 2012 is the Last Day, but maybe the real meaning of 2012 is our meditation of present life. In recent days, people become more cherished, more tolerant and more perceived because of the prophecy. We live in a material well-being, complex and busy world, perhaps the real meaning of the prophecy is to let people stop and ponder that what should we do if the tomorrow is the end of world. We should cherish everything we have, the people around us and our environment. （Text | Guan Le）

2012年12月23日快要到了，诺亚方舟造好了吗？有多少人可以登船？那一天真的会火山爆发、天崩地裂吗？我们是不是真的要在黑暗中渡过生命的最后时刻了？天呢！我们还能看到第二天早上的太阳吗？……
玛雅人好聪明，他们预示了2012，但也许真正意义并不是真的有世界末日，看看最近人们的状态，他们多了些感悟、多了些珍惜、多了些宽容。是啊，真正意义也许是让我们在这样一个有史以来物质最富足，同时也是社会最复杂、人类最忙碌的年代里，假设一下世界末日，假如没有明天，回过头来让我们珍惜自己拥有的一切，珍惜身边的人，看看我们的家园、我们的环境，记得在匆忙的脚步中停上一会，学会反思。　　　（撰文 | 关乐）

Feast Club
South in Misty Rain

华膳汇——烟雨江南

Project location | Harbin
Design Time | April 2010

项目地点 | 哈尔滨
设计时间 | 2010年4月

The idea of south in misty rain is reinterpreted as it is integrated ingeniously in the architect's own understanding. Strange hollow structure is built by Taihu Stone. Combined with misty effect, the sculpture shows the oriental charm.

The architect takes marble slice as material, which is cut and spliced into Taihu silhouette. The silhouette looks like clouds, water, mountains and monster. These sculptures having the features of elegant, simple and dignified, refined classical temperament is vividly presented before us as well. Since it has stone walls engraved with bamboo pattern, leaves on the ground and nostalgia wooden panes, it is the place that makes one think of the quiet library in a bamboo garden.

One would feel like staying in a Garden of Eden if walking in a bamboo yard with pine trees, playing the zither and making a cup of tea. It would be happy to enjoy the south misty rain situation in Northern China.
(Text | Wang Zhongwen)

王兆明与恩师孙月池夫妇在华膳汇

曾几何时，人文意境成为人们苦苦追寻的一种时尚。历史已成为过去，怀旧不是时空逆转。打破传统文化在人们心中的固有形象，用全新的理念重新诠释古典文化成为必然。

设计师别出心裁地将烟雨江南融入自己的理解重新演绎。奇异的镂空造型是抽象的太湖石，结合中国烟云的气态彰显东方神韵。在这里设计师利用理石切片，剪裁、拼接成太湖石的剪影，在灯光映衬下，似浮云、似流水、似崇山、似怪兽。剔透玲珑、飘逸古朴、凝重而脱俗的古典气质跃然眼前。石材的墙壁上镌刻着竹纹，地面上落满竹叶，与复古的木质窗格相互映衬让人不由联想到隐居文人那幽静的竹林书院……

松院静，竹林深，清风抚琴，砌一壶清茶，漫步在这幽静的环境中，犹如太湖一般的静谧。这是置身世外桃源的感觉、呼吸、享受这北方的烟雨江南……

（撰文 | 王仲文）

Project location | Harbin
Design Time | June 2009

ENJOY NOODLES IN MANHATTAN SHOPPING MALL

问面 曼哈顿店

项目地点 | 哈尔滨
设计时间 | 2009年6月

This era is always known as the high speed and efficiency. Foremost, the goal of modern design is to provide the perfect services, economy for the society. When the service's object of modern design is labeled as "high speed" and "efficiency", we will consider that users' experience and enjoying of the service should be without any discount under this fast pace at first.

Then fast food is a good example. One of the chains of "Enjoy Noodles" lies in the bustling commercial district. This restaurant mainly supports a good service for a large number of tourists who come here for shopping and enjoy leisure, office staff and service personnel who work around it, etc. Therefore, its characteristic of "fast food" is obvious in this only a hundred square meters.

However, designers strive to create the fruitful taste enjoyment and the dining mood in this limited space. Such as, the pure natural color of milk increases the appetite of people these arbitrary curves, strengthen the visual impact. All these colorful places are eager to reveal the seductive and fresh breath of food. Even though at a short lunch, people can also fully enjoy this satisfying lunch with pleasure.　　(Text | Guan Le)

这是一个喜欢被人们称为速度与高效的时代。现代设计的宗旨是要为现代人、现代经济、现代社会提供合理的服务。当现代设计的服务对象也要被贴上"速度"与"高效"的标签时，我们首先要考虑的问题便是在快节奏生活之下，使用者的使用感受和享受到的服务不能打折！

快餐店是个很好的例子。"问面"连锁店之一位于繁华的商业街区，此店面的经营对象主要是大量来此购物休闲的游人、周边写字楼员工以及商场服务人员等，加之营业面积仅百余平米，"速食"的特征不言而喻。

然而设计者却力求在这有限的速食空间里创造出无限的味蕾感受和就餐心情。牛奶色增加人们的食欲，纯净自然；恣意流淌的曲线拉伸空间线条，加强视觉冲击。整个空间娇鲜欲滴，仿佛迫不及待地为食物彰显着诱人与新鲜的气息。即使是短暂的午餐，此刻的惬意也会轻松尽享。　　（撰文 | 关乐）

With the flavor mixed with the smell of sweat and petrol, I gallop on the road that stretched out to the infinitive distance, hearing the voice of the roaring motor and the dynamic music ,feeling the breeze blew directly into my faces and. The force pushed on my back when I accelerate. My car bumps when it rolls over a small stone. Everything is still and calm when I stop.
Considering the special service property of this project and its special demand for its clean, durability, and the ability of resisting wet, the designers use a lot of stainless steel, abatvoix and fire board stone materials. When people place themselves in it, they can feel not only the industrial beauty of the stainless steal, but also the original, natural and full-bodied beauty brought by the fire board stone material. If we say the stainless steel represents the ice-cold style, and then the wooden abatvoix represents the warm flame, we look for the shock between the ice and the fire in the urban forests built with the steel and the concrete structure. We abandon the traditional design and arrangement of car club and aim at making drivers the relaxed while their cars are enjoying high-end service, when gallop on the road again, they can act their own "fast". (Text | Jin Quanyong)

轰鸣的马达、机油和汗水混杂的气味，迎面而来的风吹拂头发，向远方驶入无限延伸的公路，动感的音乐，加速时的推背感，一块石子激起的颠簸……当停下来，摆脱一切归于平静时，回归一处静谧的港湾。
考虑到本案特殊的服务性，和对清洁、耐久性、耐潮湿性的需求。设计师采用了大量的不锈钢板、吸音板、火烧板石材等材料。使人们置身其中，既能感觉到不锈钢带来的工业美，又能感受到火烧板石材带给我们的原始、自然、淳厚的美。如果说不锈钢和石材体现的是冰冷，那么木吸音板体现的就是温暖的火焰，在钢筋混凝土搭建的城市森林中，我们寻找冰与火的碰撞。
在设计中摒弃了传统的车行布局和设计，让爱车在享受高端服务的同时，也能让车主享受这片刻的空闲与放松，等待着与爱车再次驰骋在公路上，演绎自己的速度与激情。
（撰文 | 靳全勇）

Project location | Harbin
Design Time | March 2011

项目地点 | 哈尔滨
设计时间 | 2011年3月

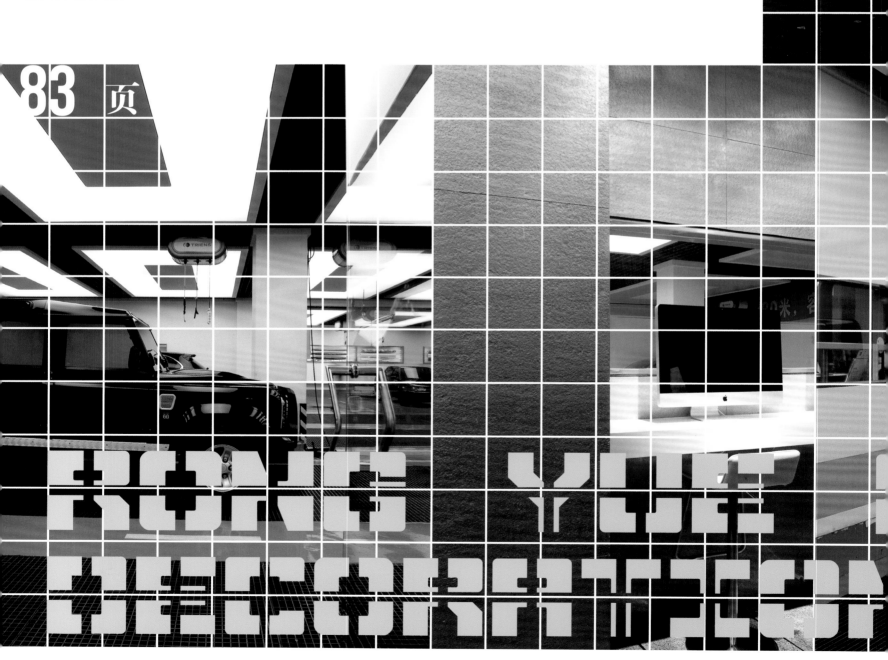

80我们烧烤吧

项目地点 | 哈尔滨
设计时间 | 2013年7月

86夜

OUR 80'S BARBECUE

Project location | Harbin
Design Time | July 2013

The post-80s generation is a topic that we have too much to say but don't know how to make a start. The post-80s generation refers to those who experience the fastest times of China's social development and witness many incredible changes of China, they are always the most talk-about people who are seen as a kind of social phenomenon. As the imprint of their life, the transformers, classic cartoons, Hong Kong films and Starchaser's are the products accompanied with the 80s, in essence, the 80s have witnessed China's gradual rise since the reform and opening up and they grow up in this process. The 80s have experienced both the backward period and contemporary glorious time of our country. No high-tech products and no rich materials, simple but colorful, the childhood of the 80s is priceless today. The personality of the 80s is multiple: they dare to struggle, dare to pursuit freedom and love, possess lofty ideals and wish to become the owner of the era. However, the 80s have their confusion and frustration: devalued education, nepotism, high house price, "migrant" life, parents and children, they have shouldered too heavy pressure and burden, which makes them more brilliant and aggressive. No matter how much effort they will pay, they never give up their original goal of life.

"The world is yours, as well as ours, but ultimately is yours."   (Text | Guan Le)

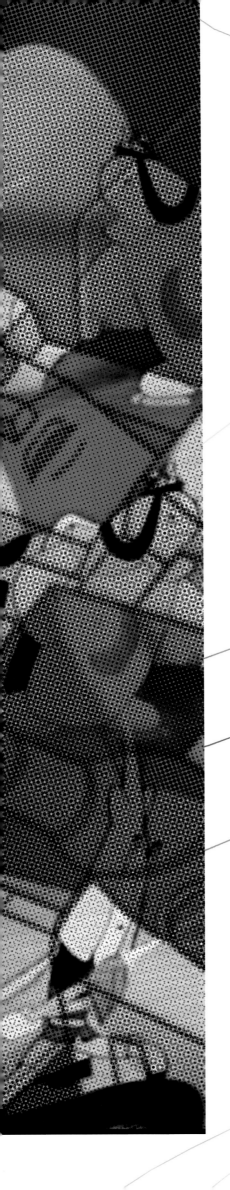

80后,一个有太多想说却不知从何说起的话题。他们总是话题人物,他们被看成一种社会现象,他们经历了中国社会进步最快的时代,他们也目睹了很多不可思议的变化。手里的变形金刚、眼中的经典动画片、香港电影和追星年代,这些伴随80后成长的时代产物,是表面的一些印记,实质上,80后一直亲眼见证着中国改革开放后的日渐崛起,并与之一同成长。他们从小到大拥有祖国困难落后到拥有当今成就的完整记忆,度过了没有高科技围绕、没有富足的物质生活却简单充实、在今天看来无比珍贵的童年时光。80后拥有多面的性格,他们敢于拼搏奋斗,他们勇敢追求自由和爱情,他们拥有远大的理想,他们愿意成为时代的主人…当然,80后也有他们的迷茫与无奈,学历贬值、"拼爹"、房价、"候鸟式"生活、父母与孩子……他们肩负着太多的压力与责任,但这也使得他们更加积极奋进,哪怕付出成倍的努力,却也不放弃对心中早已认定的那个方向的追求。

"世界是你们的,也是我们的,但归根结底是你们的。" (撰文 | 关 乐)

BLOSSON SEASONS

Project location | Beijing
Design Time | January 2009

91 页

名华四季

项目地点 | 北京　设计时间 | 2009年1月

The designer's words:
The executive designer should understand the design concept, the design intent and the design philosophy of the chief designer, for only in this way the details of the case could be considered, the problems of the construction process could be solved and the original design idea could be realized perfectly.
As a designer, the main concern is human being rather than space structure. What people like and how people enjoy lives should come first. The designer should focus on the relationship among people and think about the supply and demand's needs between operators and consumers. At the same time, the designer should help business operators decide the service location, study the walking route of the staff and consumers, seek the joint-point between function and society and consider the relationship of "consumption - usage - art".

LEA SPA

壹

The austere oriental philosophy ideas" the great sound is voiceless, the great form is shapeless", put forward by Laozi, which is supported by more and more intellectual people. In the entire project, this idea is fully reflected. The designer uses wood and stone of check pattern in particular Chinese style, employing the methods of contrasting with sizes and faning out a point from an area, which is implicit and restrained. Explaining the space with traditional Chinese philosophy solves the problem of lacking a sense of contemporary and modernity, highlights the dynamics and energy of spatial manifestation, creates a lively atmosphere and shows the significance of the design work itself.

International Club

If a good design project is the basis, then material selection and technique innovation is the key to the construction process. A design idea can't be realized lacing of any of the three points "project, material and technique". With the rapid development of the global economy and the improvement of the quality of people's life, a mass waste caused by the consumers has become a social reality. Concerning their influence to the public, the designer should use the resource efficiently, select common-used materials and meet the needs of the design with innovation of technique. The designer should create comfortable atmosphere with art but only decorate with materials. After doing a market research with party A, the gray granite with litchi surface is chosen by us as the main stone matching with rough granite locally, the design reflects the mutual pursuit of nature, so does the design of using wood and texture paint.

The difficulty comes in the construction of glass pillar in the hall, the partition of which consists of the basic and surface glass layer. The whole glass pillar is exquisitely decorated with traditional watermarks on basic layer and bright lines of auspicious clouds on the surface layer. However, three days later, when samples provided by supplier are confirmed and the installation products have been completed by manufacturer, the part A calls us and requires changing the project because the majority of glass with auspicious clouds is broken. The seller and I arrive to the spot and discuss the solution with part A. The analysis shows the mismatch in coefficient of expansion of the two lays is certain to result in instability of the center of gravity. We decide to separate the broken turning points and minimize the size of auspicious clouds without ruining the whole complexion. Pasting two glass layers with elastic plastic avoids the deformation caused by different coefficient of expansion. Creation can be fully shown with perfect combination of material and techniques.

The aim of a design is to seek the joint-point between function

Designers may still have a lot of regrets when they see their design at the end of their projects. In my view, the regrets come from inadequate condition of the designed space. Besides, clients may eager to finish the project and asked for additional design when having inadequate and inaccurate basic information, which will cause deviation of the basic design parameters. The situation is commonly seen in building with various professional equipments integrated in the interior space or with many functional requirements.

A good communication between equipment design and interior design is very important because the accurate parameters are the premise of the interior design. Getting the accurate parameters is the most complex and difficult process of every part of the design for a design team. The contradiction shows out when the designers begin their work. Designers is the leader of an interior space decoration, and if they want to stick to their design philosophy, they should persuade the managers of every equipment and specialty to adjust the equipment function and operation way reasonably according to their own professional goals, while the designing goal will not only meet the conditions of installing the equipment, but also complete rational functional layout. More importantly, the designers should solve the problems of the equipment during constructing a new space and withstand the pressure brought by inadequate design duration, with the accurate data of all equipments, the designers will have initiative in the expansion of the design, on the contrary, more problems may be created and even more errors may be brought in later works. The key of the success of all designs is the support of the equipment system, so the designers' experience on the spot and the ability of solving problems are particularly important when their preparation is inadequate and the design cycle time is limited. In this case, the designer will have to devote more time and effort while the design and construction are underway at the same time.

"Glorious Season Association" is a very difficult case for our design team. Under disorganized circumstances, designers need to coordinate each working team while making designs. Bearing a lot of pressure at the beginning period, the designers become to play an active role within their efforts and achieve their original design goals. Because of the small plasticity and strict demanding of original architectural structure, there is a large gap between the ideal functional space and the original architectural structure. The association functions include the following: a tennis court, a swimming pool, bathing hall, cafes, a fancy restaurant, fast food restaurants, guest rooms and SPA room. This integrated association, a three-storey building, has an appearance of a large square box, having two upper storeys and one underground storey, with a gross area about thirty thousand square meters. Professional service concept of the association, a unified management and a perfect service process should be taken in account in the design. The area distribution of swimming pool and tennis court bring many difficulties in layout plans. The ultimate solution to these problems is to place the two larger buildings in the center of building with their intermediate space stacked together. In this way, a back-shaped plane structure is formed and the back-shaped transport routes is built connecting all the individual services. By sharing space of the two sides, sun light can reach the underground swimming pool, so both the men and women bath sections can make use of the natural light. While at the hot spring section outdoor, one can enjoy blue sky and clouds. The relatively reasonable plane layout at the same time resolves the client's future problem that the association will have a large number of customers.

It was unprepared for many designers that only after four-month preparation for ideas and preliminary expansion design, the client cannot wait to start decoration. The process of investigation and measuring is of many problems. The walls of space are built according to the indoor functions and the details of their design drawings are completed until the walls are built. The designers spend a lot of time solving the problems on the spot and adjusting the drawings. Fortunately, designers show a strong sense of responsibility and rich experience on the spot, such as the irregular lofting and material selecting, measuring of ground, deploying of light, shaping of bathing equipment, etc. They dedicate to solving the problems and avoiding the errors, ultimately, the project is completed perfectly by them.

In my view, all designers have the ability to create an elegant environment in ordinary space, however, designers' inadequate understanding of space functions, and the owner's denotation direction will lead to a deviation between the anticipated service space and the market. The deviation will influence the recovering of cost and lead to a good-looking but unpractical space, which is a kind of waste we should avoid.

As a designer, each project I have conceived is similar, but the clients are changing constantly. A burden is removed from my heart as every project is finished. Meanwhile, in the process of designing, a sense of responsibility and challenging enhance my confidence and enthusiasm in the aspect of pursuing original designing. Design, however, is art with loss. A designer can find some flaws after accomplishing every work. What is worse, many ideas are not realized for various reasons. From years of designing life, I get to know that the difficult part lies in implementation instead of creativity. In other words, creativity is infinite but implementation is finite.　　(Text | Wang Zhaoming)

café

The sense of fatigue disappears gradually, while the heart accompanied by the aroma of coffee flies far away.

MUXIANG
Restaurant 肆季

木香餐厅

作为本案的执行设计师，要充分理解主设计师的设计构思和设计意图，理解设计理念，便于深化方案细节，解决施工过程中出现的问题。使原创设计得到完美实现。

设计师首先关注的不是空间格局而是人，关心人需要发现什么是人们喜欢的，他们如何享用生活。注重人与人之间的关系，思考经营者和消费者之间供求需要。帮助经营者服务定位，研究服务人员和客人的行走动线，寻找功能和社会间的接点，在"消费——使用——艺术"之间反复考量。

"无为"是中国道教创史人老子提出的哲学思想，这种东方朴素无华的思想。用现在的话来说是"放空"。得到越来越多富有知性人群的支持。在整个方案中这种思想得到充分体现。设计师大面积整体使用木板和石材，配以具有中国特色风格木格图案，采用大小面积对比，以点带面，含蓄内敛。集聚东方传统的哲学思想来诠释空间。解决中式设计现代气息不强，缺少时代感的问题，突现出空间表现力度与能量，创造充满活力氛围，章显设计作品本身的意义。

如果说好的设计方案是第一前提，之后材料选择、工艺创新就是实施过程中的关键。

"方案+材料+工艺"三者缺一将无法实现设计创意空间营造。随着全球经济飞速发展，人们的生活品位不断提高，大众过剩消费带来大量浪费的社会现实，设计师在材料选择是可以介入大众生活发挥社会影响力的作用，从选材入手，倡导"资源有效利用"用大众的材料，结合工艺创新，来满足设计表现的需求。用艺术品位来创造环境氛围，而不是用材料来堆砌空间，我们同甲方对市场认真调查研究后，选用了荔枝面灰麻石做主要石材，局部用麻石毛坯皮配合，体现对自然相互的崇尚，木材和质感涂料的运用亦是如此。

在制做大堂玻璃柱时遇到了工艺上的困境，大堂的柱同隔墙设计分成基础玻璃层绘制中式纹样，表面玻璃利用水刀切割出祥云形状勾亮线，粘在基础玻璃层上力求现代材料同传统图案相结合。在供货商提供小样确认后，厂家生产安装完成第三天，甲方来电话要求更改设计方案，说祥云玻璃大部分破裂。我在同厂家联系后一同来到现场，同甲方一起开会讨论解决方案。经过同厂家技术人员分析是面层祥云图案由于实际比例过大，因同基层玻璃粘贴后，它们膨胀系数不同，表层祥云造型多转折点，所以从转折处撕裂。为不改变设计初衷，我现场决定将表层祥云玻璃沿转折处做进一步分解，使其在不破坏整体图案情况下面积变小，改用有弹性胶进行粘贴，克服因膨胀系数不同导致变形。只有材料和工艺等方面默契组合，才能使创意得到充分体现。

设计的作用在于寻找功能和社会的接点，艺术与生活的接点，通过设计影响大众生活品质，倡导新的生活方式。 〔撰文｜王仲文〕

每次工程完结之后,当设计师再次审视这个设计作品时,仍然会有很多遗憾。在我看来主要的原因是所设计空间不具备足够的扩充设计条件,而业主又急于求成,在设计基础信息欠缺或不够准确的情况下强行要求扩充设计,造成基础设计参数不稳固。尤其是对于内部需安装多种专业设计的综合性强和功能性要求高的空间,这种情况更为常见。

各设备专业的设计排序与室内设计良好的沟通非常重要,因为这些准确的参数是室内设计的前提,也是一个设计团队在每个设计任务环节中所经历最复杂、最艰难的过程。往往进入到设计程序后,矛盾焦点就随之突显出来。设计师作为室内设计的主导,要坚持自己的设计理念,就必须在施工过程中合理的对各种设备功能及操作方式进行调整。不仅要满足各项设备安装的条件,还要完成合理的平面功能布局。更重要的是在逐步完成形式空间设计的同时还要逐一解决设备出现的问题,并且承受设计周期短所带来的压力。各设备专业数据准确后,设计师才能在扩充设计中具有主动性;反之,将会在以后的工作中出现更多的问题,甚至导致设计多处失误。设计的成与败就写在一张纸的两个面,一切设计形式的背后是支持这种设计功能的设备系统。所以在前提条件不足、设计周期有限的状况下,设计师的现场经验和临场解决问题的能力就显得尤为重要。而在设计与施工并行的情况下,设计师将付出更多的时间和精力。

"明华四季"会馆是我们设计团队在工作中遇到的一个很棘手的案例。在头绪杂乱无章的条件下,设计师一边协调各专业工作的同时,一边进行设计。开始的一段时期承受很多的压力,在逐渐地努力改善中才变被动为主动,实现了最初的设计目标。

原建筑的规划要求严格,可塑性小,与想达到的功能空间有很大差距。会馆内部功能繁多:网球馆、游泳池、洗浴会馆、咖啡厅、高档餐饮厅、快餐厅、客房、SPA馆。这样一个综合性的服务会馆,是一个外观为大方形盒子的建筑,地上两层和地下一层,建筑面积为3=万平米。在设计上要考虑到会馆专业性的服务理念,经营上统一的管理,平面上体现出完善的服务流程。

大型的游泳池和网球场的用地给平面布局带来了很多处理难点,经过多次推敲,最终的解决办法是把两个面积较大的空间叠在一起放置建筑中间,这样形成了一个回字形的平面布局,利用回形的交通路线串起各个服务空间。通过两端共享的空间,把自然光分享到地下游泳池两侧——这样使男女浴区的地下区域都有自然光线,而室外温泉则仰望着蓝天白云,相对合理的平面布局也解决了业主担心在将来经营中会面临人流量大的问题。

我们做了四个月的概念和初步扩充设计时,业主就急着开工了,这让我们好多设计工作措手不及。勘察和放线的过程更是问题百出。由于空间内的墙体是根据室内功能划分后建成的,所以细部的图纸是在墙体形成后完成。设计时间大量用在调整图纸和现场问题的解决上。好在我们几名设计师都有很强的责任心和丰富的现场经验,从异形的放样和材料的选择,到地面的放线、灯光的调配、洗浴设备的定型等,他们以专业的敬业精神化解出现的问题,减少失误,最终把这个工程完好的实现。

我想每一名设计师在一般的空间形成上都有能力创造出精美的环境。但往往在面对专业性强的服务空间,如果对功能使用上理解不够,对业主的投入方向、层次理解不够,就会造成所投入的服务空间同市场对接上出现偏差,直接影响成本的回收,制造出好看不好用的空间,那将是失去设计意义的浪费,而我们必须避免这样的浪费。

作为一名设计师,我做的每个项目差不多都是如此,只是面对的业主在不断地更换。每项设计完成,心中都好似放下一个负担。同时在这个过程中,责任感和挑战性也为我在追求原创设计方面增添了信心和兴奋点。然而,设计也是一门遗憾的艺术,每个作品完成后,自己都会看到些许的瑕疵,更加遗憾的是很多想法因为种种原因没有实现。从这么多年的设计生活中,我感觉到难点不是在创意上而是在实施上。换言之,是创意无限、实施有限。　　(撰文 | 王兆明)

文明，在碰撞与交融中诞生，在发现与守望中盛放。

一条普通而不平凡的铁路，曾经以各种不同的方式改变了中国很多的地方域。1905，同城糖厂诞生，它让只有"柴米油盐酱醋茶"为生活中心的中国人，添加了"精"这一现代生活中必不可缺的调味品。时间的推移，见证百年的建筑开始生长在这片土地上，收手可触的精糖就在眼前唇了牙齿，细细听那现代工业齿轮环环相扣的声音，慢慢看那陈久建筑红砖缺了的独特风景。

<u>站在历史的故居之上，回忆波澜恍然唤醒。</u>

这一切，奠定了工业文明的基础
这一切，是久远过去历史的遗迹
这一切，震撼了我们心灵的同时让我们清醒，更加
珍视那段历史。

阿什河·左岸 1905
ASHI RIVER·LIFE BANK

An ordinary and extraordinary railway has influenced the transportations of Northern China in different ways.

Acheng sugar refinery was built in 1905 and at that time, as one of the daily necessaries, sugar came to our life. As time goes by, different styles of architecture have been built in Acheng. Nowadays, we could feel the glory of the past when we hear the interlocking voices of modern industrial gears and see the mottled bricks and tiles.

Taking all the factors into account, including historical industrial building, northern city building, culture creativity and history and culture, we aim to build a industrial heartland with the Culture Expo as its core, a commercial district of cultural life featuring tourism commerce, an ecological experience area mainly covered folk-custom ecology, a cultural and creative industries base characterized by cultural industries, an industrial-art experience area put emphasis on art experience. The Continuation of history and diverse culture embodied in urban landscape is the fusion of history and culture.

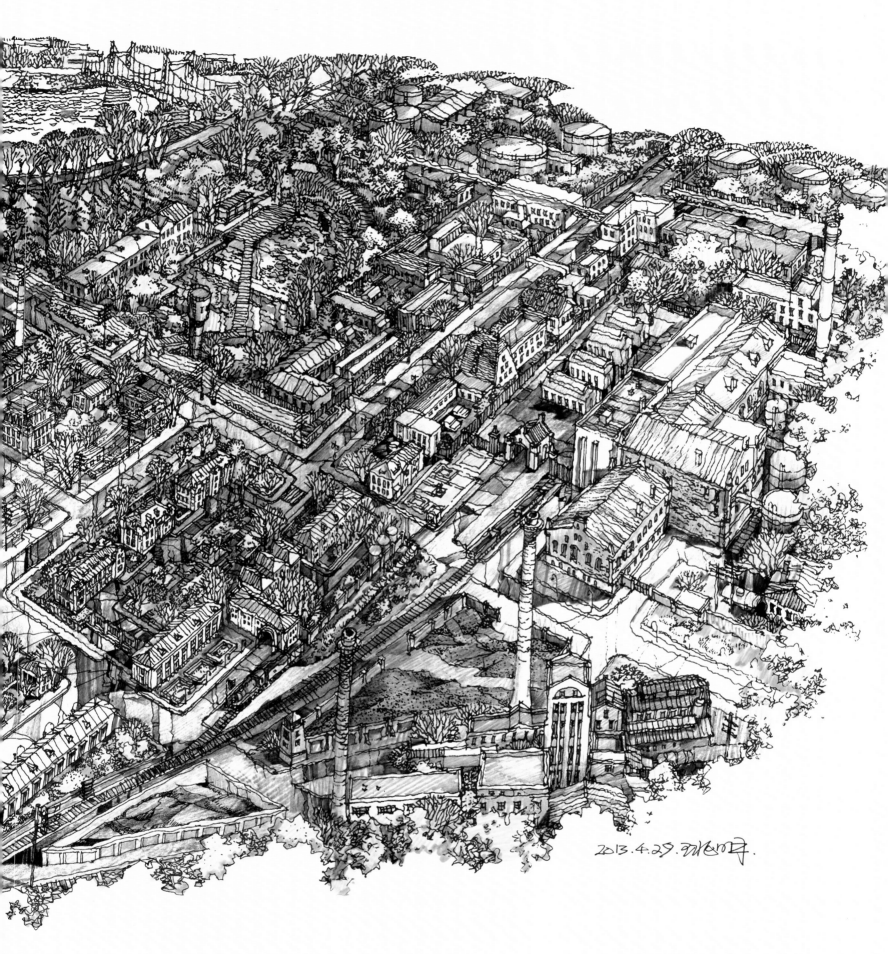

Project location | Harbin
Design Time | April 2010

项目地点 | 哈尔滨
设计时间 | 2010年4月

一条普通而不平凡的铁路,曾经以各种不同的方式改变了中国北方的地平线。

1905年阿城糖厂诞生,它让以"柴米油盐酱醋茶"为生活中心的中国人,添加了"糖"这一现代生活中必不可少的必需品。随着时间的推移,风格迥异的建筑开始生长在这片土地上。似乎那时的辉煌就在眼前,停下脚步,细细听那现代工业齿轮环环相扣的声音,慢慢看那悠久建筑红砖铁瓦的独特风景。

我们以历史工业建筑为主轴,北方城市建筑为特征,以文化创意为龙头,历史博览文化为骨干,打造出:以文化博览为主的工业核心区,以旅游商业为主的生活文化商业区,以民俗生态为主的生态体验区,以文化产业为主的文化创意产业基地,以艺术体验为主的未来工业艺术体验区。历史的延续、多元的文化,融入到城市景观之中,强烈的对比中体现了社会历史的自然延续。

工业文化核心区以博物馆展示为核心,大量的历史建筑被保留下来,提升了阿城文化内核,树立了新的地域文化形象。区域内设立了工业遗址博物馆、城市生活博物馆、农耕文化博物馆、机车博物馆和传统手工工具博物馆。

文化创意产业基地充分利用原有建筑,在建筑上加以改造、修缮,为建筑增添新的生命意义,引进创意产业,形成以文化产业为核心的工作室集群,让艺术与创意在共同的空间内良性的互动与碰撞达到完美的融合。阿什河左岸将吸引大量的艺术家和设计师来此圆梦。

以现代工业体验为主轴,利用现有产业让人们观赏到现代工业的生产过程。改造原糖厂仓库,形成一个当代艺术馆,让产业与园区紧密结合。这不仅可以增长阿城人的文化内核,还可以保护及保留本区域的现有产业。

在对民俗区的设计与创造中,不失时机地加入人文情感元素,体现人情味,把造景上升至造境,追求环境中的情调,体现人与自然的互动。中心荷塘静静的睡莲和东方禅意与周边早期欧陆的工业建筑,形成了一种美学对话,通过建筑的叠加和映印效果,在春水秋月的时光里讲述景观中的人文故事!

生活文化商业区分为艺术酒店、商业街坊、室内文化商业街及大型商业综合体四个部分,为人们构筑了一个充满休闲乐趣和丰富购物体验的活力空间。

这里,将是一个吸引市民和外来游客自主亲近的生活新标向!阿什河.左岸也必将成为值得记忆、回味的存在…… (撰文 | 李天鹰)

Museum display is the core of industrial culture region. A large number of historic buildings have been preserved, which enhances Acheng cultural essence and establishes a new regional cultural image. Many museums have been built in this region, including museums for industrial site, city life, farming and culture, engine and traditional hand tools.

The designers make full use of the existing buildings of the cultural and creative industries base, the repair and remodification of the existing buildings add new vitality of the construction. The introduced creative industries form the studio cluster, core of which is cultural industries. Left Bank of Ash River attracts a lot of artists and designers to realize their dreams since art and creativity is living in perfect harmony in this dream garden.

The main purpose of the design is to let people experience the productive process of the modern industry. The designer turns the old sugar warehouse into a contemporary art gallery, which is a connection of industrial and cultural district, in this way, not only the culture intention of Acheng is increased but also the existing industries in the region are retained.

The designers reinforce to infiltrate humanism and emotional factor into the creation of folk-custom district, which reflects the interaction between man and nature. At the same time, the artistic conception should be considered when create the building landscape. The meditative water lilies quietly in the central pond and the early European industrial buildings around them draw an esthetical picture. Humane factors are perfectly reflected in the building landscape with the reasonable construction design.

Cultural and commercial district is divided into four parts, including art hotel, commercial street, indoor cultural commercial street and large commercial complex. Cultural and commercial district is the fusion of recreation and shopping experience.

Left Bank of Ash River will attract a large number of citizens and visitors because of its new-oriented design. It will be memorable and unforgettable!

(Text | Li Tianying)

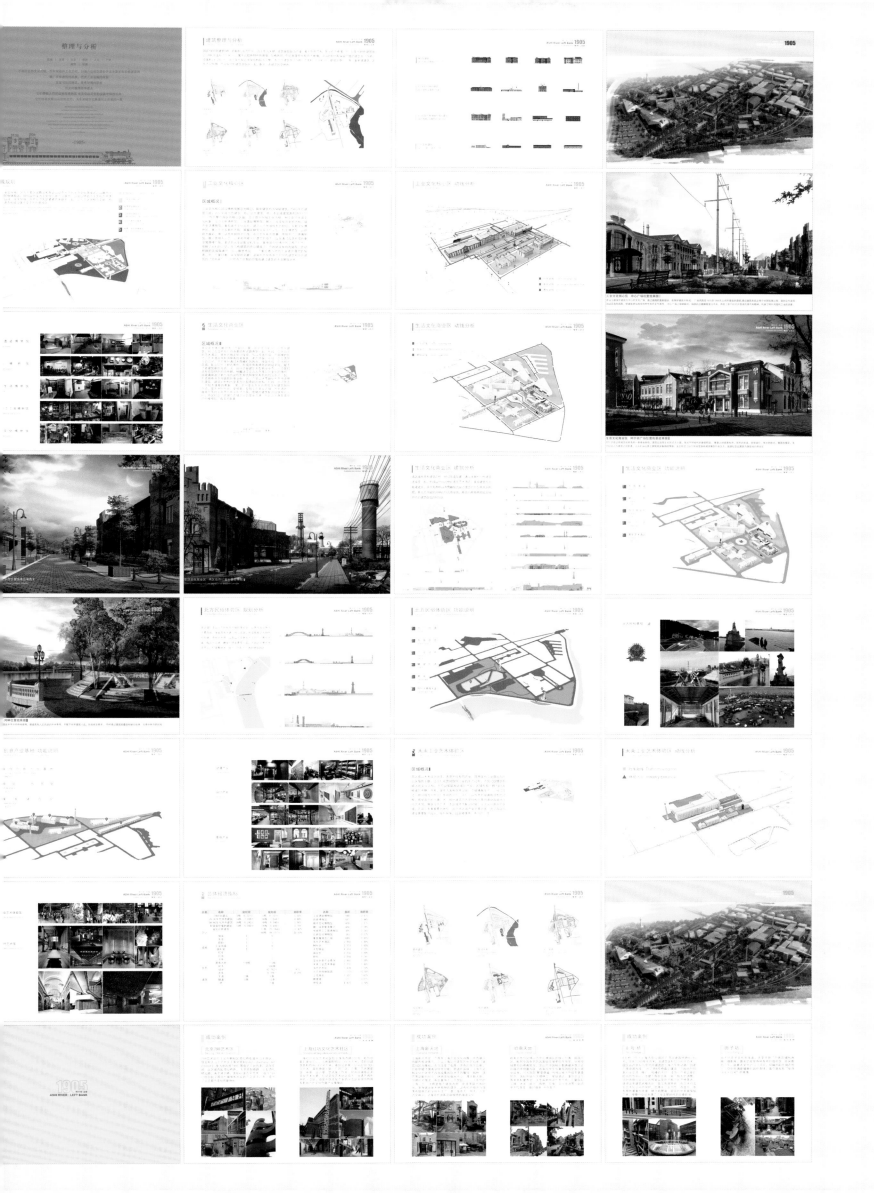

Project location | Qiqihar
Design Time | May 2012

118页

Color Life BBQ. in Minyi Road
完美生活

项目地点 | 齐齐哈尔
竣工时间 | 2012年5月
民意店

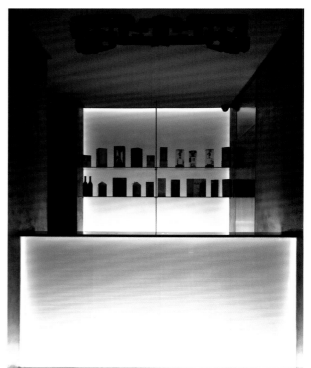

There is no special inspiration at first, only to focus on the basic function such as spatial integration in the design of a "renovating" store. It is amusing enough that the actual inspiration derives from a pile of scrap wood in the backyard. When I glance at these piles of wood which have been discarded by everyone in the wind and sun at the dull corner, my inspiration comes out. I do not know how long these woods have been and where they will be. I just imagine how straight and luxuriant once they were, in contrary, how unfortunately they will be wasted in future.

For this idea, we collect a lot of scrap wood which are abandoned, are the rest of the sites, and are forgotten. Many of them are logs without luster, but with the original plain and the modest taste of time. Therefore, we adjust the most basic program, such as the layout of the old shop and functional allocation in order to be more reasonable and suitable to the limited space. This common wood will stand on the stage. These natural wood are used as the seats of waiting area, the bars of the partition and the decorations of the gate with only disinfection but not any whitewashing and painting. When all lights are turned on, I seem to see how dazzling and luxuriant their second life still is under the processing of shadow and light of the whole space.

It is an interesting coincidence that it is the first BBQ store of the owner in the city. It can be considered a return, in the full sense of the original environment tasting the flavor of human cooking. Probably from the foundation of business experience, the chains of BBQ stores have been developed gradually. (Text | Guan Le)

这是一间"老店翻新"的设计，起初并没有特殊的灵感，只是将注意力放在了空间整合等最基本的功能满足上。真正的灵感说来好笑，其实是来自一个堆放旧木材的后院。当看着那一堆堆木头，在被人遗忘的角落，风吹、日晒、雨淋，不知已有多久，今后会去到哪里。想象着它们曾经笔直的样子，想象它们曾经也会枝繁叶茂，绿荫片片，如今面临着被浪费掉，难免可惜。

就因这样一种想法，我们收集了很多很多破旧的木材，别人不要了的、工地剩余的、还有那些早已被人遗忘的。其中有很多原木，看起来灰突突没有光彩，可却带着最初的质朴和时间的味道。于是，在调整了旧店的布局、更加合理化确定了空间功能分配等最基础的方案后，这些憨憨的木头上演了重头戏。无论是等待区的座椅，还是分区用的隔断，亦或是大门口的装置都，都由这些未经任何粉刷、漆制而只做消毒和清洁的木头扮演，它们唯一的光泽来自整个空间的光影处理。当全场灯光打开的一瞬间，我仿佛看见它们获得了第二次生命，依旧那样笔直，依旧枝繁叶茂。

巧得很，这间店是业主在这个城市经营的第一间烤肉店，由此将生意发展壮大，开了很多分店。这次算是一个回归，在原始感十足的环境中品味人类最初烹饪的味道。　　　（撰文 | 关乐）

The Office of Harbin Pharmaceutical Group

Project location | Harbin
Design Time | April 2010

哈药集团办公楼

项目地点 | 哈尔滨
设计时间 | 2010年4月

哈尔滨历史文化悠久，不仅荟萃北方少数民族文化而且是欧洲之外的新艺术运动的圣地，中外文化交融的名城，被誉为"东方小巴黎"。人们提及到哈尔滨就会想到名声在外的哈尔滨制药厂，其产品早被大众所熟知。哈药集团总部办公空间的扩建。在装修办公楼的同时有义务传承这个城市的文化脉络，弘扬本土文化精髓，成为城市的新名片。

如何才能塑造出国际化形象，同时又兼顾有哈药自身文化特点呢？设计者从哈药集团的背景、公司的性质、企业的文化、建筑语言中提炼设计线索。运用欧洲新艺术运动风格并融合现代设计的手法，高雅明快的色调，典雅和谐的材料，营造出一个哈药特有纯粹干净、轻松、舒适的企业氛围。

共享大堂是哈药的公共空间，是整个建筑空间序列的起始点，更是哈药集团的形象窗口。这里集合洽谈、接待、展示等诸多功能。共享共两层，与其他办公空间相比并不算是高，设计师充分利用梁内空间，错综的角线，加以多条光沿，烘托出高大宏伟。墙面通体浅米色石材给人以沉稳大气。石材细腻的质感配合新颖的拼法，透露出轻快自然。大堂柱的形态经过考察本土文化提炼出的新符号，并赋予其新的内涵；中厅内的雕花石材隐藏其中需细细品味；藤蔓涡卷的铁艺经过铸炼打磨并局部点缀金箔，体会岁月的沉淀；两侧的大幅画作，用油画的笔触，表达出山水意境。

整个办公空间节奏张弛有度，为团队工作或员工单独工作的时候都创造合适的场所。除了常规的办公空间，我们可以更多地感受到哈药的活力，多样的餐厅，设计新潮的健身房，各式的会客室和娱乐区并不是简单地取悦员工和激发员工的创造热情，在某种程度更是为哈药公司的理念宣传和形象的筑力加码。

哈药集团办公楼室内设计及服务的过程，让我们看清了作为国有大型企业的设计方向，即从提供标准化、专业化的室内设计，过渡到个性化、精准化的室内设计服务上来。这个服务的过程更像是满足客户需求的量体裁衣，最合适的才是最好的。我们不仅要了解公司的性质、企业文化，还要研究公司的行业背景、服务特点等等。了解这些的目的就是让我们更多的替客户去思考，从而精准地把握客户的需求。把这些内在的需求转化为我们对空间形态的认知，无论是空间本身的属性、空间的气质、空间文化和信息传达，设计的最终目的就是将各种元素、信息，通过重新组合的方式提炼、表达出来，从而传达思想，创建企业文化和品牌影响力。　　　（撰文 | 李天鹰）

Harbin, a famous city known as "Oriental Paris" has a long history and glory cultures. As a well-known city integrated with foreign cultures, it not only mixes the culture of northern ethnic minorities, but also become a holy city of new art movements. People may at once think of the ice and snow art and the elegant Baroque architecture when they talked about Harbin. As a local leading enterprise, the reputation and brand of Harbin Pharmaceutical Factory have been well known to the public. The aim of the design is to inherit the urban cultural context, carry forward the essence of local culture and make the city's new business card while expanse their office space and decorate their office building.

How can we create the international image of Harbin Pharmaceutical Headquarters While taking cultural characters into account?

The designer, finding inspiration from the company's background, corporate cultural and architectural style, creates its unique corporate atmosphere by using the elegant bright colors, harmonious materials and the mixing style of European Art Nouveau style and modern design techniques.

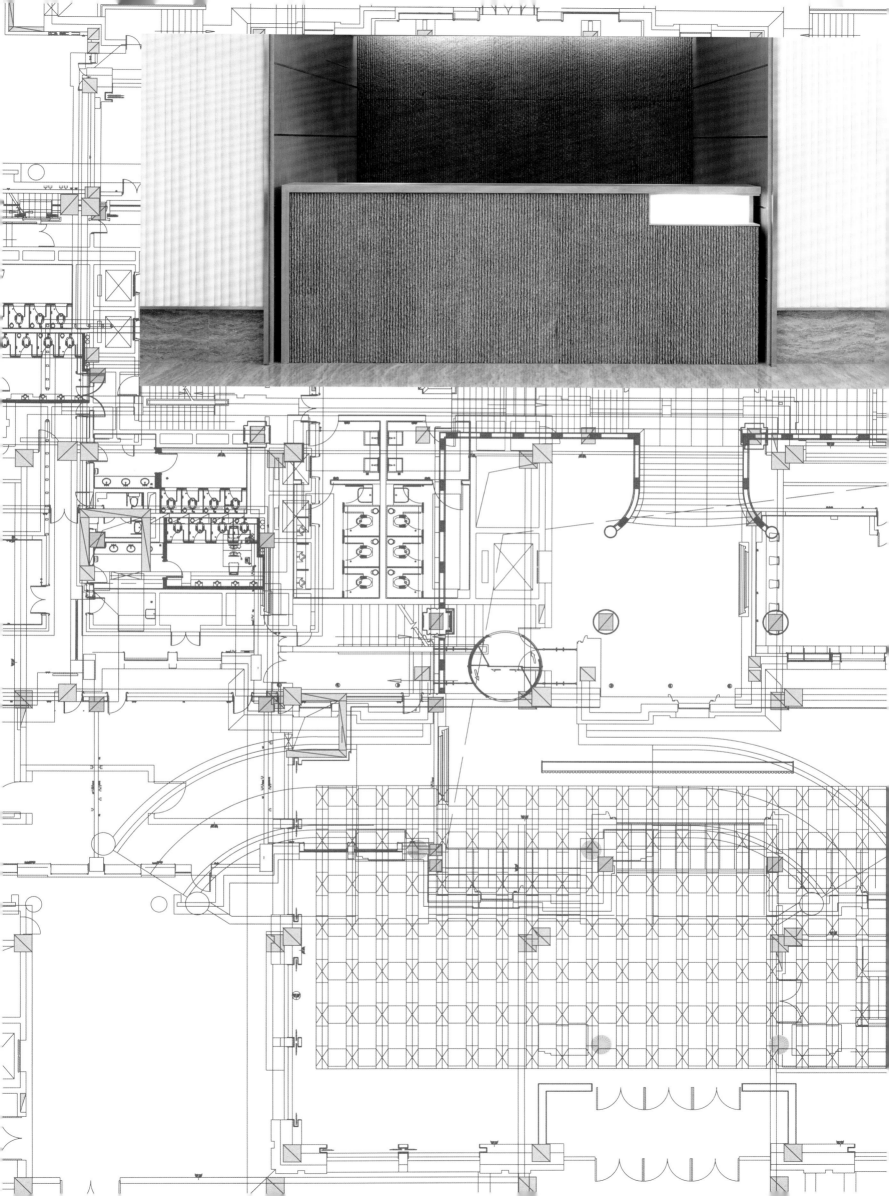

Sharing lobby, the public space of Harbin pharmaceutical headquarters, is not only the starting point of the spatial space of whole building, but also the image window of Harbin pharmaceutical headquarters. The sharing lobby has a lot functions, such as negotiation, reception and exhibition. In order to reflect its unique entrepreneurial spirit integrally, the designer makes full use of original structure to settle up spatial layout, and redefine awning surface. The beige stone wall gives person a magnificent, atmospheric expression, and its new delicate mosaic method reveals its exquisiteness. The lobby pillar is a new-made symbol after careful consideration, which is endowed with a new kind of spirit. The carved stone in the center hall is worthy of endless appreciations, and the large amount of stairs adds sedate and decent atmosphere. The spiral and grinding ironwork is dotted with gold foil as if it is of years of precipitation.

The rhythm of the whole office space is flexible, which is suitable both for team work and individual work. A variety of restaurants, trendy design gym, all kinds of meeting rooms and various entertainment areas, all these show the vigors of Harbin pharmaceutical factory which not only aims at inspiring their passion, but also aims at adding the weights for advertising its philosophy.

We see a trend of designing for the big state-owned enterprises in the process of designing for the office building of Harbin pharmaceutical, which is making a transition from providing standardized, professional interior design to providing personalized and accurate interior design services. Providing the serve is more like a process of satisfying the customers needs, including knowing the corporate nature, corporate industry background and service features. Only the more we know about the corporation, the more we can accurately grasp the customer needs. In the process of transforming these intrinsic needs into our cognitive spatial form, whether it is the property of space itself, space temperament, special culture or conveying information, the ultimate goal of the design is to refine and express the elements and information through a combination, and thus to convey thoughts and create the corporate culture and brand influence.   (Text | Li Tianying)

WELDING INSTITUTE

焊接研究所

Project location | Harbin   Design Time | May 2011

项目地点 | 哈尔滨   设计时间 | 2011年5月

Different kinds of material elements compose the world, the evolution of which starts before the appearance of human consciousness and evolves along with the existence, development and disappearance of natural laws. The appearance and development of human consciousness, promoted by experience accumulated in the process of social practice and perception of things is followed by existence of science, which becomes the lifeblood of human development. On the designing of interior space, the human beings highlight the combination of art and science, generally reflected in the beauty fusion of interior space. The idea is mainly based on the creating of scientific technology, the comprehending of the known material world and the endless exploring and pondering of the unknown world.

And the scientific development refers to discover new substance constantly as well as to create more. There need to be connection and contact between substances, for they need transformation and movement. People find out common ground among different molecule structures, so that substances can be mixed to obtain cooperative force with the help of those founding. The cooperative force can contribute a lot to human development, and this is what people pursue in space design, exhibiting the scientific notion "welding" with philosophical reflection.

In the design of the lobby roof, separation is used to form a unity of opposites, light hidden between the divisions. The stone wall is processed with strong industrial practices. The stone material does not need to seal wall gap, and the material can be used repeatedly over time. Such energy-saving and environmentally friendly practice reflects the scientific concept of development. As for the ground, the traditional and ancient terrazzos are used to pave the entire lobby, reflecting the idea of basing on the local culture and looking forward to the future of the world science.

The front main block and the curved electronic screen fully reflect confidence of surpassing the world top science and technology, the success we have achieved and cultural connotation. The shape of curved electronic screen breaks the previous square style, which means that science is the courage of breaking the old-fashioned concept. The change process of black hole is received through visual pathway. The effects of colors and sounds connect the macro with micro world. The process of agglomerating the color and figure shows the relation produced in substantial changes. The image makes the integral space alive, like living in the universal vast. The covered bridges and stairway functionally meet the practical needs, further make the combination of all sustains, and penetrate the specialty of melting. The water surface created by floor terrazzo and stone reflects the values of philosophy and ethic. The wood of back-wall space reflects the coordination of nature and human scientific development by respecting the nature and science. We should develop without destroying the balance of nature, abandon the money worship and build the space of consideration and integration. When you come into this sci-artistical space, sitting in the chair of time, imaginations come to you–perception of "universe", "science" and "human".　　　(Text | Jin Quanyong)

世界是由很多种不同的物质元素所构成的。自然世界的衍变在人类意识产生之前，是随着自然的生长规律发展存在和消亡而运行着的。人类的意识产生和发展，是和人们在生产实践、认知事物的过程中，通过劳动实践积累得到经验，经过思考而产生了科学，而科学又成为推动人类发展的原动力。在室内空间的设计思想上，用科学与艺术结合来表现。现代科学的发展，不断发现新的物质，物质之间需要联系、需要接触，它们之间需要转换和运动，在它们个性不同的分子结构中，我们把它们的共同点找出来，用哲学的思想在空间表现出"焊接"这一科学性"大概念"。

在设计中大堂棚面的分隔所形成的对立与统一形体，分合之间灯光藏于之内，墙面的石材是用工业性很强的手法来处理的，石材不用封堵之间石缝，可在一段时间内重复使用，用这种节能环保手段来体现科学的发展观。在地面上，用传统而古老的水磨石来铺装整个大堂，表现立足本土文化，而放眼于世界未来科学。正面的大体块和弧形电子屏，充分体现着企业在行业内所取得的成绩和赶超世界前沿科技的信心和雄厚的文化底蕴，而弧形电子屏打破传统方形的样式，也代表着我们勇于探寻敢于打破旧的观念，通过演示，在视觉传导下可形成像天体黑洞的变化，色彩和声音效果把宏观世界和微观世界紧密联系起来，通过色彩、形体和裂变吸引、凝聚的过程，表现了物质在一个运转和变化过程中所产生出来的关系。影像使整体空间具有灵性，如同置身宇宙的浩瀚之中，廊桥和楼梯在功能上不仅满足了功能需求，更大的作用是用这种夸大分子形式，把天与地和空间内的不同物质联系起来了，突出我们的"焊接"专业这一特性，地面水磨石的传统工艺与石材所制作的水面——形成了"日月交溶"之潭，来体现中华文化的哲学观和道德观，后墙面的木色体现自然和科学要相互协调。尊重自然，尊重科学，这样人类才能有更美好的未来，不能一味地去破坏自然，盲目发展。我们这个空间无需崇尚华丽和拜金，这里是一个思考与融合的空间，当你走入这个科学和艺术相结合的空间时，当你坐在"时间"的座椅上，你会更多地想象——感受到的是"宇宙"、"自然"、"科学"、"人类"和发展的思考。　　　（撰文 | 靳全勇）

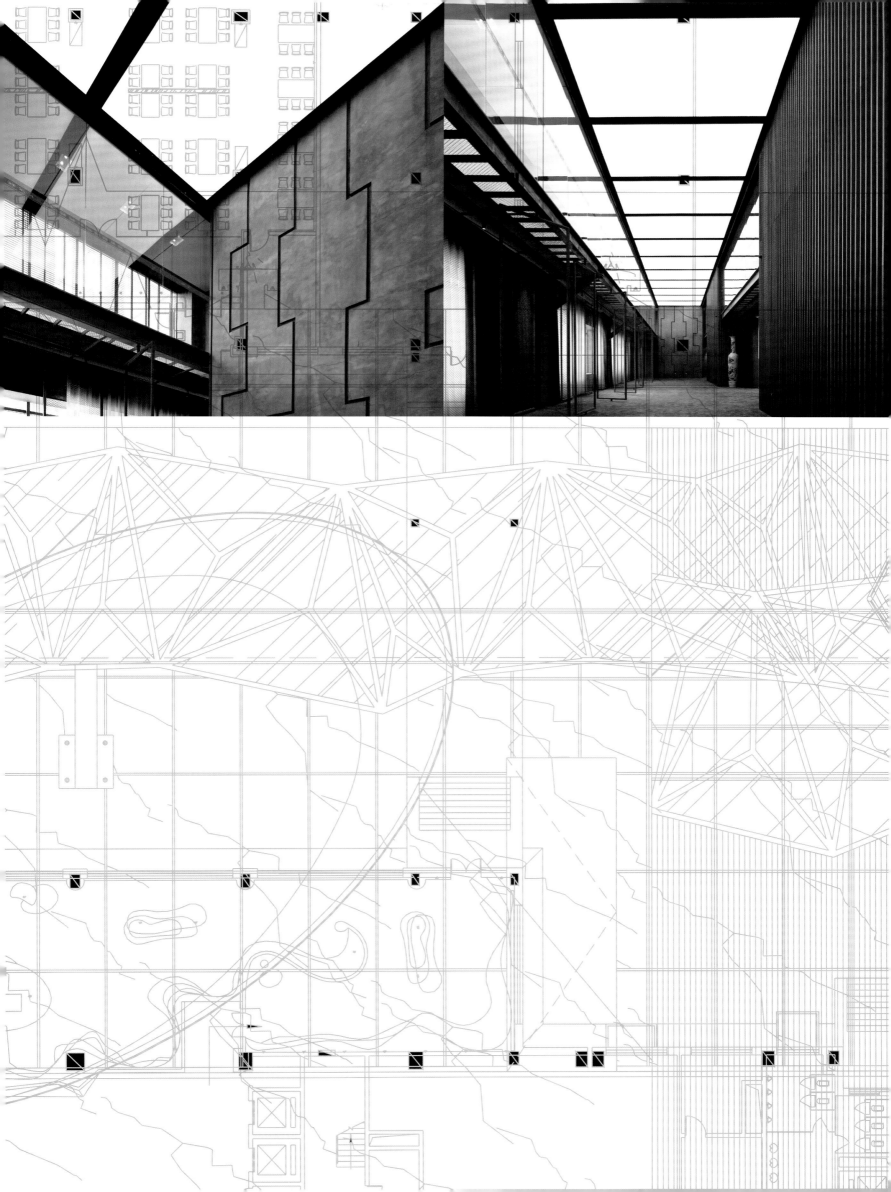

2011年9月17日　西藏 羊卓雍措

我们终于老得可以谈谈过去、谈谈未来。不只是在幸福诞生的时刻还有暮年前的青葱行迹。　　（撰文 | 韩冠恒）
We are finally old enough to talk about the past and future.Is not just the moment of the birth of happiness, but traces before the twilight.　　（Text | Han Guanheng）

Project location | Harbin
Design Time | May 2011

瑞SPA

项目地点 I 哈尔滨
设计时间 I 2011年5月

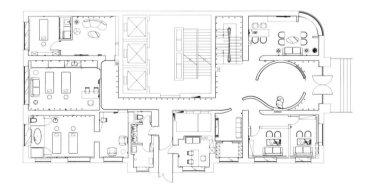

The Relax SPA is characterized by the single material, the repeated constructure and highlighting architectural features of space. The aqueous texture of the ceiling runs through every space, blurring the boundary and representing the infinite artistic conception of the finite space. The horse head sculpture together with the horse tail sculpture under the ground connects with each other through the nebulous handrails of the floors, blending the three floors into one, which is tranquil and profound. When you there, you may feel that you are separated from all the things outside and happily talk about "everything is nothing". Lay down the trivial things in your hands and stay far away from the bustle of the cities. Relax yourself and enjoy the easiness and pleasure of the SPA. (Text | Jin Quanyong)

单一的材料，重复的形式,突出空间的建筑感；棚面水韵的肌理贯穿每个空间，使其边界模糊化，呈现出有限的空间无限的意境；马头雕塑与地下的马尾雕塑，通过云雾般的铁艺楼梯栏杆相结，使其三层空间融合成为一体，宁静深邃。沉醉其中，笑谈"神马都是浮云"。放下手中的琐事，远离都市的喧嚣。放松心情，尽情享受SPA带来的轻松、愉悦……　　　（撰文｜靳全勇）

Flavor King No.18

Project location | Taiyuan
Design Time | August 2013

风味大王18号店

项目地点 | 太原
竣工时间 | 2013年8月

Flavour King NO.18 is one of Green-island restaurant chains, taking Shangxi specialties as the main dishes. The designer expresses the distinctive regional culture everywhere in the design. The classical Chinese style is the main characteristics with distinguishing features of Chinese garden architecture expressed in a modern simple way, which makes the design with a strong distinctive sensory experience. Blue and gray are the major colors and China's major selection black, bluestone, brick, paint, wood siding, gray glass are the main materials. With the soft light, people could enjoy all sorts of delicious in this indoor courtyard.

The designer pays attention to the sense of experience, visual effects of the diners and the practicality itself. The goal of the design is to let the diners feel the different visual impact in a comfortable environment with the desire to explore details of the surroundings.

The design of the hall is integrate and smooth. By the techniques of sketching the mountains on the gypsum board ceiling, the designer tries to avoid the "pure Classical Chinese" style, or the "Modern Chinese" style. In terms of the original goal of the design, for the diners, the designer hopes they could perceive the "contemporary" unique modernity in the "classical" tone in the design.

Designer concentrates on the essence of Chinese garden architecture on the windows and tiles in the interior space. The corridor is shaped into a time tunnel, the space of which is active and calm with combination of white and blue. Hitching post laid everywhere conveys the meaning that "Dismount and break here".

The designer also stresses the principle of recycling. The old-fashioned furniture got from different places purchased in new space adds some charm to the space. Mottled wood embedded in the stone wall in this case is not only a wooden ornament, more like a work of art through the years, which greatly enhances the artistic atmosphere and sense of history of the design. The TV frame mounted on linen wall is like a painting, and there is no sense of violation of the perfect fusion of modern appliances among quaint atmosphere. Another key point of this design is the uneven stitching of the dilapidated old wood. At the same time, the wall lines shaped in rolling hill are of good sense of layering but not exaggerated.

In front of the bluestone brick, ceramics, paintings and wooden lamp, as if people went back to the Ming and Qing Dynasty. This design is a continuation of design style and the respect of history and heritage.

The smart touch of red between bluestone and gray bricks becomes the appealing highlight, and the red cans become soft and elegant in the light, which shows the Chinese classical art, as if it was a work of art displayed in an old house. The combination of color and light is the key point of the design.

The designer tries to integrate the forgettable objects, and the items with sense of history, such as moon cake mold, brushes and old wood board are harmonious with the whole design style. Porcelain bowls as adornment in the catering space are of allegorical meaning. The Chinese classical elements everywhere is unique and harmonious.

The water element added as the gurgling trickle of water column, nourishing the stones and fish actives the space. People will be attracted by the fascinated sensory of the old wood, wooden shaft and the waterscape at the entrance. The original goal of the design is to combine the typical Chinese spirit of interior decoration and the spirit of fashion, and then create the situational space of human personality. (Text | Liu Zhi)

绿岛餐饮连锁机构旗下的风味大王18号饭店是以山西特色菜为主要菜品的中餐厅。设计师将地域文化幻化成鲜明的设计语言，表达在本案设计的每个角落中。以古典中式风格为主，将中式园林建筑的主要特点加以提炼，用现代简约的手法表达出来，形成了特点鲜明，富有强烈的感官体验的杰出设计。本案以青、灰色调为主，选材上主要运用中国黑、青石、青砖、涂料、木质挂板、灰色玻璃等。这些材料的合理运用营造出了一座室内的院落。在灯光的照映下，庭院悠悠，让人们在恬淡的情绪下品尝着各样的美味。

设计注重顾客的体验，视觉效果和实用性也同样杰出。食客在舒适的用餐环境中感受着不同的视觉冲击，对每个细节都有充满好奇和探究的欲望。这正是设计初衷想达到的效果。

大厅设计完整流畅。通过在石膏板吊顶上勾画山脉等手法，避免"纯粹古典中式"的同时，还要特别注意不能设计成现代中式风格。就设计师的设计初衷而言，希望使客人在"古典"这一设计基调中，同时感受到"当代"特有的时代感。

设计师将中国园林建筑精髓浓缩在窗与瓦上，运用于室内。这样的一条走廊就被塑造成了一条时光的隧道。青与白的色彩搭配，让空间变得鲜活又沉稳。"停车下马歇于此处"正是多处摆放拴马桩的寓意所在。

在陈设上，设计师也是强调旧物利用的原则。很多颇具民风的老式家具也是从多个地方归置来的，把这些旧物置于这样一个全新的空间中，新旧之间完美契合，为这一空间增添了几分神韵。斑驳的木雕镶嵌在石材背景墙中，此时木雕已不仅是一件装饰品，宛如一件经历了岁月的艺术品，极大的增强了设计的艺术氛围和历史感。画框镶嵌在麻布墙上，这样的电视背景墙让电视犹如一幅画。

这样巧妙的设计将现代电器完美地融合在古色古香之中，毫无违和感。将破旧的老木板打磨，不平整地拼接，作为整间包房的设计亮点。墙面的绵延山脉线条，既有层次感又毫不夸张。

青石青砖，陶瓷古画，油灯木椅，这样的一隅呈现在眼前，让人仿佛穿越了时空，回到了明清年代。这样的设计是对设计风格的延续，是对历史的尊重与传承。

青石与灰砖中跳出一抹灵动的红色，这就成为了亮点吸引人的眼球。灯光将红罐变得柔美又高雅。宛如深宅中陈列的一件艺术品，展示着中国古典艺术。这是色彩及灯光的合理运用所打造的设计亮点。

将不起眼的物件重新整合成为设计亮点，是本案设计师突出的设计特点。月饼模具、毛笔、老木头板，这些有着历史时代感的物品在这样的设计风格中相得益彰。粗瓷碗作为装饰点缀在餐饮的空间内，更是颇具寓意。无处不在的中式古典元素丰富着和谐统一的空间。

水元素的加入活跃了空间，潺潺的细流水柱汩汩流下，滋养着石子和游鱼。老木雕和木转轴与水景交相呼应，让人在入口处就被深深地吸引。将一个典型的中式风格的室内装饰，融进时尚的时代精神，这是本项目设计初衷。最终设计师将本案打造成了一个具有本阜人文特点的个性化情境空间。　　〔撰文 | 刘志〕

Childhood is the source of pure inspiration

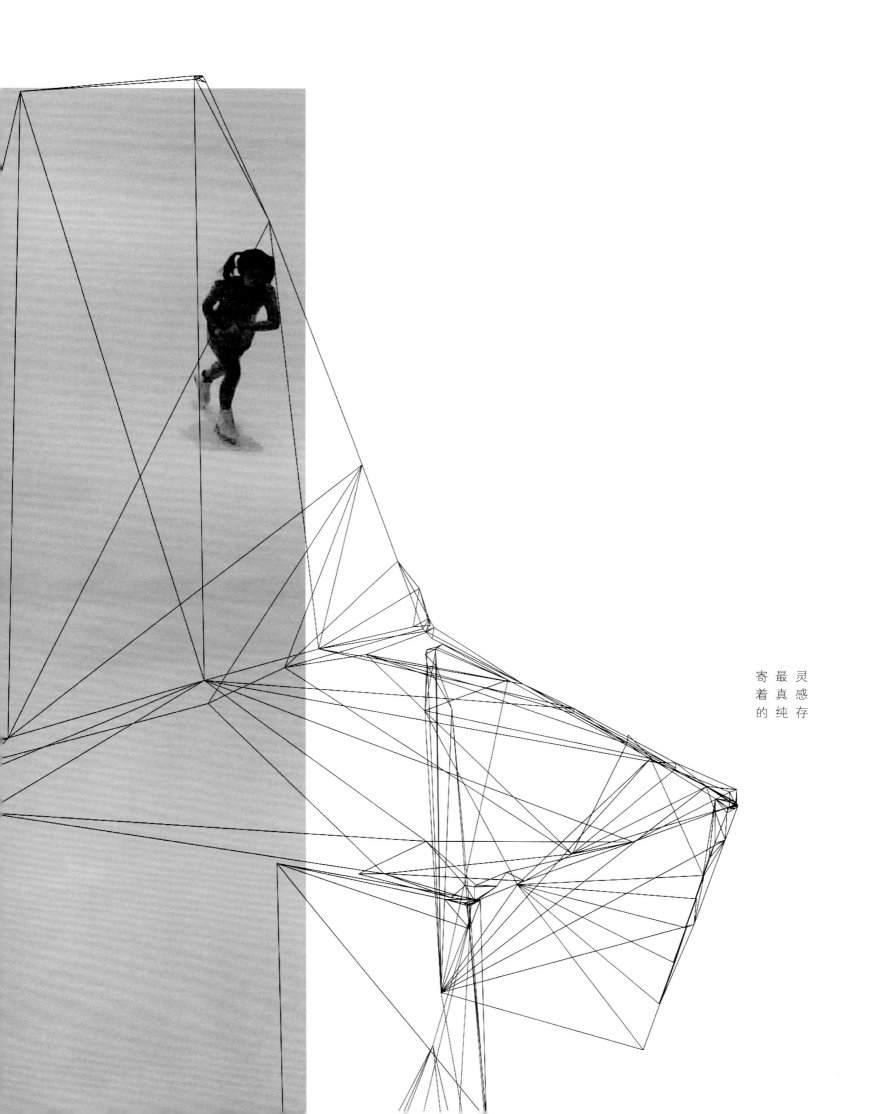

灵感存
最真纯
寄着的

Fragrance Floating Courtyard is located in the central area of the west new district, surrounded by urban traffic arteries. It is a place with dynamic and static feature. Living here, one can not only stroll idly, but also appreciate the waterscape in the center of community. All modern facilities reveal the residents' identity and status. The business social center and shopping center are just around the corner, which satisfy the residents' needs.

Fragrance Floating Courtyard

Project location | Harbin
Design Time | August 2012

溪树庭院

项目地点 | 哈尔滨
设计时间 | 2012年8月

溪树庭院位于哈西新区中心绝版地段，其周边既贯通城市交通要道，又傍依人文水景，动静之间，悠然自得。生活在这里，不仅能够闲庭信步，更能欣赏社区中央的景观水景蜿蜒曲直。现代化的各项配套设施让居住者彰显其身份和地位。近在咫尺的商务社交中心、购物中心，让居住者生活更加便利。

户型样板房与其楼盘的整体定位相一致，配合讲究的用料，精工巧制。在室内空间中打破传统的布局，以开放、穿透的手法，追求室内空间的开阔性。保留原有高举架。明装轨道造型组合的趣味空间，墙面造型收边及不锈钢烤漆踢脚带出空间的延续性。进入室内便能体会细节的精致处理，运用大量的原木元素、砖墙及有着漂亮的肌理石材相结合使人感受到空间的张力与层次感。客厅与餐厅的开放格局，使相对独立的空间形成互动，无形中扩大了空间感。卧室利落的线条加之柔和的氛围，营造出小空间的温馨。进入主卧室的通高橡木门，线条硬朗，在开合之间展现一种清新淳朴的美。加上淋浴间铺上柚木实木地坪兼具实用与美观，不需要外出就能够在家享受SPA。走进浴室空间，映入眼帘的是与大片明镜结合的实木台面，充分利用光线及合理的干湿分区，营造轻松、休闲、环保又不失亲切的大宅氛围。　　（撰文 | 李天鹰）

The Heart of the Eiffel Tower
Unknowing to be upside or descend, the changing longitudinal curve brings people the unknown visual perception. However, our inner sounds are freely made. Everyone in society is in a dynamic relationship and the pleasure and hurt comes from one's heart. It is waiting for yourself to find that whether your inside could as free, strong, deep and quiet as the tower be while your outside could perceive infinite beauty.
(Text | Han Guanheng)

铁塔之心

不知是要上行还是即将下潜，纵向的曲变产生了视觉上的疑惑。内心之中是叮铛作响，还是自由上下。每个人在社会中都处在动态的关系中，得到的乐趣和受到的伤害都是来源于自己的内心。可否如铁塔之心自由、坚固、深邃、幽长。但内心之外有无限的美境，只待走出。

〔撰文｜韩冠恒〕

2008年11月28日　法国　巴黎

沈阳维景Lea Spa

Lea SPA in Grand Metropark Hotel Shenyang

Project location | Shenyang
Design Time | March 2012

We actively participate in the whole process of the initial scheme and location of Lea Spa brand. The enterprise is going to march into the Shenyang market. It is also obligatory for us to follow it. The proprietors hope to copy the original forms. However, as a designer, I wish tho crear something new and explore more possibilities instead of repeat. The project is finally confirmed after several discussions. The proprietors eventually agree to the put the culture property in the first place, leading the consumption trend, representing the cultural value of the enterprise and joining the settings of the space form with the service process to emphasize the consciousness. Through this way, I hope to make busy people stop in such a kind of peaceful and leisurely space wait for their souls left behind by them, return to innocence, and then begin a new trip with a fresh soul.　　　(Text | Han Guanheng)

Lea Spa这一品牌从创建时的策划、定位，我们都积极的参与。企业要进军沈阳市场，我们也义不容辞地跟进。业主希望在原有的形式上进行复制，但作为设计者是不愿重复的，总是希望能够进行创新，探求更多的可能性。方案的确认经过了几番讨论，业主终于同意把文化属性置于先位，在引导消费趋势的同时，更多地呈现企业的文化价值观。将空间形态的设置与服务流程相结合，强调仪式感。希望通过这样的方式让城市中匆匆的脚步停驻在这宁静悠然的SPA空间，等一等追上来的灵魂。洗净铅华、沉静心灵，按照心的节奏重新轻松上路。　　　（撰文 | 韩冠恒）

项目地点 | 沈　阳
设计时间 | 2012年3月

pure water shore association
纯水岸楼盘会所

Project location | Qiqihar
Design Time | May 2011

项目地点 | 齐齐哈尔
设计时间 | 2011年5月

Pure water shore association has a spacious structure of nearly 2400 square meters and a very superior geographic location. The designer strives to reconstruct the space and to express the primitive humanity during the whole process of the design. The designer tries to abandon the business designing style which is tedious and only changing in styles. Employing a designing method combining oriental elements and modern simplicity, the designer conveys mixed information of life and art, and creates a kind of cosmopolitan life with oriental charm.

When walk into the association, you will feel a sense of solemn and decent. The double fraxinus mandshurica wood screen, hanging in rows from up and down before the French window in the hall, is implicit and quiet. A large number of Chinese chandeliers add a poetic sentiment to the space.

The ancient once said that "I prefer eating without meat rather than living without Bamboo". The tall and lush bamboo groves on both sides of the French window makes the whole building be one, who can breathe in. You will feel a sense of exquisite life even in a hard period when you are in this association.

(Text | Li Tianying)

本案拥有极优越的地理位置与近2 400m²的宽敞格局。在整个创作中设计师着眼空间形态的塑造和原始人文情怀的抒发。力图跳出繁华都市中霓虹灯的冗杂，只求样式变化的商业风格。运用东方元素结合现代简约的设计手法，向人们传递一种生活与艺术相融的信息，打造融入东方情韵的都会生活。

步入大厅迎面而来的是庄重和古朴。双面水曲柳木屏风作为纯粹的装饰品成排悬挂在大厅会客区落地窗前，从上而下的排列，含蓄而宁静。大体量的中式吊灯为空间增加一笔诗情画意。

古人云："宁可食无肉，不可居无竹"。两旁是高大茂密的竹林配合室内的通透，仿佛是一个会呼吸的建筑。空间中弥散着身处浮华但却独揽精致的别样情趣。

（撰文 | 李天鹰）

页

"Take the essence and discard the dregs" comes from Luxin's Fetchism, which describes Korean dishes perfectly. It is well known that Korean food is particular with ingredients; when the cook chooses different cooking methods in terms of various ingredients, the original taste of which will be aroused by a simple process of flavor-treating. This is the essence of the Korean food and it's the design philosophy of the project.

The designer of No.1 General Steak Restaurant strives to combine the essence of Korean food, corporate values and development into its spatial design. The designer choose a large amount of original and rustic materials, among which, the cool and tough plaincement and snow-iron are connected with the bold and flexible iron perfectly. The new splicing way of wood packaging adds the aesthetic characteristics while contrasted with the color of plain cement and snowflakes iron. The diners will experience the Korean food's unique sorting-out process in the simple and elegant atmosphere when they enjoy the delicate food.

(Text | LI Tianying)

NO.1 S
Korear

Iper General Restaurant

Project location | Harbin
Design Time | February 2011

将军牛排1号店

项目地点 | 哈尔滨
设计时间 | 2011年2月

"取其精华,去其糟粕"源于鲁迅先生的《拿来主义》,就韩餐而言,用其概括尤为贴切。韩式料理所用食材选料精致已被人们所熟知,针对食材的不同特性选用适当的方法进行烹调,加以简单的调味,源于食材本身的味道就被激发出来。这是韩餐的精髓所在,也是本案最初的设计理念。

作为1号店的设计,设计师力求将韩餐的精华与企业的价值观及发展历程融入空间中,大量地运用了原始、质朴的材料。冷静、硬朗的清水泥和雪花铁,与刚劲柔韧的铁艺严谨地搭接。木材的硬包在形成色调对比的同时,其新颖的拼贴方式为整个空间提味儿,极富个性。整个空间所呈现出的简朴雅致让食客在品味美食的同时,体会那一份来自韩餐菜式独有的去伪存真。　　（撰文 | 李天鹰）

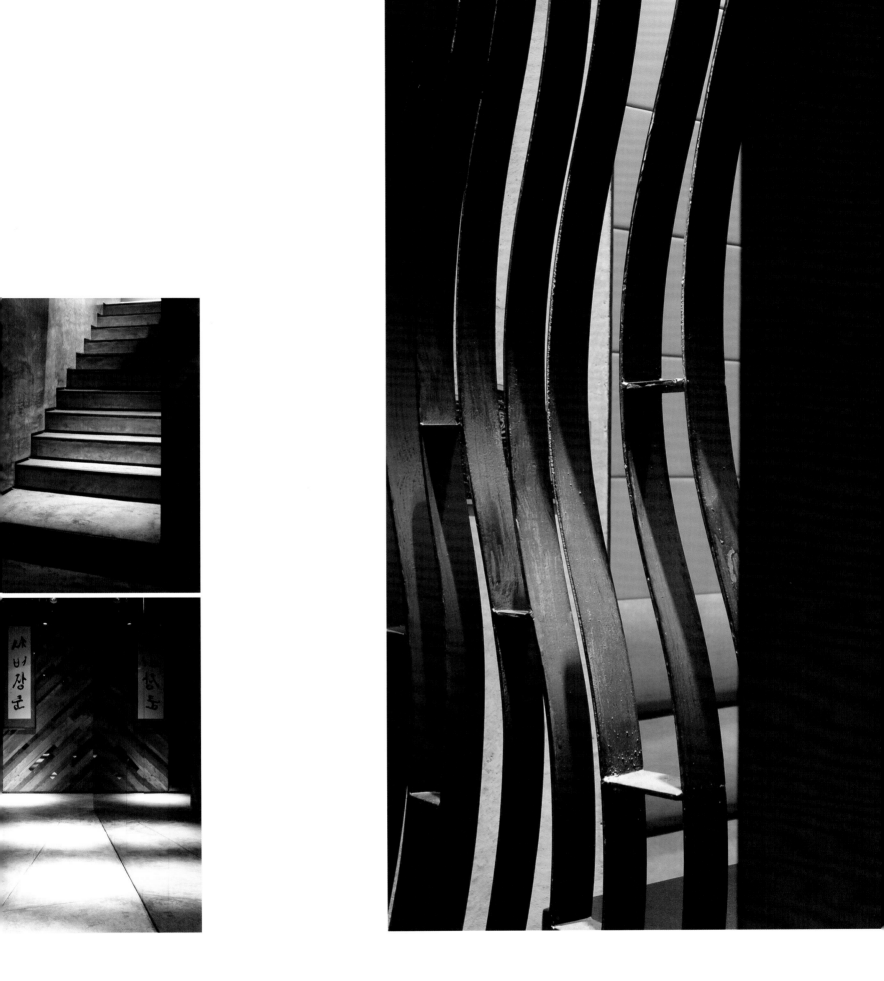

zhi renge restaurant

智仁阁

Project location | Harbin
Design Time | April 2011

项目地点 | 哈尔滨
设计时间 | 2011年4月

The restaurant has created an oriental atmosphere inventively with materials of stone, wood and leather in the way of modernism. The customized copper lamp complements the ceiling perfectly. A gold foil painting in the center of the wall fits the wall which is decorated with khaki leather lengthwise. This kind of collocation extends the upper space. Chinese check pattern and molding design highlight simple style. The tone of the whole restaurant is unified and conservative. In this restaurant, one can enjoy an oriental charm as well as an extraordinary luxury atmosphere.   (Text | Jin Quanyong)

智仁阁餐厅运用石材、木材、皮革等材料,通过现代风格的匠心设计,精心交织形成了东方意境。定制的铜灯与其棚面造型如影随形。墙面中心的金箔画与其他墙面竖向卡其色皮革相互映衬,主次分明,使空间得以向上延伸。中式花格与线脚突出设计的简洁化。整体色调统一、稳重,令人尽享东方情韵。

〔撰文 | 靳全勇〕

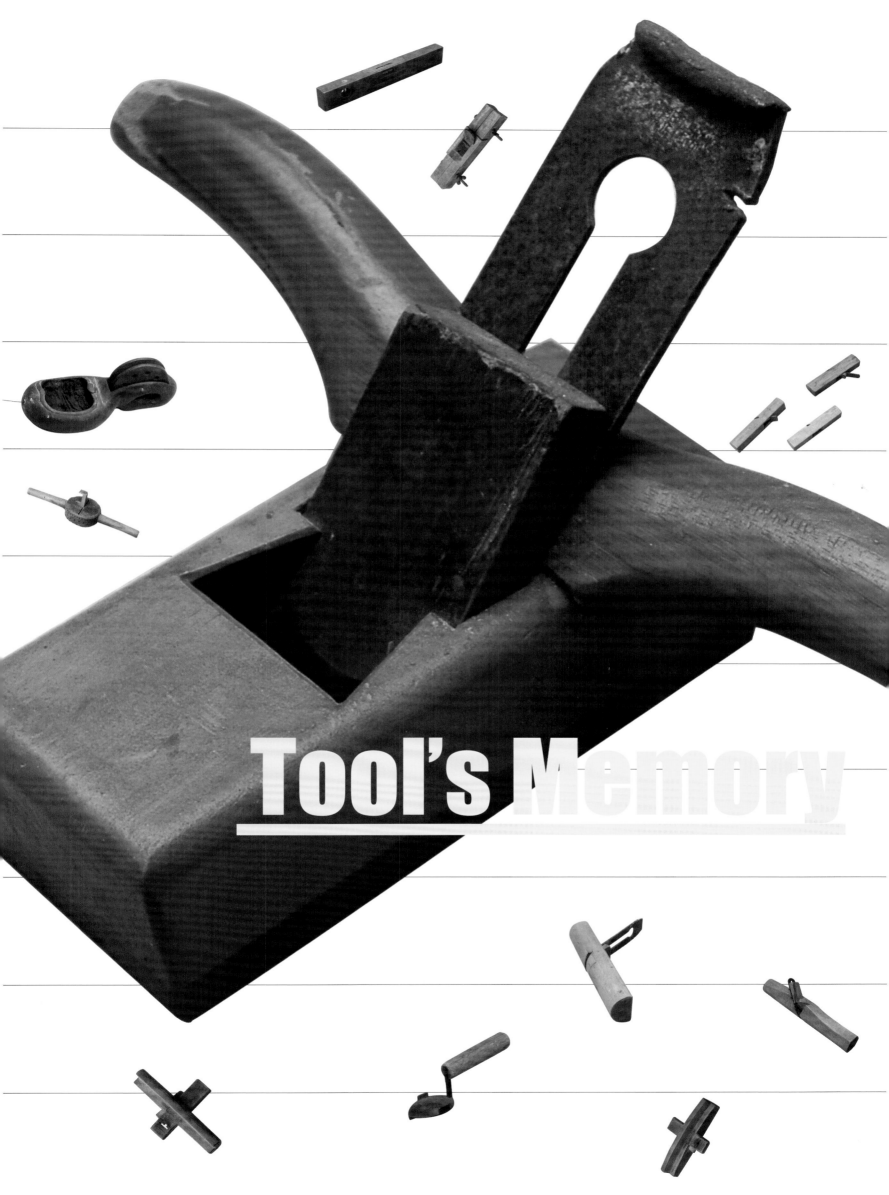

Project location | Harbin
Design Time | June 2009

Enjoy Noodles,

项目地点 | 哈尔滨
设计时间 | 2009年6月

问面·面道
Enjoy Ourselves

"Welcome to China, Welcome to Noodle House!" To some extend, this slogan of our corporation expresses not only the operator's enthusiasm and characteristics, but also the essence of noodles. In order to cooperate with the deliberately creative conception of traditional delicacy, designers try their best to present the traditional and clam characters. So, the design fulfills the traditional Chinese elements with the modern opinions.

When you look at the magnificent screen-printing glass, which is decorated Chinese traditional calligraphy with modern popular greeting words, you will immediately feel free and easy. Another part material of the wall is decorated with the black burnt rock which expresses the unique and staid.

The light is soft and warm, owing to the persistent pursuit of he changes of the light. Then designers strive to seek the balance of cold and warmth in the glass and stone wall.

In the two opposite design, our Noodle House decoration bursts out the unexpected sparks, because the designers balance the exquisite ideas perfectly. Accompanied traditional with modern philosophy, the Noodle House gives people a three-dimensional sense of space with the steady and freedom.

(Text | Guan Le)

"中国人的问候,中国人的面道!"一句企业形象的宣传语,道出了经营者的热情、大气,也道出了面之精髓。把面食细做,让人们体味传统饮食的新感觉,迎合这样的理念,设计师确定了大气沉稳的设计风格,并将中国传统元素融入到现代设计之中。

丝网印刷玻璃给人以通透明快之感,将中国传统的书法艺术运用其表面,搭配现代流行的问候语句加以点缀,整个空间即刻产生了恢弘、洒脱的效果。部分墙面的石材饰面选用深色火烧岩,沉稳中透露着深邃和独特质感。

灯光的运用则柔和温暖,并力求光影的变化,在玻璃和石墙表面寻求冷与暖的平衡。相反方向的事物往往形成强烈的对比,迸发出意想不到的火花。传统与现代对接,洒脱与沉稳相伴,带给人们更加立体的空间感受。　　　　　　　（撰文 | 关乐）

街区是城市意象的要素之一，需要特色、鲜明、有序。同时，街区也具有抽象的社会属性。不仅仅表现结构的形式美，更重要是反映该地区的情绪，反映一个特殊的时代，特定的主题，特有的价值观和精神。它是生长的，具有时间和空间的张力。

通过新建宋庄国际艺术中心场馆以及对原有废弃粮仓进行改造，提升街区整体的艺术气氛。使新与旧，静与动，艺术气息与商业气氛在对比中达到一种微妙的平衡，形成该区域特有的情感与韵律，体现出"共生"的设计理念。

与此同时，整个街区突破传统的商展交易模式，街区被看作是一个实体的布景，而艺术家众多形式的艺术创作则是演员，在这个独特的舞台上展现它们的个性和美。游览者和收藏家们则更像是观众，在游走中体味艺术的魅力。

宋庄艺术景观街区是通过对区域内现有的资源要素进行整理及利用，把整个街区分为新建和改造两大区域，并结合宋庄作为原创艺术产业基地的地域特色，及项目地点的现有城市空间肌理、布局与特点，运用改造和扩建的手法完成对现有临街面的梳理。遵循保护性改造的原则，保留原本的有文化内涵的建筑特色，摈弃一些低劣的建筑形式，将其进行转化。在保留原有的商业属性和气氛之余，增加整条街道的艺术气息，达到一种融合与和谐。　　〔撰文 | 吴婉莹〕

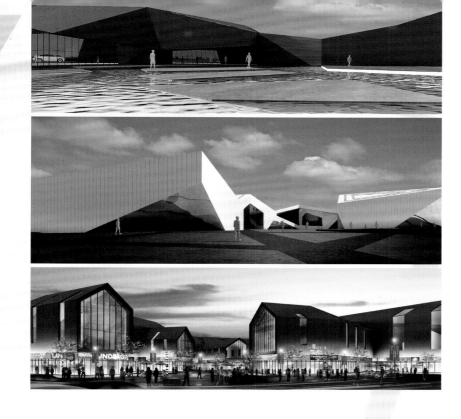

ARTISTIC CREATION NEIGHBORHOODS IN CHINA

The Reconstruction Project of Beijing Songzhuang Block

Project location | Beijing
Design Time | December 2012

ARTS No. 1

The block is one of the main elements of the urban images, which should have the distinguished features, brilliant colors and orders. Meanwhile, the block also has the abstract social property, which doesn't only present the structural form beauty, but reflects the mood of this region, a special time, a specific topic and the typical concept of value and spirit. The meaning of block is generating and having the tension of time and space. The Songzhuang artistic landscape block divides the whole block into newly-built and reconstructive two regions through organizing and using the present resource element in the region. The present frontage blocks are reconstructed and expanded according to their regional culture as a space base, the space texture, the layout and its distinguished features. The present frontage blocks are reconstructed and expanded according to their regional culture as a space base, the space texture, the layout and its distinguished features. Abiding by the principle of protecting renovation, they would change it by retaining the original culture of the architecture and getting rid of some building forms with poor quality. The atmosphere of the whole block is achieving harmonius with its origional commercial properties and flavor retained.

Through the newly-built Song zhuang international art center stadium and the reconstruction of the abandoned granary, people try to enhance the art atmosphere of the whole block, achieving the subtle balance in comparing the new with the old, the still with the move and the art atmosphere with the business one, forming the typical emotions and rhythms of this region and representing the design concept of symbiosis. Meanwhile, the whole block is seen as an entire setting by breaking the traditional trade fair of business model.

Many forms of the artistic created by the artists are the actors, showing their personalities and beauty on this unique stage. The sight-seers and the collectors are more like the audience, tasting the artistic charm in the travel.   (Text | Wu Wanying)

北京宋庄街区改造方案

项目地点 | 北京
设计时间 | 2012年12月

/ DESIGN EXPLANATION
/ GENERAL DESING

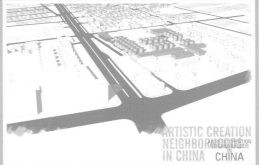

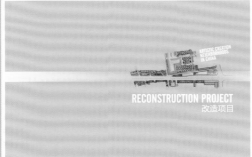

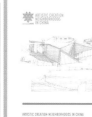
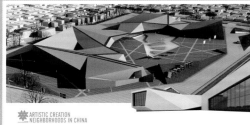

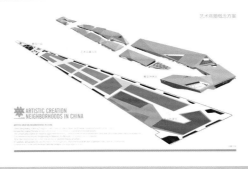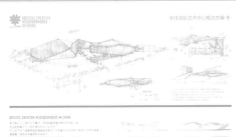

女王传奇 道里西八道街

项目地点 | 哈尔滨
设计时间 | 2009年8月

187

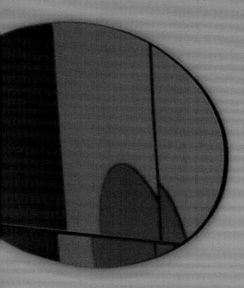

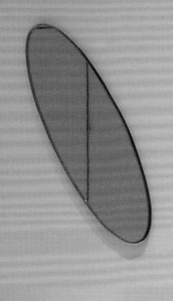
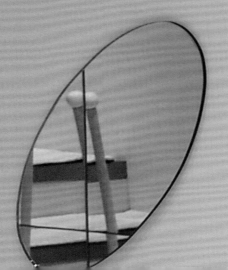

QUEEN LEGEND SPA

Project location | Harbin
Design Time | August 2009

"The queen" is the name of the chains of beauty and body clubs. It has been 18 years since it became a relatively mature business and service model gradually in this city. This new chain, without direct link with outside, is located in the office building in the business district. The gussets will be suffused an exquisite fragrance all round for the designers' purpose in this quiet and secluded environment.
Gentle curves and flowers are the best symbols of the beautiful women. The irregular curves separate the different shapes of room. The certain abstract kind of flowers' designs is attractive. What a paradise of the lovely women the Queen is! Simple plain walls and the clean stairs serve this saruce, splendid, and elegant Xanadu, as if the atmosphere has condensed the visible fragrance.   (Text | Guan Le)

"女王"美容美体连锁会馆已经在这座城市绽放了18年,拥有一整套较为成熟的经营和服务模式。此新店"隐藏"在商业圈的写字楼内,并无室外门面。于是曲径通幽便成为设计者的一个意图,希望来此的贵宾都能体会到"酒香不怕巷子深"的意外喜悦。

柔美的曲线和花朵是美丽女性最好的象征。不规则弧线分隔出的不同形状房间以及抽象的花卉图案诠释出这里是爱美女性的天堂;淡淡的素色墙面、楼梯间的圣洁白色,——低声诉说着这个清、雅、静的世外桃源,仿佛空气中都已凝结了看得见的香氛气息…… (撰文 | 关乐)

2010年5月13日 广 州
2011年8月21日 哈尔滨

Gupu Northeast Restaurant

谷朴东北菜馆

ast

Project location | Shenyang
Design Time | June 2012

项目地点 | 沈　阳
设计时间 | 2012年6月

这是一次营造健康单纯新标准的尝试，旨在颠覆人们对精致餐饮空间的传统看法。设计者在方案阶段对其狭长的平面动线经过反复推敲，将原有的布局打破，使空间布满各种几何元素。不同元素交织而成的块与面形态各异，使之焕发新的生命力。色彩要素在这里被降到最低程度，视觉上追求单纯的黑白灰，色块与色块、线与线、形与形所组合的结构呈现出独有的张力，突出设计品牌的个性和格调的同时，带来别致的消费体验。

散客区流畅的动线布局紧凑且富有趣味性。墙面的细腻的硅藻泥曲线配以金箔鱼和陈设，宛如行云流水的一幅幅水墨。陈设品的形状和尺度都经过了精心的推敲和考量，体现了设计师对每个细节的完美追求。结合着全景玻璃幕使室内外融为一体，大大增强空间感。这里是忘却繁华的世外桃源，能在人们享用质朴美食之余，唤醒对简单生活的记忆。　　（撰文 | 李天鹰）

GUANG PU BEAUTY SPA

Project location | Harbin
Design Time | June 2010

The concise style is surely different from simple one. It is the further development of the innovative design thought after deliberating.
The main hue of this scheme is white. The light green of the fluorescent lamp and the smooth lines create a clean and natural SPA space, which is filled with life element. There are many cambered turning points in the corners of the walls. They break the inherent form of the space and blur the boundary, joining every functional district into one. The use the material is simple and pragmatic, which complies with the health, fashion and low-carbon concept of the proprietor who advocates the concise "consumption concept". (Text | Jin Quanyong)

光谱SPA会馆

项目地点 | 哈尔滨
设计时间 | 2010年6月

简约当然与简单不同,它是经过深思熟虑后,通过创新得出的设计思路的延展。
本案的色调为纯净的白。隐光灯的淡绿与流畅的线条营造出一个洁净自然,赋有生命元素的现代SPA空间。墙体转角处都是弧形的转折,打破了空间的固有形态,模糊了边界,将各功能区巧妙地连成一体。材料运用简单、务实,符合经营者健康、时尚和低碳的理念,倡导简约的"消费观"。
(撰文 | 靳全勇)

Gloucester Luk
Kwok Yingkou Club

Project location | Yingkou
Design Time | June 2012

Yingkou Grand Canal, the first open port of northeastern China, is a legend with a history of thousand years. However, many residential buildings of hundred years here have been pulled down with the development of city. The disappearing building means not only the lost of an ancient city but also the lost of its culture and history. Gloucester Luk Kwok Yingkou Club was built on October 2012, which is regard as another legend of Yingkou and the cultural continuity of Yingkou Grand Canal.
(Text | Li Tianying)

六国饭店

项目地点 | 营口
设计时间 | 2012年6月

中国东北第一个对外开放的口岸——营口大运河。她已在此流淌了数千年,已成为一个世纪的传奇,但由于发展的需要,曾经建在这里的百年以上的居住建筑已不复存在。消失的不单只是一个古城,而是一种文化,一段历史。2012年10月,在营口这个辽河老街上又将续写着另一个世纪传奇,营口六国饭店营会所,将在这里继续传承百年老街的昌盛繁华,它将是大运河上的另一个故事。 〔撰文[李天鹰]〕

Top Sea Kitchen

Project location | Baicheng
Design Time | May 2011

211

领鲜海厨

项目地点 | 白城
设计时间 | 2011年5月

The restaurant is located in Baicheng, Jilin

This is a small town with the permanent population of less than 300000. In my opinion, the owner of the restaurant must muster his courage to open this seafood restaurant in this undeveloped town.

In my opinion, the owner of the restaurant must muster his courage to open this seafood restaurant in this undeveloped town. When I first contacted with its owner, I was infected with his persistence. He told me that he likes the sea and loves the seafood in hometown. He hopes that his hutch can make people fall in love with the seafood, and that they can share the delicious seafood with each other.

The theme of the waves is correspondent to this high level restaurant. However, in the process of deepening the design, the functional layout and the overall dimension are cramped the limited space. There are many difficulties of the Low height storey, unreasonable wall, and column grid to implement the program. All dimensions are modified again and again before putting into effect.

At last, the golden glistening pond appears at front of people in the sunset. Suddenly, it is the sweet and salty flavor of the sea with the waves kissing the beach, breeze refreshing the cheek.   (Text | Xin Mingyu)

"海厨"坐落在吉林——白城。

这是一座常住人口不足30万的小城。对于任何人来说,要在这里开一家高档的海鲜饭店都是需要勇气的。当我与甲方第一次接触时,他的坚持和笃定感染了我。他告诉我,他喜欢大海,更爱那海边的家常菜。希望这个地方能让人们同他一样爱上大海的味道,分享来自大海的美味。

就这样,海浪的主题可谓一拍即合,但在深化设计的过程中,餐厅的高端定位、功能的布局以及设计的整体空间感均被局促的现有空间所束缚。较低的层高及不合理的墙体、柱网给方案的实施造成了很多困难。所有的尺度都进行了反复的揣度,经过几番周折才得以实现。

于是夕阳下金灿灿的粼粼海面浮现在人们的眼前。恍然间,浪花亲吻着沙滩,海风轻抚着脸颊,鲜鲜甜甜中带着一丝咸味,这就是海的味道吧!　　（撰文 | 辛明雨）

The Dainty Room Restaurant, Shop on the Development and Investment Zone

Project location | Harbin
Design Time | May 2009

Some years ago, the proprietor and I together weaved the "dainty room" dream. The dainty room series restaurants have already possessed the settled consumers, most of which are young and fashionable men. The proprietors would like to rent next shop in an crowed area to consolidate business status. Such problems as the cost, the duration, the brand positioning, functional needs and so on appears one by one. Overcoming the language obstacle and persuading repeatedly, I eventually got the full support of the manufactures. The custom-built expense is seventy thousand. They also send five technicians to work on the field assembling. Meanwhile, the cost is under control. We have realized our dreams, I wish all the dreams of us will come true.   (Text | Han Guanheng)

非尝食间 开发区店

项目地点 | 哈尔滨
设计时间 | 2009年5月

几年前、七月、盛夏、广州、同业主一起编织"非尝"之梦……
"非尝"系列餐厅已在这个城市有其固定的消费群体，且都是年轻时尚的人士。业主欲在餐饮密集区兑下一店面，巩固其商业地位。
问题一个个显现出来，造价、工期、餐厅定位及功能需求等等。在反复商议后有了想法，决定南下广州，去用同一颜色、同一材质、同一编制方式来实现设计概念。冲破语言沟通的障碍，几经游说，获得厂家的鼎立支持。定制的费用7万，还派5位技师进行现场组装。成本控制住了，梦编织完了，希望所有好梦成真。　　（撰文 | 韩冠恒）

 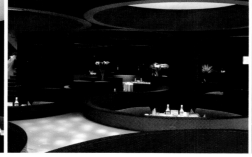  

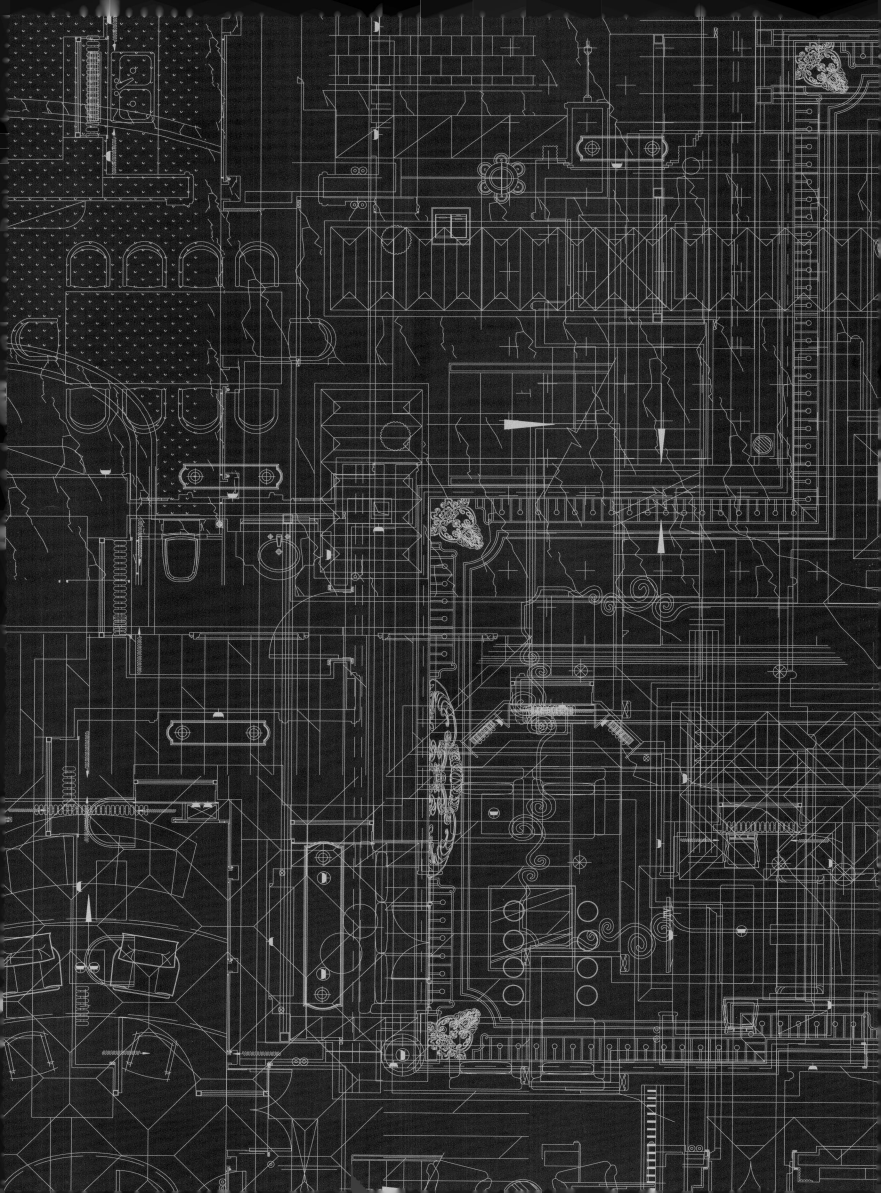

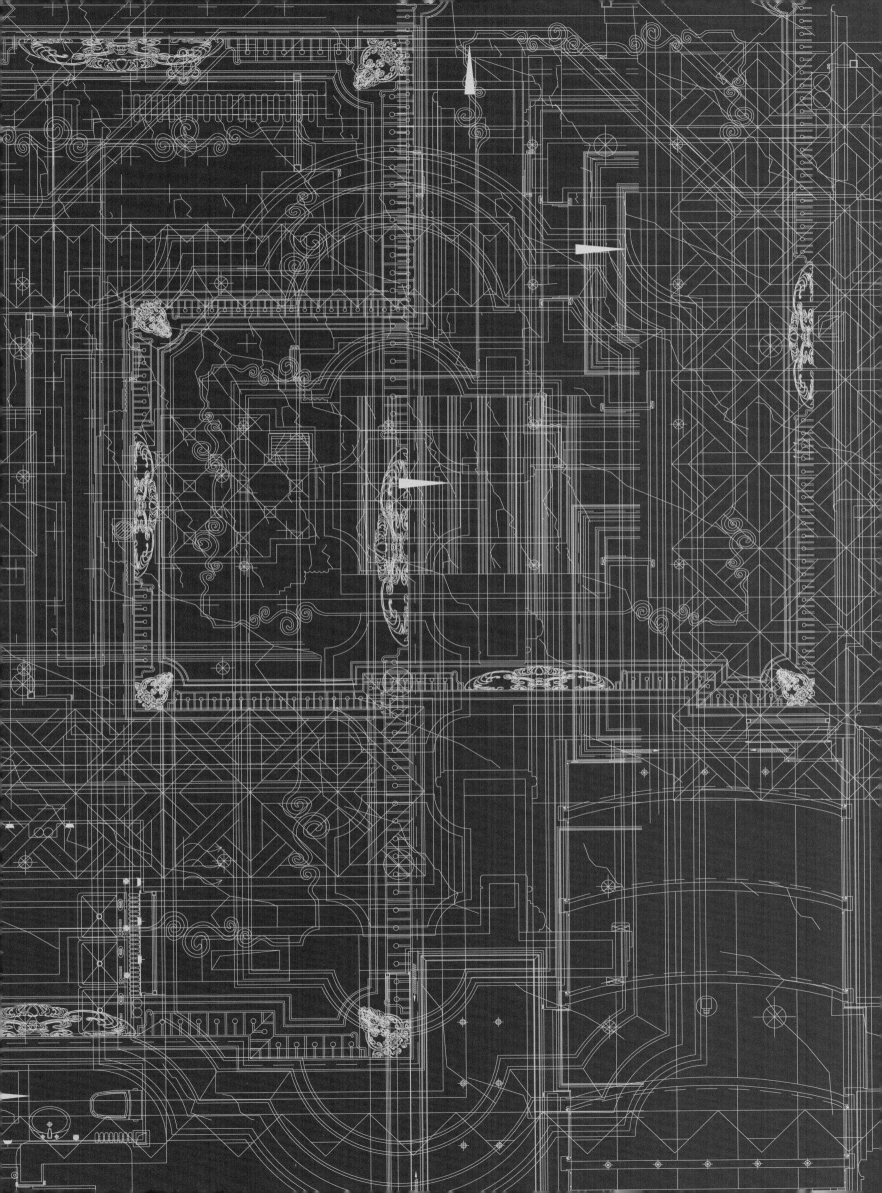

盛和世纪别墅
Gold Century

Project location | Harbin
Design Time | April 2012

221 页

项目地点 | 哈尔滨
设计时间 | 2012年4月

A real mansion not only uses the expensive materials, adopts complicated crafts and decorates with luxurious furniture, but also can show that it's just for the owner himself. This sample building is located in the newly-built villas, and the hostess is a person with romantic feeling and devote to striving for good-quality life. Because she has great enthusiasm for elegancy and dignity of French palace, she wants me to build such a palace just belonging to his family and her.

Taking Alice's Palace as the source for designing the inner structure, and scales for lines are strictly based on the classical specification, meanwhile the designer also hammers in the details. As for very lines and every texture, the designer will make a sample to adjust, and try to make the room immersed in the luxurious atmosphere based on the rationality, tradition and decoration.

But it is not enough. It is more important for the residents here to have the sound function and the reasonable. Based on the analysis of the owner's families, ages, living habits and etc, the building layout can be divided into horizontal layout and behavior flow lines. The so-called behavior flow lines means the atmosphere adapts to the owners and let the owners have such feelings: "living here is so casual and very move is so comfortable." The basement, as entertainment space, is decorated with bars, tea furniture and studios, which let every family member relax and improve their interest. Choose very furniture with the house owners. Choose several owners' old belongings, maybe the host's pipe never used for many years, or the hostess' beloved scarf, to place some corners of the house. In addition to show the owner's taste, it also fills this apartment with their stories. Such kind of apartment can be called as real good-quality living room.　　(Text | Wang Zhongwen)

一幢真正意义上的豪宅,不仅仅体现在价格高昂的材料、复杂的工艺、奢华的家具和陈设,更重要的是主人对它的专属和独有。本案座落在我市新落成的别墅区内。屋子的女主人是一个非常浪漫、追求高品质生活的人。她很钟情于法式宫廷般的优雅和高贵,希望我能打造一个属于她和家人的宫殿。

内部空间体态以爱丽舍宫为蓝本,线条的比例严格地遵循经典,在细节雕琢上反复进行推敲。每个线条、纹样都制作小样在空间中推敲调整,追求理性、传统和装饰性,塑造空间的华丽氛围。

但这样远远不够。功能的揣度及合理的布局对居住在这里的人而言更为重要。根据对业主的家庭成员、年龄、生活习惯等进行分析,划分出平面布局和行为流线,让环境去适应主人"居住于此是那么的随意,每一个动作都是舒适的"。地下室作为活动空间设置了酒吧、茶艺和影音室,使每位家庭成员都能拥有适合自己的放松方式,提升生活的情趣。与主人家一同挑选每件陈设。选出几件主人的旧物,可能是男主人多年不用的烟斗,或是女主人曾经珍爱的丝巾,将它们置于屋中的某个角落。在体现主人品味的同时,让整个房子充满了属于他们的故事。这才是真正精细高品质的生活空间。 (撰文 | 王仲文)

TASTY DELIGHTS POT

Project location | Taiyuan
Design Time | May 2011

项目地点 | 太 原
设计时间 | 2011年5月

悦香火锅

Simple but modern, with the delicate design techniques and unique styling, Tasty delights Pot is a unique and simple space. The designer wants to make the whole space fashion and modern through the simple design techniques, raw materials and unique elements.
The simple twigs and wooden birds placed inside the stone cave shows the artistic conception, which is worth for pondering deeply over.
The supple low curved wooden parapets, the waved white sand of stand painting built-in, the large pebble-shaped silver decorations and the simple cloud-shaped roof are modern and soft. What's more, the perfect combination of this general soft and the suspended rectangle booth is dynamic but static, modern but restrained, which fully embodies the unique design style.
The modern sense plays the most in this small space. The silver mirror from the bottom to the top, the hand basin to the floor and the light behind mirror are so simple but modern. The huge wine exhibit exudes not only modern sense, but also the important role of dividing the space. The exquisite and unique design of the exhibit of drink bar, with well-arranged light gives a different sensory experience. (Text | Liu Zhi)

悦香火锅以现代简约的风格为大方向，用细腻的设计手法及独特的造型风格打造了一个简约而不简单的独特空间。设计师希望以简单的设计手法，原始的材料，独特的元素风格使整个空间附有时尚、现代的特质。
石材搭建而成的洞口内，只是放置了简简单单的枯枝，简简单单的木鸟，所体现出来的意境值得人们深思。
木质围合成的曲线型矮墙体现出了如水一般的柔顺，内置的白沙以沙画的手法勾勒出波浪的形态，配合着银色的大鹅卵石形的装饰及简洁的云形棚顶，柔美中更富有现代感。然而更难得的是把这柔美的一面与悬空的矩形卡座完美的融为一体，动静有秩且时尚内敛，充分地体现了独有的设计风格。
小的空间现代感发挥得淋漓尽致。通项的银镜，落地的手盆，镜后的灯光是如此的简单、如此的时尚。巨型的展酒架不仅散发出时尚气息，更具有划分空间的重要作用。水吧台的展柜形设计细腻独到，配合着精心布置的灯光给人以不一样的感官体验。 （撰文 | 刘志）

光谱SPA会馆
2011 | 哈尔滨

天顺源
2010 | 哈尔滨

 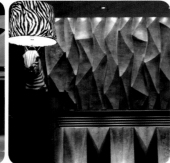   

盛和别墅
2012 | 哈尔滨

宝食林
2010 | 哈尔滨

皇家永利
2009 | 哈尔滨

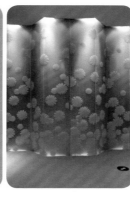

女王
沈阳万达店
2010 | 沈阳

新天地
KTV
2011 | 哈尔滨

观江国际
2010 | 哈尔滨

女王传奇
2013 | 哈尔滨

海鲜火锅
2013 | 沈阳

李家小馆
2011 | 哈尔滨

小四楼
会所
2012 | 哈尔滨

膳福源
2010 ｜ 哈尔滨

街角茶餐厅
2013 ｜ 哈尔滨

现代品味
2009 ｜ 大连

香青园
2013 ｜ 北京

清水湾
2013 | 三亚

盛和天下会所
2013 | 哈尔滨

FVI珠宝
2012 | 北京

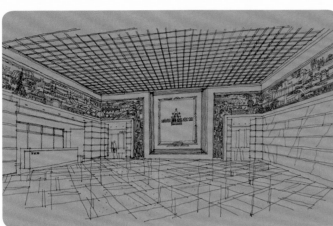

哈尔滨规划馆
2013 | 哈尔滨

谷朴海上世界东北菜馆
2013 | 深圳

谷朴大悦城东北菜馆
2013 | 沈阳

金色世家样板房及会所
2013 | 齐齐哈尔

江海证券
2012 | 哈尔滨

圣安齿科
2012 | 哈尔滨

麒麟私房菜
2013 | 哈尔滨

艺汇家

2012 ｜ 哈尔滨

天空之爱KTV

2012 ｜ 哈尔滨

红树湾售楼中心

2013 ｜ 哈尔滨

Wide BBQ

Project location | Harbin
Design Time | May 2011

外屋地烧烤空间

项目地点 | 哈尔滨
设计时间 | 2011年5月

As is implied by the name, Barbeque in Outbuildings is a restaurant featuring roasting meat. The design and construction are completed after much difficulty and jolting. The whole style of Barbeque in Outbuildings is modern and simple. The designers aim to create a quiet and harmonious atmosphere in which the eaters could enjoy the delicious food in relaxing space. The essence of spatial design is embodied by the common and simple selected materials including cement, angle iron, tin plate, brick, etc. we can sense the spirit of confidence from the displayed contemporary art.

外屋地思烤空间顾名思义是一家经营烤肉为主的餐厅。设计及施工时费了好多周折。整体的设计风格以现代简洁为主，想追求一种安静和谐的就餐氛围，让食客放松的在空间内享用美食。在选材上，都是质朴的材料：水泥、角铁、洋铁皮、红砖……朴素的材料让设置回归空间的本质，陈列的当代艺术品也从骨子里透出那份自信。

I once didn't care the mostly mentioned saying "Designing expresses the beauty imperfectly", because in my opinion, the project could be completed successfully as long as we know Party A's market positioning, meet the audiences' need, analyze the designing details, and make a drawing of the plan. However, the unpredicted events and pressure in the process really make me feel the beauty in pity. When we arrived in Panyu, we found that the local architectural frames are shorter than northern ones, which limits the normal installation of equipment. We finished the sketch of the design with the professionals help. Suddenly, we got a notification from Party A that we should pause the project because the fire paperwork of the house is incomplete. What a pity, what we had done in the hot weather in the past days was all thrown away. We returned to Guangzhou a month later and spent every effort to complete the sketch of the design on time. The chief engineer and I stayed at Guangzhou to complete the designing and management work. The investment Party and site management staff were coming from the north while the workers were local people, so we always spent much time on communications because of the language differences. At the same time, as newcomers, we wasted a lot of time on driving to look for the material sample. The Party A is a thoughtful man, we should consider his unique ideas into account and adjusted the designing details. We made the middle decision after balancing between "perfect" and "pity".
The goal of designing is to create beauty, but everyone has a different understanding of it, so it is unnecessary for us to mind the "pity". We should cherish the experience got from "pity".　　(Text | Wang Zhongwen)

不只一个人和我谈过"设计是一种遗憾的美",而我并对此没有把他当作一回事。只要同业主沟通好经营的定位,满足受众人群的需要,认真的分析好设计的节点,把蓝图画出来就"完活儿"。可是在进行这个工程时,来自各个方面的变数和压力使我真正感觉到了那种遗憾而又无奈。

初到现场我们发现当地的建筑举架比北方的要矮,这给设备的安装带来很多的局限,正常的安装会导致空间高度不足。为了解决问题我们找来各专业人员,一边解决高度的问题,一边绘制草图。就在我们把设计方案交给甲方时得到了一个通知"你们先放个假,这个房子消防手续不全,我们需要换个房子!"。唉……这阵子的"桑拿"算是白洗了。一个月后我们又重返广州,又开始洗起了"桑拿浴"。经过了像以往一样的奋战,终于将施工蓝图交到业主手里。因为是异地施工的原因我和总工留守在广州做设计和监理的工作。

这个项目投资的甲方是北方人,工地的工程管理人员也全部来自北方。但是现场的工人都是来自当地。语言上的差异使得在沟通方面很吃力,交代图纸常常要花费我们很多的精力。开车到处去找材料定样,初来乍到,路又不熟浪费了很多时间。我们的甲方是一个很有想法的人,他总有一些独特的想法出现。而且对经营的功能要求也随着地域的特点不断地调整。我们在经过多次的讨论中,在"完美"和"遗憾"中做出折衷的思考和抉择。

设计创造美,而美的定义在每个人的心中都有着不同的标准。我的遗憾并不能代表所有的人,也不必要纠结于此。在"遗憾"中收获的经历和体会才是我应该珍视的。　　〔撰文 | 王仲文〕

GUANGZHOU SEAFOOD DOCK

广州番禺海鲜码头
Project location | Panyu
Design Time | Auguest 2010

项目地点 | 番禺
设计时间 | 2010年8月

SIMPLE APARTMENT

素舍

Project location | Harbin
Design Time | April 2011

项目地点 | 哈尔滨
设计时间 | 2011年4月

2012年9月15日 哈尔滨 雨后华兴街

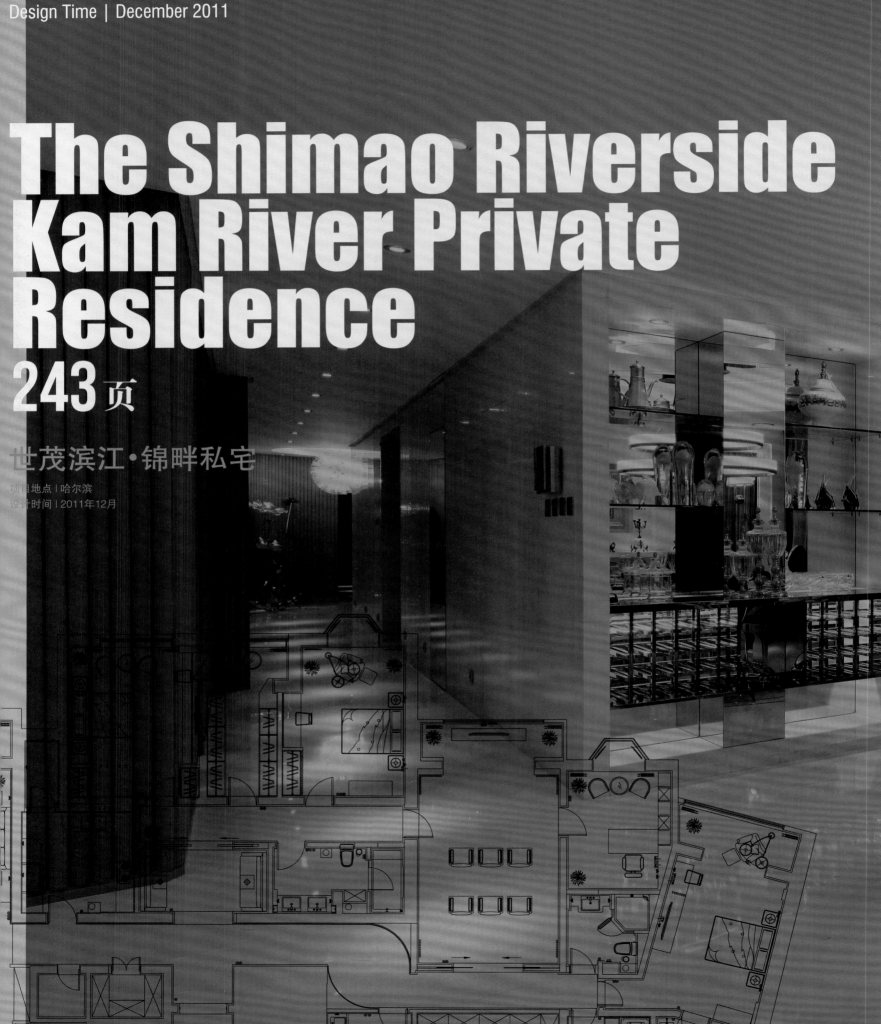

Project location | Harbin
Design Time | December 2011

The Shimao Riverside Kam River Private Residence

243 页

世茂滨江·锦畔私宅

项目地点 | 哈尔滨
设计时间 | 2011年12月

简约且现代时尚的居住空间，能使人回归到自然、本质的生活。

锦畔私宅坐落在风景秀美的松花江北岸，毗邻金河湾湿地公园，美丽的景色尽收眼底。室内空间再多的装饰也无法胜过自然的优美环境。原有三套平层格局的住宅通过两道可循环的走廊相连。使其功能分区明确，动线合理。

只有注重功能和细节，才能有效提高品质。整体色调以灰、白和自然的木本色为主，通过简单的线条凹缝，强调空间的体积感，没有过多的造型，一切形式都是为了满足功能的需要……　　　（撰文｜靳全勇）

HUAQING

"The rain brings a cool and lush fragrance for Huaqing Pool"
The creative design of Huaqing Pool originates from water. The architect use water as the primary element in interior space to create a special water world by stopping and magnifying the action of water falling. The bath space design is simple and function-oriented. Persistent effect and usefulness are two factors that have been paid more attention to in choosing materials. A warm and comfortable environment is thus created by smooth walking paths and bright light. Once there, people could enjoy a moment of leisure time.   (Text | Wang Zhongwen)

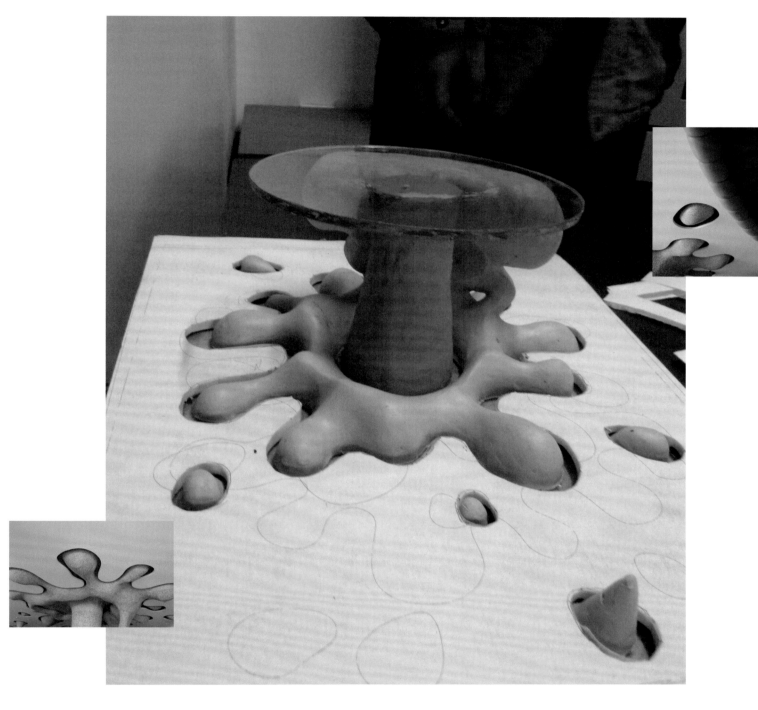

"清池过雨凉,暗有清香度"。

华清池的设计创意来源于水,设计师将水在空间中跌落的过程定格、放大,并将其作为主要元素融化在室内空间里,营造出别样的水世界。整个洗浴空间的设计简洁且功能至上。在材料的选择上注重耐久性和实用性。流畅的行走路径,明亮的光线,营造出温馨舒适的环境。让人们置身其中,享受片刻的休闲时光。　　〔撰文 | 王仲文〕

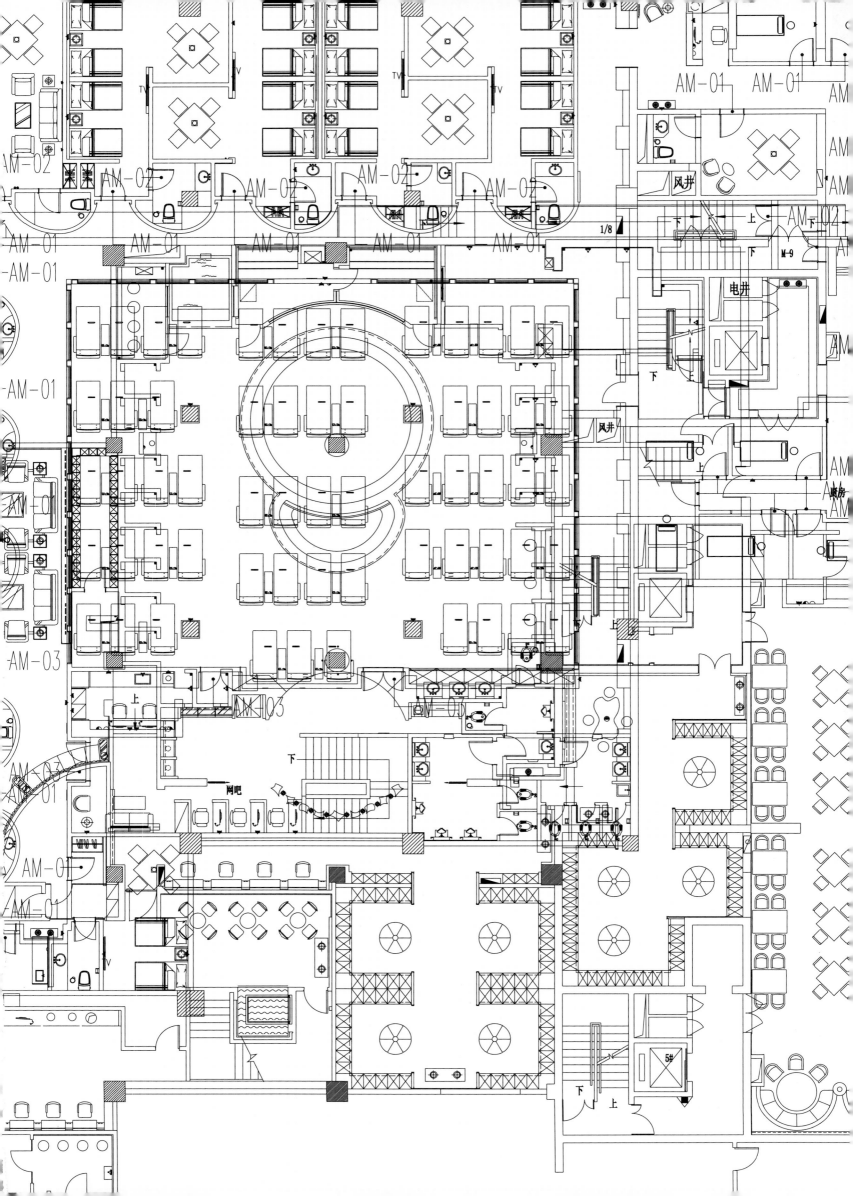

POOL

Project location | Harbin
Design Time | January 2010

华清池

项目地点 | 哈尔滨
设计时间 | 2010年1月

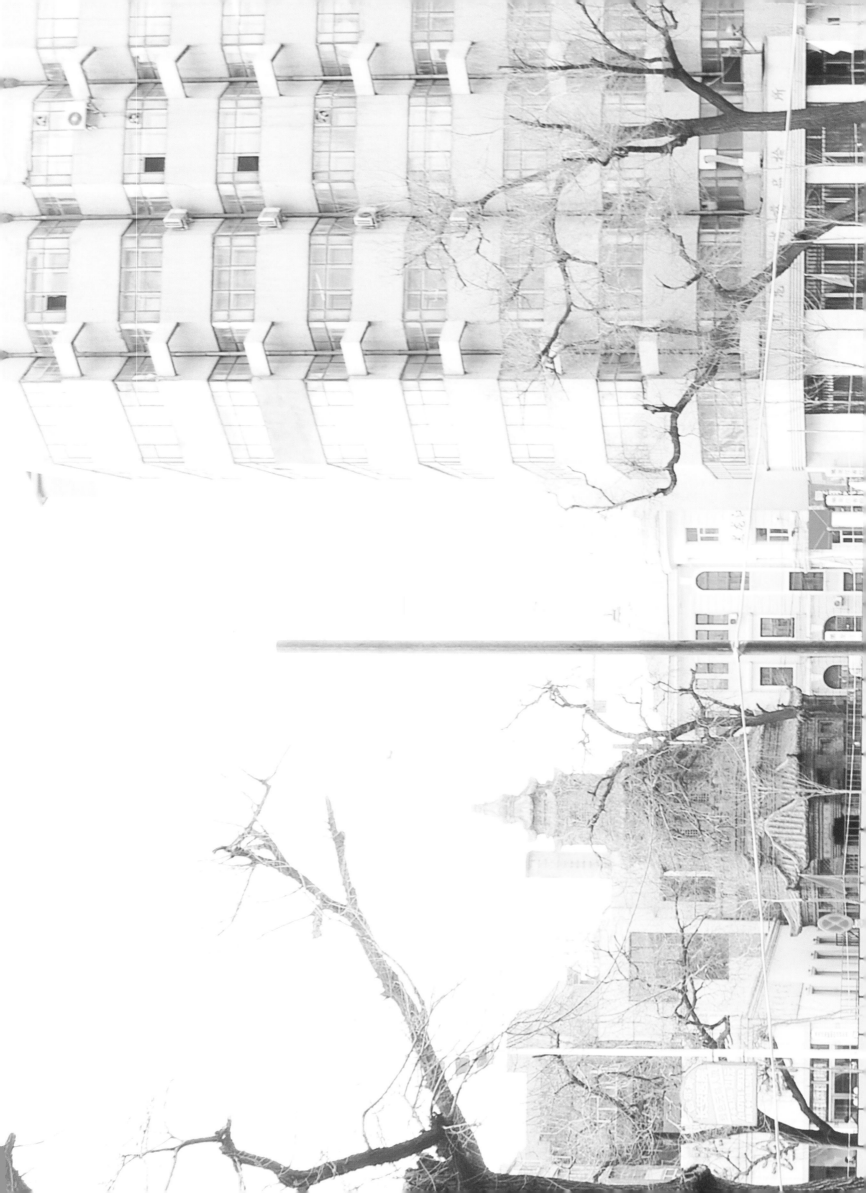

Tianjin park ear holes in club house that is in sechu: theatre building design

天津西沽公园耳朵眼儿会所戏院建筑设计

Project location | Tianjin
Design Time | September 2012

项目地点 | 天津
设计时间 | 2012年9月

The distinctive layout relation between the roof and gable is expressed by the soft architectural curve, which enhances the sense of relevance among buildings and upgrades the tangible architectural to a magnificent one. The perfect fusion of the grains piled up by blue bricks, the tall daylighting glass and the water system pursuing of Buddhist is like the stage of life with unfolds opened. The inner spirit of architectural life is just like in the movies' is created.　　(Text | Li Tianying)

通过建筑柔美的曲线，表现屋脊及建筑山墙高低错落、层次分明的关系，从而提升建筑的"关联感"，把有形的建筑升级为有势的建筑群体。本质青砖堆砌的纹样、高大的采光玻璃、追求禅意的水系，三者合而为一，与自然完美融合，犹如拉开人生大幕的舞台，营造"华灯初上、人生如戏"的建筑内在精神。（撰文｜李天鹰）

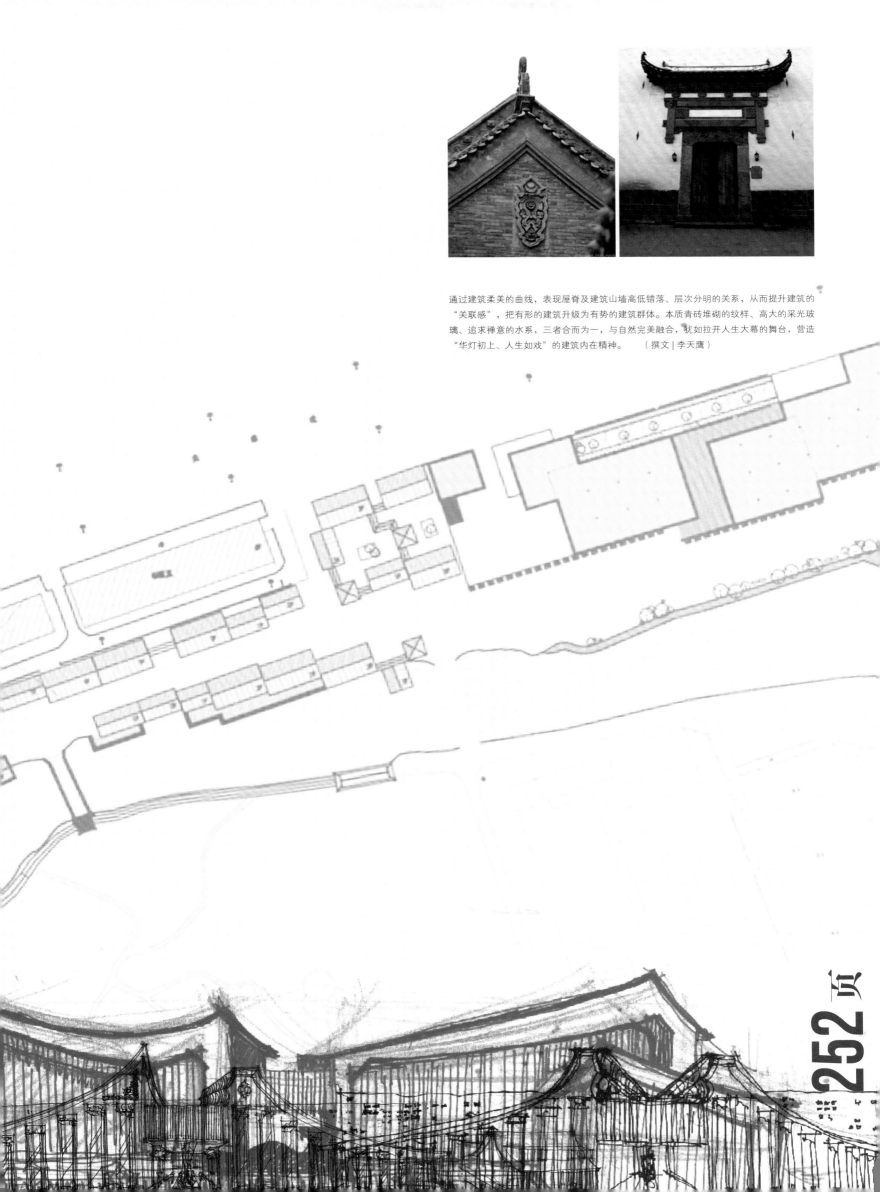

Jiulonghe Club
Solulion Design

Project location | Beijing
Design Time | May 2013

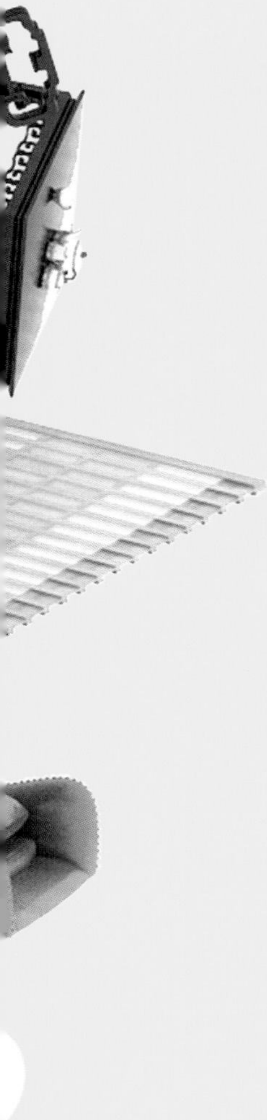

项目地点 | 北京
设计时间 | 2013年5月

九龙河会所设计

254 页

中国建筑文化的主要特征是以民居为主的四合院，大都体现政治、权利。东、西、南、北、中原大地，具有历史文化传统的民居，无不是以院落围合的生活空间。就整个华夏民族来讲也是在城与海岸的围合之中，来防御外敌的入侵，以保证其文化之发扬和延续。但是文化是具有先进性的，不同时期的文化能推进社会的繁荣和发展。在中国以往民族文化历史长河之中，无不是民耕文化与涨价文化之争，数千年来无论胜败与否，中华民族文化无不侵蚀着异域的胜者和败者，我们民族围城池来庇护我们价值观和生活方式。但海洋文化在18世纪中叶却敲开了我们的城门，我们民族文化遇到了前所未有的挑战和失落，真正的东西方文化正面产生了碰撞，那个时代我们不愿看到我们文化的衰退，但是我们却见到了西方文明的先进。时隔百年后的今天，我们再来看这一切，我们会有更新的认识和感知，无论民族或地域文化、宗教都会放弃自身的不足而去吸取其他文化的先进因素而完善自身，使其源文化具有先进性。文明的世界是对先进的文化认同的同时又赋予了本身的根源文化的结合。在本案的设计之中，首先重要的是其文化定位，作为四合院的酒店功能空间，无疑回避不了其历史根源的那个时期。一个国家的院墙被"先进"文化所攻破的同时，我们自家所生存的小天地也不可能存在于自然优得的环境之中，这样的矛盾和社会变革当时存在这片土地上。2000年的中华文明带来的文化冲突是多么的巨大呀。清末民（国）初的时期给世界带来了很大的影响，当年东方先进的文明被西方的文化所影响。

时至今日我们都在反思。当我们回顾那段历史时，也只有西方先进的文明带来的照相机所拍下来的少量黑白图片和写真的铜版画，用外来民族的视角审视着一个曾令他们生畏过的一个大东方文明古国的衰落，这又给当时国人带来了一个"崇洋"主义的民风。无论国家、无论家庭都存在着选择和变化。街道上出现的路灯，家里有着西洋钟甚至电话，远处的火车轰鸣，教堂高高的支顶，早已突破了原本和谐的城池和大屋顶的建筑，我们的家里除了字画之外还有了照片，坐椅旁边也出现了沙发，甚至还有几件带有嵌入瓷砖和彩色玻璃的中国制造洋家具，我们身着洋装同时还留着长辫子，那个时代还有很多很多为人所不解和担忧的文化。今天我们处在这个崛起的历史时期，重新拾起这段带有戏剧性的历史，并把这一时期的东西方文化碰撞，用这种文化定位来融入我们所营造的四合院的酒店，其深刻的意义是在不言之中。人类在发展的同时，也在逃避和寻找源文化，寻找着自己所走的路程。我们把这四合院酒店定位在一个文化冲突之中。愿这里的一砖一瓦、一个摆设、一个下午或是一个梦醒使人们在旅行居住的同时有着不同的感受。　　　　（撰文 | 王兆明）

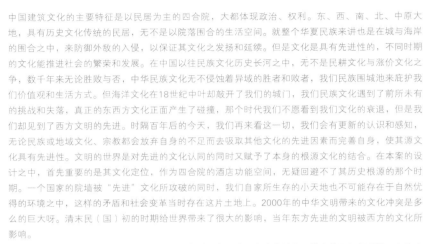

The culture of Chinese architecture is mainly characterized by quadrangle dwellings, representing the politics and rights. In the four corners of the Central Plains earth, the historic and traditional dwellings are enclosed courtyards. In terms of Chinese nation, living between cities and coasts is a way to avoid invasionand ensure the development of their curtural. And an advanced cultural is promoting prosperity and development of the society. The culture in different periods may promote the development and prosperity of the society. Such kind of culture is progressive.The history of our national culture Dates from the feud between people of farming and price rising. Whether it is successful or not, our Chinese cultrue eroded all the winner and losers in the foreign lands. Our nation protect our value and way of life with the city walls and moats. The marine culture knocked off the gate of our nation in the middle of the eighteenth century. With an possitive impact of eastern and western culture, our ethnic culture is confronted with the unprecedented challenges and loss.We were unwill to see the recession of our culture in that times, but we witness the advancement of the western culture. When survey the history one hundred years later, and we will have the flesh understanding and perception of the world. No matter it is the nation, the regional culture or the religion, they will give up their own insufficient points, absorbing the advanced element of other cultures to perfect themselves, for the purpose of making the source culture advanced. In the design of this project The cultural orientation is initially important.. As the functional spaces of the quadrangle dwellings wineshops, there is no doubt that we could n't avoid to find out the historical sources of the spcaes. If the walls of our nation are broke through by the "advanced" culture, the living space of our own home couldn't be in a comfortable and harmonious condition any more. The meaning of tradition could also not just exist on the surface. People in that times are in the same condition, who are active or passive to face the condition. They found it difficult for them to distinguish whether the foreign culture is right or not. The contradiction and reform exsiting in that times bring a huge cotural conflict to Chinese civilization of two thousand years. That transition period between the Qing Dynasty and the Republic of China had exerted a great influence on the world. The once eastern advanced civilization that Macro Polo belongs to had been effected by the western culture.

Until today, when we review the history, we have been rethinking that there are only a few black and white photos taken by camera made in the western countries, and some vivid drypoints, surveying the oriental ancient civilization tribe that they once felt feared of from the foreign nation point.This brought our countrymen the trend worshiping and having faith in foreign things. No matter our country or our home, a lot of changes happened, such as the appearance of the street lamps, the use of the Western clock and the telephones, the distant roaring trains and the propping roof of the church. The originally harmonious cities and original architecture with a overhanging roof have been broken through. In my home, there appears some photos except the pictures, the sofa beside the shaky chair, and even some foreign furniture made in China embedded with some tiles and colored glasses. We wear the Western style clothes with a plait (In the Qing dynasty, the men also had a long plait). During that period, there are also some cultures that could n't be understood by people in the present times. Meanwhile ,people are concerned about them. For example, people in that times may stroll in the yard without sleeping the whole night, or they may smoke with a opium pipe in hands lying on the chairs in the yards with a wish to enjoy the immediate pleasure to numb themselves, hoping all the confusion could pass immediately. Today, our country has become much stronger, Let's review that historical and dramatic period, blending the eastern and western culture in that times. The deep meaning of the cultural location of the quadrangle dwellings is self-evident. Recently, people in the world are not the same as they were a hundred years ago. The globalization makes the demise of regional cultural. People avoid facing the source culture. Meanwhile, they are searching for the source culture in the process of developing. We are looking for the path our ancestors have experienced. If we locate the quadrangle wineshops in the culture shock, it would trigger the diversification of stronger, which is not only the development of the nation culture but also the feelings of those who brought change to this nation. Wish a single brick and tile, a display, an afternoon or a dream here could bring you the different feelings in your staying here and travel.   (Text | Wang Zhaoming)

Chinese Villa

Project location | Harbin
Design Time | April 2011

中式别墅

项目地点 | 哈尔滨
设计时间 | 2011年4月

Modern Chinese style refers to an organic combination of tradition and contemporary. It sounds like "a journey through time". It is the most difficult thing to interpret classical style of modern. Is it better to inherit the form, the content or to reach a compromise of the two?

Chinese style housing, which employs modern elements in tradition and classic artistic features in modernism, is always the soul home haunting in people's dream. In designing we would contemplate that how to integrate the Chinese traditional grace into modern living space. Detail comparisons of the oriental and the western can be reflected through steady color and simple lines in this extremely integral space. Aristocratic luxury is melted into the ancient natural style. The selected furnishings are exquisite with great meditating quality. The liberal spirit hidden in one's heart is aroused by the simple style of the house.

(Text | Jin Quanyong)

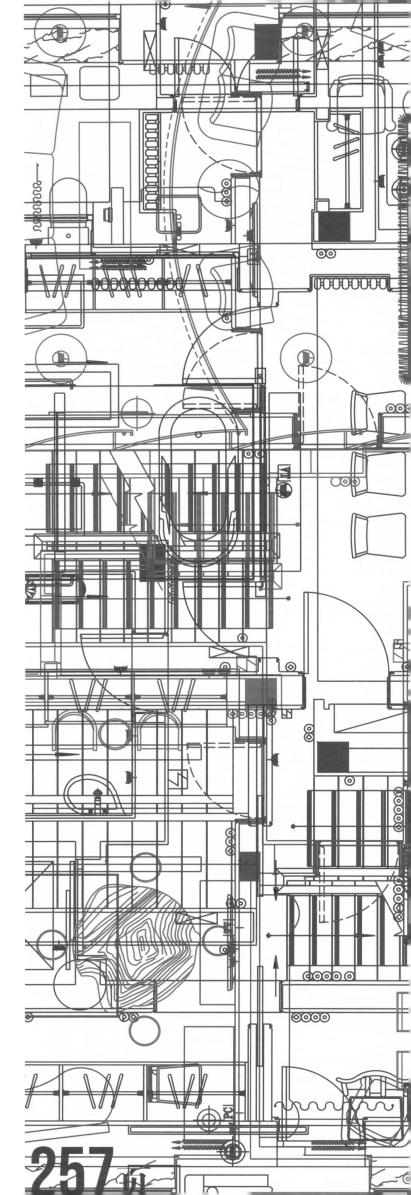

现代中式风格指的是传统与现代的有机结合,看上去像是时下流行的"穿越"。古典的现代演绎其实是最难的。是要传承其形?还是传承其意?还是达成两者的折衷?

传统中透着现代,现代中杂糅着经典,淡雅脱俗、华美厚重的中式住宅,始终是人们梦萦的家园。我们在设计中思索现代人的居住空间内,如何将中国传统室内的庄重与典雅融入。沉稳的色调,简洁的线条,极具整体性的空间中局部出现东西方的对比。在古朴自然的基础上体现出低调的奢华。陈设品的挑选精致考究,透着沉沉的禅境。含蓄中透着谦逊,体现出的是一种隐于内心之中的豁达。 (撰文 | 靳全勇)

紫云饭店

项目地点 | 哈尔滨　设计时间 | 2009年4月

The Cathay's

Project location | Harbin　　Design Time | April 2009

This project was received on August 8th, 2008, and until April 2009 the project was started. The designing period has lasted for nine months, and I would like to thank the owner, Mr. Wang, for his support and trust. I have learned a lot from these successful businessmen. The analysis and description about the business model are well considered, but it is hard to find the exact words to express. At the end of the year, Mr. Wang and the other three of us went to a new restaurant in Sanya, which has the similar style to our design. And now I can still remember the figures of us when we walked in the sand in evening, the passion when we talked with the bartender, the beautiful scenery of sea and purple light in the morning, and the brainstorming with the suppliers.

Thanks to the insistence of everyone during the operation and the support of the owner, we can gain the confidence to take up the challenge which is a success, and therefore, we are able to get public response and comments from friends within decoration industry. The happiness of creation can be achieved only by personal involvement.

(Text | Han Guanheng)

2008年8月8日接的项目，到2009年4月份才正式开工。这期间八九个月的设计周期要充分感谢业主王总的支持与信任。在这些成功企业家的身上我学到了很多的东西。形态业态的分析描述已成熟于心，只是苦于找不到恰当的语言进行表述。岁尾王老师我们一行四人去了三亚新开的一家酒店，因友人告知其与预设有相似的定位。记忆中有我们子夜漫步沙滩的身影，有与酒保询问可有"小二"的激怀，有清晨暮色紫霞海天的美景，也有年初与供应商间开始耗神斗智的过程。

实施中的坚持与业主的支持才形成开业后的社会反馈及业内朋友的评论，也更使我们有了信心去挑战一个能够创造佳绩的设计项目。但这期间的感触也只有参与其中才能更加完整地体会创造的快乐。　　（撰文｜韩冠恒）

Feuerbach, who is a representative of western traditional materialism, has said that a god is people's nature alienation. He denies the independent existence of "god", holding the believes that god is alienated from human being's spiritual nature and in return binds people, guide people, constrains people, and governs people... As an early materialist, Feuerbach proposes some ideas which are one-sided and metaphysical. He fully criticizes Christianism and Theism, and fails to analyze philosophy from social perspective that why religious ideas appear as well as the perspective of subjective initiative.

In this age, however, I partly agree with one of his opinions that god is alienated from human being's spiritual nature, not taking the origin of religious or the problems of Philosophy into account. Thinking from a certain point of view, I argue that human being should have some beliefs, which can be "god", dream, affections or hope. These beliefs can be understood as spiritual support by which one can strengthen oneself in a lost era. It is because that we have subjective initiative, we are willing to choose the direction with the guide of spiritual quest. In other words, your belief decides your god.   (Text | Guan Le)

西方旧唯物主义论者费尔巴哈曾经说过：神是人的本质的异化。他否认了：神：的独立存在，认为神是从人的精神思维本质中抽离出来的，反过来约束人、指导人、限制人、统治人……作为早期的旧唯物主义者，显然他的观点是片面的，是形而上学，他完全批判了基督教和有神论，并没有从宗教产生的社会层面原因和人类主观能动的角度去思考和解析。

然而在今天，我们不淡论宗教的根源，不去思哲学上的问题，单纯来他这样一句观点："神是从人的精神本质中分离出来的"，我却有些许的赞同。

从某一角度来看，人是要有信仰的，无论这个信仰是：神、是理想、还是某种情感和期待，它都可以理解为一个精神支撑。

一个在浮躁的社会中，使自己坚定的方式，正是因为我们具有主观能动性，所以我们愿意接受留给自己精神追求的方向行走。

换句话说，你的信仰是什么，你的神，就是什么。

（撰文：麦乐） 2009年3月15日 大连

Family Expo

Project location | Shanghai   Design Time | March 2010

家博会

项目地点 | 上海　设计时间 | 2010年3月

来到这座城市已经五年了……
我终于拥有了一套这样的房子，终于能够主宰自己的生活了。徜徉在属于自己的空间里，情不自禁地畅想着未来的生活，就在这美妙的空间里……
踏着红色地毯，挽着我的新娘，这小小的空间首先变成了我们爱情的依托。简洁明亮，而且无论在哪个角落都能看见、听见或感受到她的存在。因为我的新房是开敞的，是通畅的。空间的递进和连贯就像我们的爱情一样。
粉红色与淡蓝色在玻璃浴缸下轻柔的交替着，空间里弥漫着玫瑰色的光芒，整个空间连同沐浴的她，都变得模糊了，就像梦境一般，我醉了，也许这才是我梦想生活开始的地方吧……
时光荏苒，宝宝的哭声把我们从梦中惊醒，妈妈急忙推门进来，原来宝宝在他自己的襁褓里把梦当真。我得意地望着平静的天花，因为一开始我就为妈妈的到来准备了一个折叠的房间。
光阴似箭，转眼间孩子长大了，妈妈回到了乡下的老家，就在妈妈原来的房间里，长大的宝宝正在刻苦攻读。我书房里的交响乐充溢了整个空间。她——我的妻子，从厨房跑过来，急忙推上客厅与书房的那道隔墙，把我和音乐一起关进了我的书房。安静、喧闹与繁忙，就在这一动之间都有了各自的所在。
键盘声夹着音乐和我一起在书房里喧闹，这是真正属于我的这样的一个下午。晚餐约好的朋友们都到了，推开所有的间隔，心情像这个空间一样敞开了。旋转出来的餐台意外地展现在大家面前，惊奇与畅快就像手中的红酒一样热烈……
送走朋友的热情与欢笑，我的心情仍难以平静，虽然我安静地坐在沙发上看着墙上那幅画……
假如空间如此，生活如此，我还要设计什么呢？　　[撰文 | 朱宏君]

大小巷巷

Big Lane, Small Lane

Project location | Harbin
Design Time | September 2013

The vanity in people's heart will fade with time passing by, and the cultural differences among cities will be lessened. People will seek the primal need in the end.
It is expected that less and simple design with perfect functional facilities can provide people real natural experiences.
The thoughts of creative second generation are modern, which depend on their life experiences overseas. They are full of hope and confidence, willing to accept fresh things, having the most updated outlook as well as the consumption concept.
(Text | Han Guanheng)

创二代的想法总是更具时代感,这可能与大多数创二代有海外生活的经历有关。他们满怀希望、信心,愿意接受新鲜事物,有着与全球同步的眼界和消费价值观。

尽量少的设计语言,尽量完备的功能设施,希望能够在激烈的市场竞争中让人真正地回归到本质的体验。

也许是人们内心浮华得太久,也许是文化城市间存在着差异性,但时间会退去浮华、缩小差异。人们终究会回到最初的本能需求。　　（撰文 | 韩冠恒）

Modern Coarse Grain Restaurant

Project location | Qingdao
Design Time | July 2009

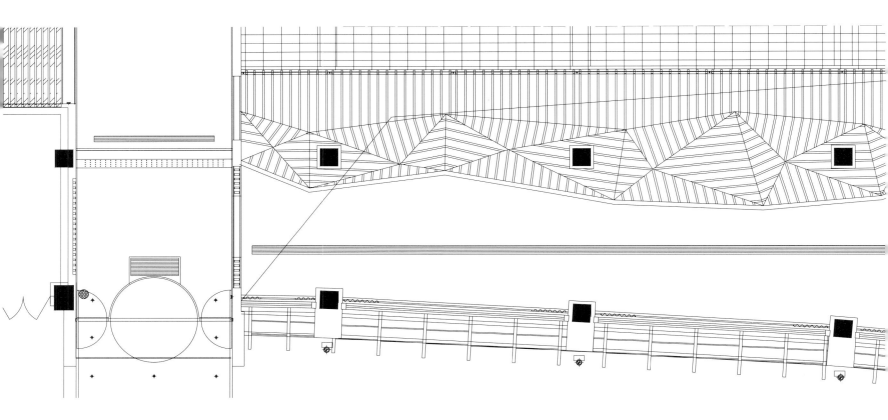

现代粗粮

项目地点 | 青岛
设计时间 | 2009年7月

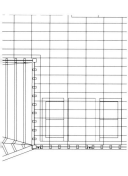

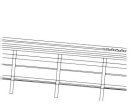

This restaurant is the fifth of "the Guliuta" catering company, following the other four in Dalian. It and the first restaurant in Shandong are separated by one sea. Although there are many differences between these restaurants, the "ancient six pagoda" culture stays the same.

Mr. Yu, the investor, who is a Chinese born in Korea, studying in Taiwan and starting the business in America. He is in possession of many factories in America, Korea and China. Doing restaurant business is his dream over years. After years of observation, there came a chance from which he got to know the restaurant chain of "modern coarse food" in Dalian. Because of an admiration for designing ideas and management philosophy of the four restaurants, he decided to realize his dream in Qingdao.

Due to years of life experiences in many countries overseas, Mr. Yu has his opinions about Chinese restaurant. He challenges the functional layout of a restaurant, for abroad there are little restaurants with extensive space or many chartered rooms. Thus, it can be inferred that his ideas are not entirely suited to Chinese market. After hearing persuasion and seeing some successful cases in China, he came to know the basic features of Chinese restaurant and psychological need of consumers.

In design style, he totally respects our opinions. On the premise of following original design ideas of modern coarse food, local materials are selected. All the materials are chosen according to its geographic position and climate condition, and the quality can stand the test of time. At the same time, a sense of contemporaneity and art are reflected from diversified form and unique technology employed in the selected materials.

More design theories in fact is not important, for it is just a reconstruction of space. Mr. Yu has experienced deeply about that after more than five years' program. Every time in Qingdao, Mr. Yu would invite us to live in his villa, which might be the most advanced social etiquette abroad, instead of in hotel like what the other contractor. Mr. Yu lives in a villa about 1000 square meters near the sea, half of the building in the sea and the other half on the hillside. The building is divided into three-storeyed or four-storeyed sections, having a hanging garden, indoor swimming pool, golf course, lotus with artificial hill, five different sizes of dogs, cats, a large cage of birds, a macaw and a pond of cryprinus carpiod. What a perfect combination of man and nature. Four people are in charge of managing the villa, one responsible for taking care of flowers, one responsible for hygiene, one cook and one housekeeper. The housekeeper does not live in the villa, purchasing some living supplies and doing pick up service, and now he is also responsible for buying decoration materials in construction site.

It is not comfortable for me to live in the house at first. It is a big house with many rooms but few people living in. Mr. Yu does not often live in the house, but he tries his best to make our stay as enjoyable as possible. He regards every friend as distinguished guests. Every morning there is big breakfast prepared by the cook. Mr. Yu gets up so early, not like me, that usually at his

breakfast time I just get up because of the morning call "Mr. Yu, Breakfast time!" At first, I thought it was the myna crying, which is raised in the restaurant, and then I got the idea that it was the phone called from the cook on time every day.

The villa is rebuilt from less than 400 square meters on the mountain to more than 1000 square meters by extending its space to the sea. As there are no drawings and descriptions while rebuilding the villa, it is Mr. Yu who led the whole reconstruction program. What a genius! The house perform a reasonable function in section distribution, such as a section for kinds of equipments, store rooms, watering heating and satellite television, etc. It can be seen that the foreigners pursue the details of life, which is worth of appreciating by us.

Mr. Yu has been living abroad for a long time. Perhaps because of that, the interior decoration has another style which does not go with his noble temperament.

Mr. Yu is unrestrained, as there are people who would take care of his business. He often invites some of his overseas friends and classmates to his house to enjoy parties, having Korean BBQ, seafood, Chinese food and western food, etc. Apart from that, people sing and dance happily. When the host goes out, however, the house is desolate, merely with the noise of ebb and flow of sea.

Recalling the working time of Modern Coarse Food, the light of my memory is still on. The house by seaside would be a lifetime memory.

(Text | Jin Quanyong)

"青岛现代粗粮"是继大连"古六塔"餐饮公司的四家连锁餐饮店之后的第五家餐厅。与山东的第一家连锁店一海相隔。但有了许多地域文化的差别,唯一不变的是曹丕精心设计的"古六塔"文化。

投资者是一位在韩国出生、台湾读书、美国创业的"中国人",同时在美国、韩国以及中国国内有许多工厂的大老板——于先生。玩餐饮是他多年的梦想。经过多年的考察,一个偶然的机会他了解了我们前几年在大连设计的"现代粗粮"连锁企业,对大连的四个店的设计和经营理念非常欣赏,决定在青岛实现他的梦想!

有过多年国外各地生活经历的他,对中国式餐厅也有他不同的看法:在国外,很少有大规模的宴请餐厅和很多数量的包房,于是对我们的平面功能布局提出了质疑,可见他的观点和中国的市场还有一定的差距。经过努力说服,结合我们曾做过全国各地的一些成功案例,他渐渐明白了中国当下餐厅的特点和消费心理需要。

在设计风格方面,他完全尊重我们的意见,在延续原"现代粗粮"的设计理念的前提下,就地取材,所采用的材料考虑其所在的地理位置和气候条件做到坚固耐用,经得起时间的推敲;同时,又具有时代感,通过材料的形态变化和特殊工艺使其增添了几分艺术气息。

对于其他的设计甲方没有提更多要求,只也不过是餐饮空间形式的再造。经过五个多月的工程施工,到现场十余次的经历,甲方深有体会,每次到青岛于先生并不像以往的甲方,安排我们在宾馆住宿,而是邀请在他家里居住。这可能是国外人生活的最高礼仪吧!他家是在海边的一栋别墅,有1000平方米,至少有一半的建筑是在海里,另一半是在山坡上,分成了三、四层,阶梯式的区域。有空中花园,有室内游泳池、高尔夫练习球道,有假山荷花,有五只大小不一的狗,还有猫,一大群室外笼子里的鸟、金刚鹦鹉,还有一池锦鲤,真是人与自然的完美结合,一片生机。负责管理别墅有四个人,一个能照顾花草的饲养员,另一个是平时做卫生的老大姐,还有一个专职厨师,第四个人是"管家",不在这里常住,负责买些生活用品、接送客人,现在也忙着到工地买装饰材料了。

我刚到的时候，觉得不习惯。虽然房子很大，房间很多，也没有其他人。于先生不经常在国内，但对我们照顾得无微不至，能够来到家里居住的都是国外的朋友。每天早晨醒来，都有厨师为我们做好丰盛的早餐。由于我和于先生的作息时间不一样，他起得很早，吃饭的时候我们才起床。原因是被吵醒的：每天都有同样的声音"于先生！于先生！吃饭了！于先生！于先生！吃饭了！"起初我以为是餐厅养的八哥叫声，还真准时，后来才知道是厨师每天到时间给于先生房间挂电话时说的。

别墅是翻建的，从原来山上不到四百平方米一直扩建到海里变成了现在的一千多平方米！听说翻建时没有图纸，因为地形过于复杂，是于先生当时亲自指挥施工的，真是天才！功能合理，错落有致，并有许多细节，设备层的布置，储藏间的安排，卫生热水，纯净水进户，卫星电视的安装等等…… 应有尽有。能看出，外国人做事的细节和对生活的追求，这种追求值得我们学习！

室内的装饰不敢恭维，可能是他在国外生活时间长了的原因吧，与他本人的生活贵族气息不太相符。

由于于先生的事业都有人打理，他本人轻松自在。也经常请一些国外的同学朋友来这里开Party，露天韩式烤肉，海鲜，中餐，西餐…… 热闹非凡，载歌载舞，不亦乐乎，体现了主人好客的一面。每当主人不在的时候，这里又非常的冷清，只能听到大海潮涨潮落的声音……

回顾"现代粗粮"，灯火依然，海湾边上半浸在海水中的小屋，成为我工作中的一段往事，值得回忆…… （撰文 | 靳全勇）

The vivid streets and colorful world magnify the spread of luxury atmosphere. In fact, with respect to this luxurious city, impetuous heart and complicated word, the real luxury is a simple and quiet attitude. However, when the designer outlines a Chinese garden style restaurant with simple materials and accomplished approach, the simple and quiet elements change greatly----- creating an extension of art in simple style and a harmony with quiet and natural beauty.

It is admirable that the designer's wonderful ideas and delicate handling of the restaurant decoration. By using natural materials of unique qualities and exquisite lighting, a dreamlike scene which looks like shining diamond is created, with the focus turning from diamond to simple artistic utensils. The dining area surrounded by pillars display overly rigid and monotony, however, combining with golden bellflower in entrance area and scattered ceiling, the entire space become dynamic and vivid.

The scattered space layout, combined with simple and elegant wall decoration and delicate wall decorative items, makes the restaurant a quiet and luxury place. The Chinese style railings and the "lotus pond" on the opposite side display quaint atmosphere.

Each drop of water, each book and each stone and scenery in the restaurant is so elegant that making it a simple and quiet place. When the designer uses modern techniques to create simple garden scenery of Chinese style, the scenery shows a kind of natural beauty. In the restaurant, there are golden bellflower, ordinary stable, simple Chinese-style chairs and coffee table of natural beauty. The word harmony is not accurate enough to describe this delightful scene. It is surprised to see the effects that presented by combing the most common material with dim light with the most concise method. Luxury is thus revealed in cool style and delicacy extended from simple. One can enjoy simple and luxury everywhere in the restaurant.　　(Text | Liu Zhi)

Project location | Taiyuan
Design Time | June 2011

项目地点 | 太原
设计时间 | 2011年6月

风味大王13号店

Flavor King No. 13

斑斓的街道，五彩的世界，到处充斥着张扬的奢华。其实相对于这奢华的都市，相对于浮躁的内心，相对于纷繁的世界，真正的奢华因该是一种简单和沉静。然而当设计师用简单的材料、纯熟的手法去勾勒一个中式园林式的餐厅时，简单和沉静却出现了巨大的变化——简单中带有意境的延伸，变化非常，沉静中带有韵味，自然和谐。

不得不佩服设计师的绝妙想法与细腻的处理。通过具有特有气质的自然材质，与精巧、绝妙的灯光所搭建起来的展台营造出了一种梦幻般的场景。就像珠宝展中夺目的钻石，只不过主角从闪耀的钻石变为了如艺术品般的简单餐具。以柱子围合成的用餐区域过于呆板与单调，然后散台区域入口处的金黄色桔梗，高低错落的吊顶使整个空间动了起来，多了一些趣味与活力。

错落有致、高低有序，园林式的空间布局，配合着简约大气的墙面造型与细腻简洁的装饰物品使整个空间显得沉静而高雅，低调而奢华。与"荷塘"遥向而对的中式格栅显示着古朴本质的气息。

一水，一书，一石，一景都是如此的奢华，如此的简单而沉静。当设计师运用现代风格手法去营造中式园林中最简单的景物时，景物本身在原有的意境中自然延伸出了一种淳朴、本质的现代气息。金黄的桔梗，朴实的拴马桩，简单的中式座椅，散发着自然气息的圆木茶几。配合着柔和、融洽和谐不足以形容这令人心旷神怡的场景。用最为简洁的手法与生活中最为常见的材料，配合着昏暗的灯光，它所呈现出来的感受令人震惊。低调中吐露着奢华，简单中延伸着细腻，无处不流露着一种简朴、真实。　　（撰文｜刘志）

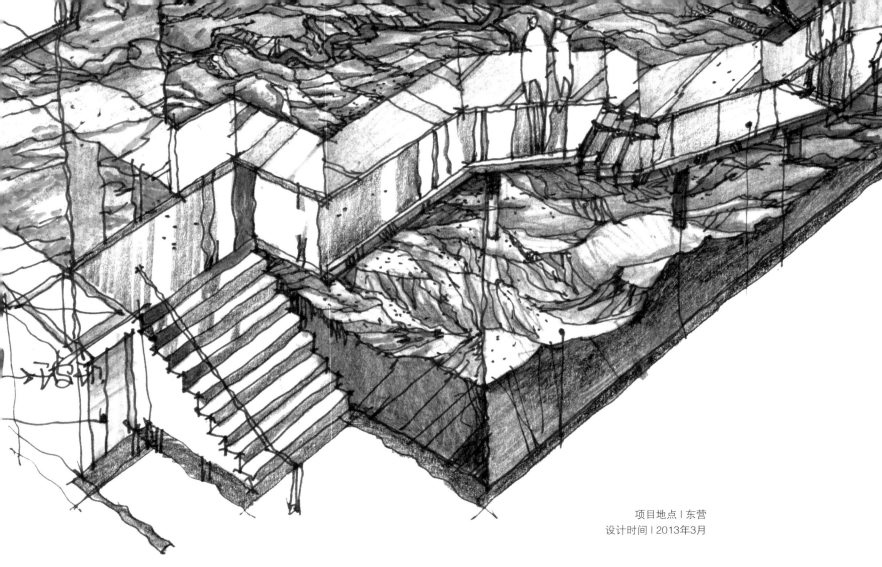

项目地点 | 东营
设计时间 | 2013年3月

Chinese civilization is not only one of the world's oldest civilizations, but also the only surviving one. The Yellow River is the birthplace of ancient Chinese culture and the cradle of Chinese civilization; she has been nurturing the brilliant Chinese civilization and has created the agricultural civilization along Yellow River Basin with perseverance, sacrifice and tireless efforts. This agricultural civilization is open to different ideas, and it gradually integrates northern mountain civilization and southern water civilization. This distinguish feature enriches Chinese civilization and enlightens other nations culture. The Yellow River is the cradle and spindle of Chinese civilization and she is also the mainstream of nowadays culture.

As we all know the Yellow River is drying up, and the naked soil can be seen everywhere on both sides. How can she be the birthplace of Chinese civilization?

The vast Yellow River varies in topography. It runs across China from east to west, flowing through Tibet, Mongolia Plateau, the Loess Plateau and the North China Plain and finally running into the Bohai Sea at Kenli of Shandong Province. There are four kinds of topographies in the Yellow River basin, among which, the west is high and dry while the east is low and wet. Every ancient civilization begins with agricultural civilization, the plateau mountain covering with perennial snow in west Source River provides a steady source of water for arid region in the middle and lower reaches of Yellow River. The Yellow River connects the cultural tributary tribes on its branches and forms the early agricultural civilization along the Yellow River. It deserves to be named "the Mother River" for sons and daughters of the Chinese nation.

黄河博物馆
The Yellow River

Project location | Dongying
Design Time | March 2013

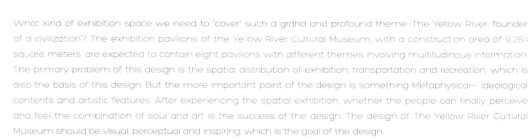

What kind of exhibition space we need to "cover" such a grand and profound theme—The Yellow River, founder of a civilization? The exhibition pavilions of the Yellow River Cultural Museum, with a construction area of 9,284 square meters, are expected to contain eight pavilions with different themes involving multitudinous information. The primary problem of this design is the spatial distribution of exhibition, transportation and recreation, which is also the basis of this design. But the more important point of the design is something Metaphysical-- ideological contents and artistic features. After experiencing the spatial exhibition, whether the people can finally perceive and feel the combination of soul and art is the success of the design. The design of The Yellow River Cultural Museum should be visual, perceptual and inspiring, which is the goal of the design.

A wonderful exhibition space is as important as content and way of exhibition because the atmosphere of exhibition will leave a more directive and deeper impression to visitors. The atmosphere of exhibition hall should consist with the content of the exhibition, at the same time it should balance the relationship between history and mainstream culture. The spatial form and design style of lobby, sharing space, back-channel, vertical transportation, etc are of vital importance, although they can't compare with the primary area of exhibition space, as it goes as an old saying "silence means more than words at this very moment". The visual appearance of exhibition space can't be shown in a homiletic and complicated form, and it should pass the central Chinese cultural spirit with the theme of the Yellow River, conveying the value of times and the nationality and inclusiveness of oriental culture.

"To do nothing is to do something" and "the great sound is voiceless, the great form is shapeless", the essence of Chinese culture, are also the inspiration of this design. The designer skillfully blends the magnificence of the Yellow River with the design of exhibition space, avoiding "doing something intended" or broken style. The overall style of the design not only respects the solemnity and modesty of mainstream cultural, but also conveys the activity and flexibility of the times. The designer describes the centuries-old, persevering and unremitting national spirit in modern design language. (Text | Wang Zhaoming)

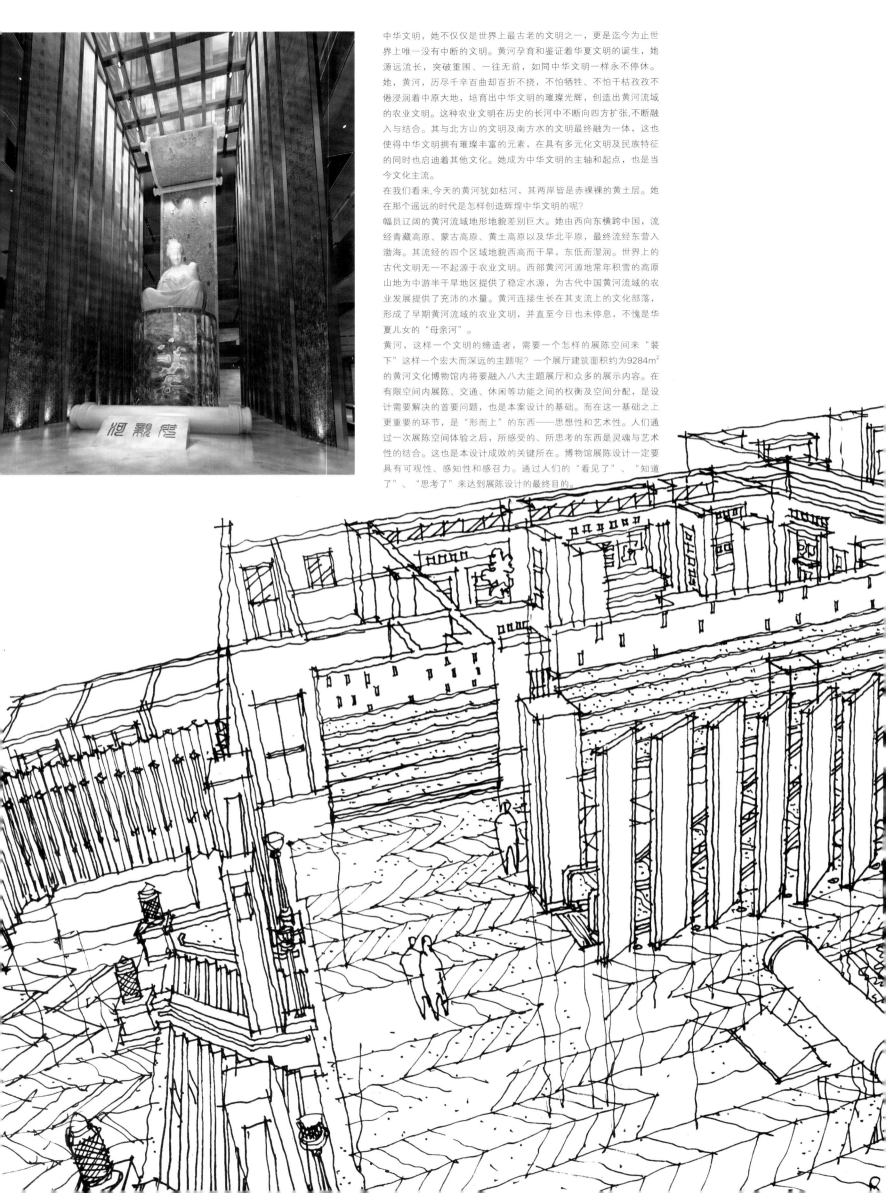

中华文明,她不仅仅是世界上最古老的文明之一,更是迄今为止世界上唯一一没有中断的文明。黄河孕育和鉴证着华夏文明的诞生,她源远流长,突破重围、一往无前,如同中华文明一样永不停休。她,黄河,历尽千辛百曲却百折不挠,不怕牺牲、不怕干枯孜孜不倦浸润着中原大地,培育出中华文明的璀璨光辉,创造出黄河流域的农业文明。这种农业文明在历史的长河中不断向四方扩张,不断融入与结合。其与北方山的文明及南方水的文明最终融为一体,这也使得中华文明拥有璀璨丰富的元素,在具有多元化文明及民族特征的同时也启迪着其他文化。她成为中华文明的主轴和起点,也是当今文化主流。

在我们看来,今天的黄河犹如枯河,其两岸皆是赤裸裸的黄土层。她在那个遥远的时代是怎样创造辉煌中华文明的呢?

幅员辽阔的黄河流域地形地貌差别巨大。她由西向东横跨中国,流经青藏高原、蒙古高原、黄土高原以及华北平原,最终流经东营入渤海。其流经的四个区域地貌西高而干旱,东低而湿润。世界上的古代文明无一不起源于农业文明。西部黄河源地常年积雪的高原山地为中游半干旱地区提供了稳定水源,为古代中国黄河流域的农业发展提供了充沛的水量。黄河连接生长在其支流上的文化部落,形成了早期黄河流域的农业文明,并直至今日也未停息,不愧是华夏儿女的"母亲河"。

黄河,这样一个文明的缔造者,需要一个怎样的展陈空间来"装下"这样一个宏大而深远的主题呢?一个展厅建筑面积约为9284m²的黄河文化博物馆内将要融入八大主题展厅和众多的展示内容。在有限空间内展陈、交通、休闲等功能之间的权衡及空间分配,是设计需要解决的首要问题,也是本案设计的基础。而在这一基础之上更重要的环节,是"形而上"的东西——思想性和艺术性。人们通过一次展陈空间体验之后,所感受的、所思考的东西是灵魂与艺术性的结合。这也是本设计成败的关键所在。博物馆展陈设计一定要具有可观性、感知性和感召力。通过人们的"看见了"、"知道了"、"思考了"来达到展陈设计的最终目的。

与展陈内容及展陈方式同样，展陈空间的营造尤为重要。其空间的氛围带给参观者更加直观、更加深刻的印象。既要与展陈内容相统一，同时又要准确推敲时代感和主流文化之间的关系。内部空间中前厅、共享空间、回型通道及垂直交通等虽然不是空间的主要区域，但其空间形式和设计风格更为重要，大有"此处无声胜有声"之势。空间不能具象到传统的说教形式更不能采用繁复的表现。要在空间中传递一种以黄河为主旋律的中原文化精神，并且要同时具有时代的价值观和东方文化的民族性和包容性。

以展陈空间的无为而达到无所不为，以大象无形大音希声的中国文化精髓贯穿整个空间。设计者将大体量和黄河宏伟的气魄融合于空间设计中，减少"有所为"的形式和琐碎的造型。整体风格既尊重主流文化——凝重沉稳，又具有时代气息——活跃灵动。用现代的设计语言和文化来描述那黄河传来的绵长悠远、不屈不挠、拼搏奋进的民族精神。　　（撰文 | 王兆明）

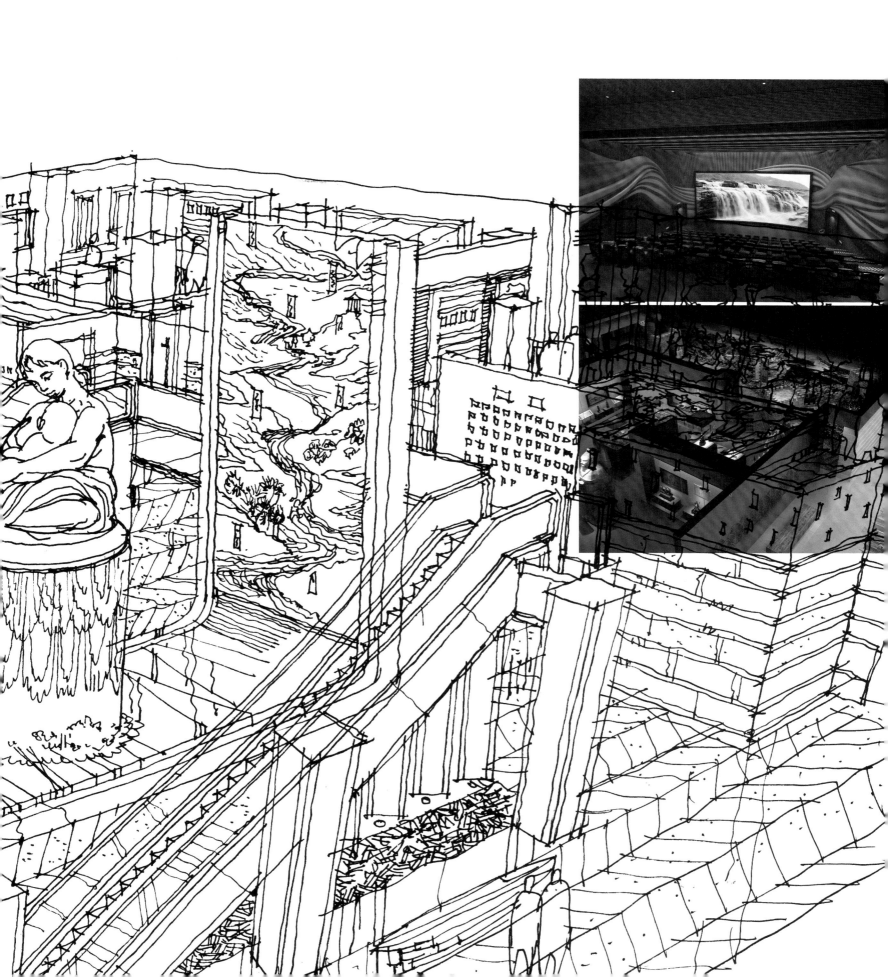

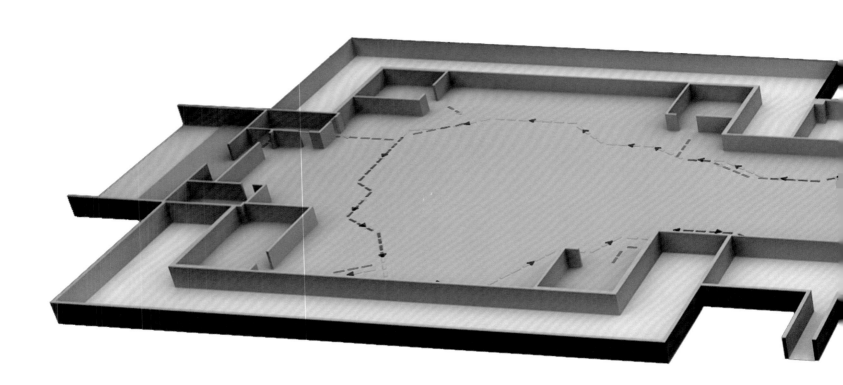

姿雅丽抗衰老美容SAP会馆

项目地点 | 大连　设计时间 | 2011年4月

Project location | Dalian
Design Time | April 2011

姿雅丽抗衰老美容SAP会馆地处大连，主要以女性为客户群。人们常用"花容月貌"来形容女性娇美的面容，花朵芬芳的香气及婀娜的姿态，最能衬托出女性的柔媚。
设计师在外立面与室内棚面上大量运用了花的造型，使人们来到这里如同处于一片花海。玻璃质地的装饰隔墙摆脱了以往的沉闷，更加通透，更有趣味。圆滑的弧形柔化了空间，灯光与材料的暖色更具温和的感觉。配以沉静的陈设品作零星点缀，给人以安逸舒适之感。
置身其中，时间仿佛都停了，尽情地放松、舒展，自然也就更美了。　　〔撰文 | 刘志〕

The Gainly SPA Anti-aging Beauty Club is located in Dalian, whose principal clients are women. People often use the phrase "fair as a flower and beautiful as the moon" to describe the charming and fair faces of women. The fragrant aroma of flowers and the graceful shape best set off the women's gentle and lovely.

The designers use a lot of flowery mode lings on the frontage and the inside ceiling, which makes people feel that they are surrounded by flowers. The glass texture of the decorative partition gets rid of the previous tediousness, which is more transparent and interesting. The camber softens the space, and the light and the warm color of the material are gentler, with the static displays as the sporadic ornament to make people feel comfortable. When you are there, it seems that the time passes so slow that you can relax in there, enjoying a wonderful life.   (Text | Liu Zhi)

2011年10月16日　澳门
2011年11月11日　苏州
2010年 2月 8日　宾县

Walk into the Wine sh

项目地点 | 威海
设计时间 | 2011年5月

走进被赋有"艺术"名称的酒店空间

时下"艺术"这两个字的出现频率大有后来者居上的感觉,这让我不得不想起了这几年前经常听到的"时尚"两字。这几年间到处的"时尚"无所不在,"吃"、"喝"、"拉"、"撒"、"住"的名字无不都注有XX时尚酒店、XX时尚火锅等等,国人一派的摩登风,"时尚"无所不在,确实达到了中国文字使用"时尚"二字历史以来的文字用量的顶峰。"时尚"已作为入市的标榜,没有"时尚"二字就感到不能与时代为伍。直叫到了大家都感受到了"时尚"就是"时俗"。由于"时尚"成本较低,有"色彩"、有"形式"、有"胆量"就可以冠以"时尚"二字,而时尚二字真的很无辜,真的无颜面对字库中的父老了。而艺术二字的使用,则是要考虑诸多因素,这是因为艺术的本身不仅仅是"成本"的问题、文化的问题,更主要的是精神层面的问题,不是有胆量就能实现的。现在由于商业的竞争,力促使人们用文化注入来推动企业发展,现在人们又盯上了"艺术"这两个字。

所以"艺术"这两个字出现在服务空间的名字上,也就见怪不怪了。真的没有想到"艺术"最终也沦为市井了。酒店是一个市场化的服务空间,从专业的服务管理上说,早以自成体系,好好的为什么要置入"艺术"这样一个形式要素,两种不同的DNA要结合成为浑然一体,在实际存在的空间内不单纯的只是环境设计,而且要从美学的角度注入艺术内容,使空间的有形的物质能达到形式上的艺术效果并体现出来,这就是我们现在所面临的设计任务——威海金石湾艺术精品酒店。我真的要好好想一下,写写角本,好让我们走进它——艺术精品酒店。

真的没有太在意时下的艺术酒店还真的多了起来,林林总总以各种主题、各种风格出现的艺术酒店还真的不少,其中也有不少的设计型酒店。二者之间的区别并不明显,尽管在设计的表象和内在的文化深度上有所不同,但都是在新的形式内容上进行探索着,设计型的酒店多数是侧重于建筑本身的艺术性和空间自身语言的表现,而艺术型酒店是在它的基础上又置入了当代的美学艺术内涵和符号,使空间具有了不可代替的独特艺术性和空间气质。

时下的酒店发展迅速,人们早已厌倦了毫无个性的所谓的星级酒店,它已被新兴的特色快捷酒店或所谓的时尚的酒店所摒弃。酒店的功能和服务的侧重点也是各有千秋,不再是功能的罗列,服务的僵化,老套程序,而是根据自身的经营目的,直接了当,以个性鲜明的形式来区别于他人。这方面艺术成分起了很大作用,这也成为了自身的脸谱和特征,同时也是针对地区的使用需求所呈现的一种性格特色。在这样一个大前提下,艺术酒店不仅以服务上的特色来区别其他酒店,更能在相同的酒店级别上保持着自己独有的艺术内容,使之具有很强的生命力。艺术酒店不只是给外来者带来一个全新的旅途居所,更是因为鲜明的文化特色及个性化基因,而成为城市的面子。他们是城市文化的代表性的地标,是对向往文化艺术的人群所炫耀的社交所在,同时也是企业在艺术与服务完美结合方面的平台和展示,张扬着企业的文化风尚。艺术酒店已经成为时下国际性都市和旅游目的地的文化艺术风景线,更是城市文化发展所产生的文化现象。

艺术酒店要区别城市化的商务酒店和旅游酒店,它以涵盖和包容各门类的酒店特色为基础,重点突出其艺术性,用艺术性的主线来诉说着酒店的内容,具体的酒店形态大致如下:

自然形态	遗迹形态	民族形态
人文形态	都市形态	未来形态
地域形态	历史形态	象征形态

在这些内容中用艺术的涵盖形式表达出其酒店的主题,主题锁定的风格和定位是独特的,也是不可重复的,或地域形态,或人文形态等。运用选择比较的手段,体现出艺术酒店的特点,但一定不要脱离了艺术性酒店的DNA。所谓的艺术酒店首先是具有艺术性空间。空间的处理上把握好分寸尤为重要,如:点的排列才能成线,感受到线的度适当。而线的形成又把面产生,哪些是多,哪些是少,要在设计美学上有所突破,才能达到艺术的美学层面,要穿透设计艺术的本身范畴,多层面的交融与选择。它包含着:文学、音乐、美术等诸多文化手段。

通过设计手段把注入艺术性酒店空间的外在"形态"和"内在"神态完美地结合起来。"形态"我想还是要处理好空间本身的关系和将要与之紧密结合时的"神态",是指要注入的艺术内容之间的自然结合,成为一体的关系而不是生硬的、非自然的,要做到"心物一源",就具有了自身的生命力,也就是"功能"—"空间"—"艺术性"的完美结合。

说到这里我们就能看到重要的环节,空间—艺术性的问题,我们所做的空间设计无不都是设计艺术的一个逻辑过程,但我们为什么不能单单停留在这一层面上来进行设计呢?这是因为艺术性酒店的本身早以脱离了空间设计的一般标准,它是达到一个具有文化内容为重点的美学空间,而绝不是像美术馆或背景墙挂几幅画或放些音乐那样简单,它更是生活艺术化的展现。谈到这里我们就不能不谈到美学的问题了,美不是客观存在的,尽管有美的物质,但美并不存在物质世界。"美是意识"观念的存在,美是因人而异,美是心境的自然意识的反应,是意识观念的存在。所以美是内在与外在的结合,美是最初人类与自然对话的结果,就好比我们赞美大自然时,一定要用"美"这个字,不能说:这个自然景色太艺术了,等你照相时,看到照片,你就可以说这张照片艺术性很强。美被人类重复后才产生了艺术,并赋予了主观的意识。人类存在的核心,是非物质的意识,这种意识并不具有空间性,却具有时间性。现在社会压抑了人的本质,除了宗教只有美是能唤醒人的,自孔子在《论语》中说人的精神归到最后是"兴于诗,成于乐",艺术可以把无法表达的东西象征性地暗示出来,难怪孔子的这两句话,会成为美学理论的起源代表。

人们把"真"、"善"、"美"作为理想,追求和树立人格美的目标,那我们就必须把人格美和自然美、艺术美、技术美加以比较和区分:

自然美是艺术美的素材;

人格美是发现美的前提;

技术美是再现美的过程。

现在我们回到我们的主题,我们的酒店所在地的环境上早已具备了这三方面美学条件,大海、山石——(素材)自然美;自然美——(前提)建筑美;技术美——(体现)艺术美。当我们来到这个海边艺术酒店的所在地,我们会看到它自然的美丽,蓝天和大海下那片海湾,我们的思想也将升华,人类向往大海,我们站在海边面向大海时,会思考为什么我们没有站在大山前的想法去实现攀登,而站在大海前我们只有想象的飞翔,一切都将宁静。这里将是一个存放心灵的地方,这里将是一个善水王国的佳境,这里将是一个美丽如梦的回忆。

"用心"、"用水"、"用美"。

心、水、美无不是一种人与物与意识的机缘,自然条件的美物与人的心灵与意识达到了共鸣,这就是艺术酒店的自然环境基础,这是美学角度的大概念,大的设计方向定位,但艺术设计不仅仅是自然美的表达,重要的是再往前走一步,让自然美融入艺术美。

大海的涛声就像时钟一样拨弄你的神经,会使你想起海与人类的故事。海岸也是陆地与大海的临界点,当面向大海时,我们有着很多的思考,尤其是那遥远的过去。我们常常观海而梦想着,但内心却牵挂背后的物质世界,被物质世界绑架着心灵。海市蜃楼是大海的梦想,它宏大而虚无,让人类畏惧那种美丽意境。我们的本能和自我潜藏的东西是梦想的体现,艺术的表现在很多方面是梦想的表达。超现实者安德烈·布雷东在超现实主义的定义上说:"是指在心理的无意识状态,通过它人们又可以用口头的书面的或其他任何方式表达思想的真实活动,它是对思想的记录,不受理性的任何控制。也不考虑来自美学和道德的任何约束"。在当代艺术与设计中,超现实主义设计是一个重要的设计形式,如果设计师们想要超越单纯功能美,部分功能主义设计必须让步,来搜寻更多新颖的有趣的想法,那么一个超现实的梦境空间的艺术酒店,不正好在这大陆与海边临界点上吗?我们自然的找到了这个艺术酒店的"文化形态"的主题——超现实主义新空间。首先我们是个理想和意识永不满足的人,才愿意去猎奇我们所需要的物质空间环境,我们无法成为现实中的盗梦者,我们把现实的空间实体、功能与虚拟空间艺术地结合在梦一般的环境中,逻辑和物品的交错,记忆与体验的交融,在这样的空间,人们一定会唤醒很多埋在人性中的潜意识和想起记忆中最感人的故事。或许你是一位来客,到达了这里,你会感到你曾经来过,但你仔细的一想,那不是我过去的一个梦境的真实存在么?

在这里,超现实体验不是说教的,而是潜移默化的。你走入了酒店,门厅天棚在溶化成水,看到了一个比你还要大得多的台灯,你发现你在变小,如同梦境。回过头看到旁边有很多的大鱼勾在勾鱼,但细看一眼却是吊车吊钩。楼梯内你又进入了一个巨大的鸟笼而无法摆脱,使你梦醒;过道内的绘画表现有塔罗牌的故事,用达利的手法来体现在墙面上;室内的空间通透明亮,外部以突出自然为主;室内的家具并不是同一种风格,而是无"意识"性的放置,但其色彩的考虑尤为重要,要具有胭脂感的性暗示的色彩,来体现人类的本能;卫生间印有超现实主义和表现主义名家的画作。水龙头与墙面反色的小尺寸的瓷片来反映那个时代。艺术作品要解决功能化,每一件物品都要经过细致的推敲后,才能落案,如有一些装饰用的表都是反向的,最重要的要提一下在每个房间都有一个经典竹台和塔罗牌作为酒店的特征,给人们心理的暗示。

p Space with an Artistic Name

Project location ｜ Weihai
Design Time ｜ May 2011

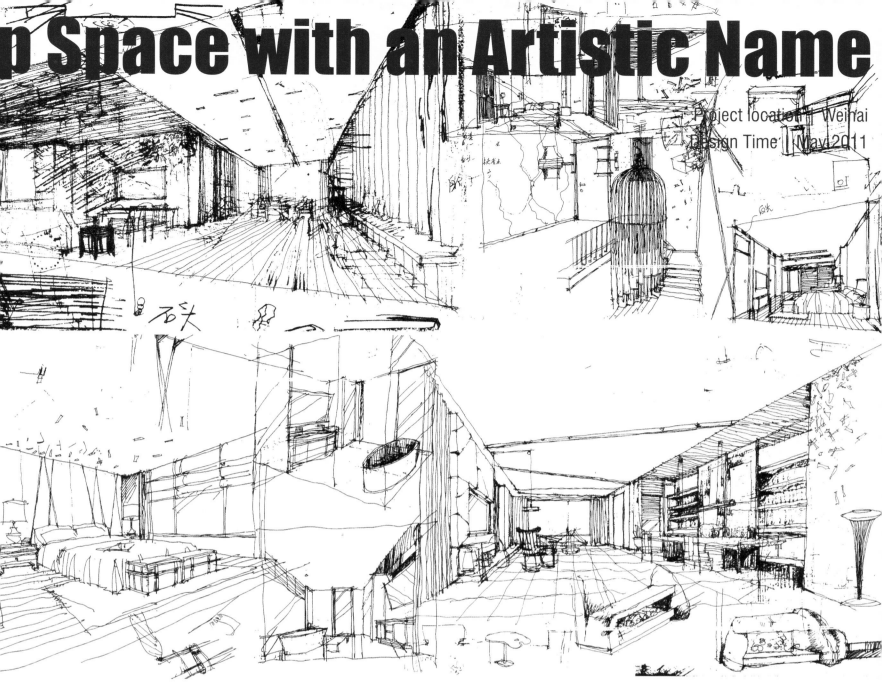

这是两年后，一个作家在他的散文中这样写道：一个太阳西下的时刻，我来到了一个海边酒店，太阳的余晖已映红了酒店脚下的那片金黄色并无比灿烂的石头，大海更加深邃而浩瀚，一层层白色的波涛照在深蓝色的海面上向我袭来，片刻间一切都被染在了暮霭之中，我倚窗而面海，大脑被自然神奇的抽离的飞翔着，当看到内与外的世界溶在了大海，宛如镜面反光中的我，才从这宁静中走了出来，暖灯光下房间的小桌上有一个经典的插有蜡烛的烛台，我突然的想了起来，这样的酒店会停电么？烛台把我的思想拉回现实，既然如此不如点燃，关了电灯，点燃了蜡烛，你却发现了一个久违的感受，灯光下一切如童话般的世界，距离在变近，物质具有了神灵，烛光中点燃希望的光芒。火是人类的意识的起源，梦想的开始，灯光下我发现了一个塔罗牌，信手拿来，小算了起来。

过了一年后，我会突然想起了那个晚上的烛光，想起了的塔罗牌，我想起烛光下自己的脸庞，会想起那片海，更会想起——金石湾艺术酒店的空间"！一个现实梦的存在。 （撰文｜王兆明）

Currently, the word "art" appears more often than before, which reminds me of that word "fashion" used frequently in the last few years. In recent years, the word "fashion" almost exists everywhere. The word "fashion" is so popular among people's life that many shops are named after it, such as XX fashion hotel, XX fashion hot restaurant or some name like that.

Meanwhile, all the citizens in our country admire the fashion trend. Indeed, "fashion" has become the word used most frequently everbefore. Fashion has become the passport of entering the market and the streets and corners. The word "fashion" appears everywhere like flowers. Without them, you would feel separated from this world, even the fashion hair salon and fashion washing feet shop and so on. It seems that people won't stop using it until the meaning of fashion is equivalent with the word "vulgar". People have violated the regular frequency of using this word in the word corpus. Because it costs less, people use it casually as long as they have "color", "form" and "courage". Actually, this word is really innocent. To put it in a humorous way, people have made it feel ashamed to face other words in the word corpus. The prequent use of fashin is not only a matter of cost but also a matter of cultural.

The more important is that the problems in the spiritual level could not be achieved just by courage. Nowadays, people stimulate the development of enterprise by injecting the cultural element due to the business competition. Recently, they focus on the word "art".

Therefore, the word "art" appears on the names of some service spaces. We wouldn't judge whether "art" has the same fate as the word "fashion". However, in terms of the larger sense of this word, it would be inappropriate for people to use it in the limited business space, which will detract the implication of it and make it become a common-used word. The wine shop is a kind of mercerization service space, and its own system of professional administration has been formed early. The wine shop is a kind of mercerization service space, and its own system of professional administration has been formed early.

The wine shop is a kind of mercerization service space, and its own system of professional administration has been formed early. Why would people put the artistic element into wine

shop and combine two absolutely different things with different DNA together? In actual space, we should not only focus on the environment design, but also concentrate on injecting the artistic content from the aesthetic viewpoint, making the visible things arrive at the artistic effect and present it in space, which is just the task before us ——Weihai Jinshiwan Artistic Boutique Wine shop. I really should make every efforts to start the design of this wine shop.

I really didn't notice that there were more artistic wine shop than before with various subjects and different styles, among which are design wine shops. There is no evident difference between them. Despite the fact that there exists some differences in terms of the design presentation and the innate cultural depth, but all of them are exploring the new forms and content. Most of the design wine shop attach more importance to the artistic quality of the architecture itself and the expression of the space language, while the artistic wine shop inject the contemporary aesthetic and artistic implication and symbols into the architecture based on the design of the architecture itself, which enables the space to have the irreplaceable and unique artistic and disposition.

In recent years, the wine shops are developing with a fast speed. People feel bored with the unspecial wine shops, as a result, the o-called star ones have been surpassed by the new-born convenient and the so called fashionable ones. The particularly important points of the wines hop's function and service are laid on different areas. It differs in its unique styles and direct management aims, but not the simple enumeration of function, the rigidity of service and the obsolete procedure.

The art plays an important role in distinguishing the wine shops from others, which also becomes its own facial marks and features and is also a kind of characteristic feature presented in different regions according to different demands. Under this circumstance, the artistic wineshops should be vital and distinguish thensives from others not only in service but also in its artistic designing style.The artistic wine shops not only provide accommodation for the outsiders, but also become the face of the city because of their distinguished culture features and personal genes. They are the representative landmark of the city culture pioneer and a social way to showoff to the people who pursue the cultural art. Meanwhile, they are also the representation of the enterprise on the platform formed with the perfect combination of art and service, publicizing the culture mode of the enterprise. The artistic wine shops have become a wonderful culture scene of the international city and travel destination. With the development of city culture, it is even more the cultural phenomenon resulting from people's high expectation of emotions.

The art wine shops distinguish themselves from some other business wine shops and travel wine shops. They emphesize the art quality on basic of covering and containing all the specilities of wine shops.They tell the content of the wine shops with the art quality. The specific wine shops are as follows.

Nature form	Relic form	Nation form
Humanity form	Urban form	Future form
Region form	History form	Symbol form

In these contents, people use the artistic form to express the topic of the wine shop. The style location of an appointed theme can't be changed or repeated in region form, humanit form and other forms. People use the comparative method to represent the sensorial experience and the personal experience. But they couldn't separate themselves from the DNA of the artistic wine shops. The so called artistic wine shops initially should have the artistic space. The plan of the space is particularly important. For example, the line consists of the points, which makes us feel the propriety of the arrangement, the side consists of the lines. In order to reach the artistic aesthetics level, the proportion distribution should break the obstacles in the aesthetics and penetrate the category of the art themselves, interlacing in many levels and choosing many famous culture methods ,such as the literature ,music and the art.

The external form and the internal expression of the wine shop is combined perfectly through the design methods. The external form should deal with themselves appropriately in the space. Only through this way can it be closely connected with the internal expression. By injecting the artistic content ,the combination should be natural ,but not rigid and unnatural .We should try to achieve the effect that the heart and the material are of the same source, which would make the space flesh and alive ,that is , the perfect combination of the "function --space--the artistry".

All the space designs done by us are the logical process when comes to the important procedures – problem of art and space. Why couldn't we continue our design on this level? It is because that the art wine shops have distinguished themselves from the general standard of the space design, and reached an aesthetic space characterized by emphasizing the cultural content. It has never been simple just as hanging some pictures on the wall or turning on the music in the gallery. It is the representation of the artistic feature of life. Now that we have come to this topic, there are some aesthetic problems that can not be ignored, the beauty is not objective. Even though there exists some beautiful things, but the beauty itself doesn't exist in the material world. The concept, beauty being consciousness, does exist. Different people hold different viewpoints about beauty. It is the reflection of the natural consciousness of the mental states and the being of the consciousness concept. Therefore, we may say that beauty is the combination of inner and outer. Originally, beauty is the result of communication between humankind and nature just as when we compliment the nature, we definitely use the word "beauty". We cannot say "the natural scene is of too many artistic qualities. However, after taking the photos, when you are looking at them, you may say the photos are of artistic quality. " Only being copied by humankind can the beauty is of the art quality and endowed with the subjective consciousness. The essence of human existing is the spiritual consciousness, which is contrary to the material. This kind of consciousness doesn't have the space property, but the epoch feature. Nowadays, the society oppresses our human nature; despite of religions, only beauty can waken human's nature. Confucius said in the Analects that people's spirits are "Hing in poetry as in music".The art can implicate things that cannot be expressed. No wonder these two sentences are the resource representative of the aesthetic theory. The "beauty" "truth" and "goodness" are the ideal of people while the pursuit and establish of personality are the aim of them. So we should distinguish the personality, nature beauty, the artistic beauty and the technical beauty.

The natural beauty is the material of the artistic beauty
The human personality beauty is the precondition of finding the beauty
The technical beauty is the process of rebuilding the beauty

"Perceive the heart", "perceive the water" and "perceive the beauty".

However, the artistic design can not only express the natural beauty. What is more important is that the artistic beauty is contained in the topic of artistic beauty walking into the artistic beauty.

The voice of the waves of the sea is like the clock stroking your nerves, which makes you reconsider the story between the humankind and the sea. The coast is the critical point of the sea and the land. When we face the sea, we would have too many thoughts in our mind, especially the past days. The sea is a symbol of though and dream, in front of the see, we often dream something spiritual while concern something material. Our human beings originate from the sea, but we could not abandon the material world. Although we talk about the owners of our thoughts and consciousness in a high profile way, our heart is still kidnapped by the material world. The sea is the critical point of human's initial dreams, while the dream is the only kingdom where I can imagine freely. The mirage is the dream of the sea. The grand and nihility of it make people feel feared about the beautiful fairyland. Our instincts and the latent things are the representations of our dreams. The representation of art is the expression of our dreams. The superrealist Andrew Braydon define the superrealism as follows:" Superrealism refers to a kind of actual activity that people express their thoughts by speaking or writing or some other ways under the unconscious state. It is the record of our thoughts, free of the control of reason and any confinement from aesthetics and moral. The artistic works of superrealism refer to those that the artists bring some distinctive meanings to iconic images and languages in our daily lives. The surrealistic form and image originated from dreams, the instant flash of image and fantasy. The flesh and alienated images could stimulate the audience's imagination. Meanwhile, the ideals of the audience themselves can be regarded as the creative part, which is the climax of the whole work. The surrealistic design is an important design form in the contemporary art and design. The method of surrealistic design is not a way to solve the problem, but the feeling of the third person in the space where the form exists. If the designers would like to surpass the functional beauty, some functionalism should give up their viewpoints, searching for some novel and interesting ideas. The artistic wine shops, belonging to the superrealism and being of the dreamlike space feature, are just on the critical point between the sea and the land. We naturally find out the cultural topic of the artistic wineshop--superrealism new space. First of all, I am a person who has never been satisfied with the present ideals and consciousness. Therefore, I would like to hunt for novelty, the space environment of our high demand of materials. We could n't become the dream stealer in the real life. We combine the space entities in real life with the function and art of the visual world in dreams, with logic and goods interlacing, memory and experience blending. In such a space, people would rouse their latent human nature and the most touching part in our memory. When you come here as a visitor, you may feel similar with it, which seems that you once visited it, but when you think it over, t occours to you that the scene was once in your dream. In our wineshops, the superrealism used here does n't merely expounds themselves mechanically, but it subconsciously exerts their influences on you. When you walk into the wineshop, you will appreciate the cell of the hallway melting into water and see a large table lamp that is bigger than you. You will have a hallucination that you are becoming smaller just like a dream. When you turn around, you will catch sight of some fishhook hanging fishes on them, while you will find there are actually some lifting hooks of the cranes. Therefore, we may say dreams are not the same as those you yearn for in your mind. You will be waked up when you can't escape from somewhere like a huge nest in the stairs. The paintings of tarot card are expressed in the Dali way on the walls of the passageway. The indoor space is transparent and bright,but the outside is of natural element. The furitures in the room are put unconsciously and casually in an unified way. The use of color is particularly considered, which should create the rouge sex implication atmosphere to embody the human nature. There are some surrealistic and expressionistic paintings painted on the walls of the rest rooms as the function. The classic mid-world taps and small-sized tiles lighted with colors together reflect the shelter of the nation in that times. To achieve the fictionalization, every goods should be deliberated to get the final scheme, for example, some clocks used to decorate are reversed. What is more important is that there should have a classic candlestick and a pack of tarot cards as the characteristics of the wineshops to imply something to people.

After one year, it often occurred to me the tarot cards and the candle light in that night; my face in the light;the sea and the Jin shiwan Artistic Wineshop Space' The actual being of a dream.　　(Text | Wang Zhaoming)

Gild Our Life
BBQ

Project location | Harbin
Design Time | January 2010

锦上天天烤肉

项目地点 | 哈尔滨
设计时间 | 2010年1月

This Barbecue Restaurant is located between supermarket and residential area. Its owner is eager to build an economic barbecue shop in order to alter to satisfy wage-earners with elegant atmosphere.

The owner has to pay more attention to the quality of indoor air when to roast in his unique kind of limit space restaurant. At the same time, the designers do not allow to ignore the exhaust system which is the toughest nut of all for the decoration of the restaurant. At this important moment, these old red bricks which went through the ages are the best choice for decoration. How do we recreate the glory of BBQ shop? There exits a series of bright features to protect environment, limitation of using carbon, convenient construction, resistance of fragile and dirty goods, dishes being easy to wash and so on. What's more, the cheap collocations and sturdy double-covering plates mix with easily cleaning glass partitions. How perfectly they are mixed together! In addition, the roof is made of economic environmental emulsion paint, and it draws designers' attention to its color. Despite its name"Dirty gray paint" is so cute, but its dark style will withstand the test of lampblack. (Text | Guan Le)

店面的地理位置介于大型超市和居民区之间，经营者希望用较少的投资，打造一个环境优雅的平价烤肉店，以迎合消费力较低的人群。

对于烤肉店这种特殊性质的餐饮空间而言，室内的空气质量和排风系统是不容忽视的。烧烤食物过程中产生的气体及油烟的污染是最为棘手的问题，也是对室内装饰材料的一大考验。于是，穿越了岁月洗礼的废旧红砖，在这一重要时刻悉数登场了。环保低碳、施工方便、耐脏耐碰、易洗刷等等，一系列的特征使它的光辉重新散发出来。搭配同样造价低廉且结实耐用的双贴面板材，以及易清洁的玻璃隔断，一种时空穿梭般的混搭视觉效果跃然于空间中。棚顶的处理是选用经济环保的乳胶漆涂料，但是在颜色的选择上要花心思。"脏灰色"涂料虽然名字不好听，但是沉稳有格调，并且一定会经得住油烟的考验。　　（撰文 | 关乐）

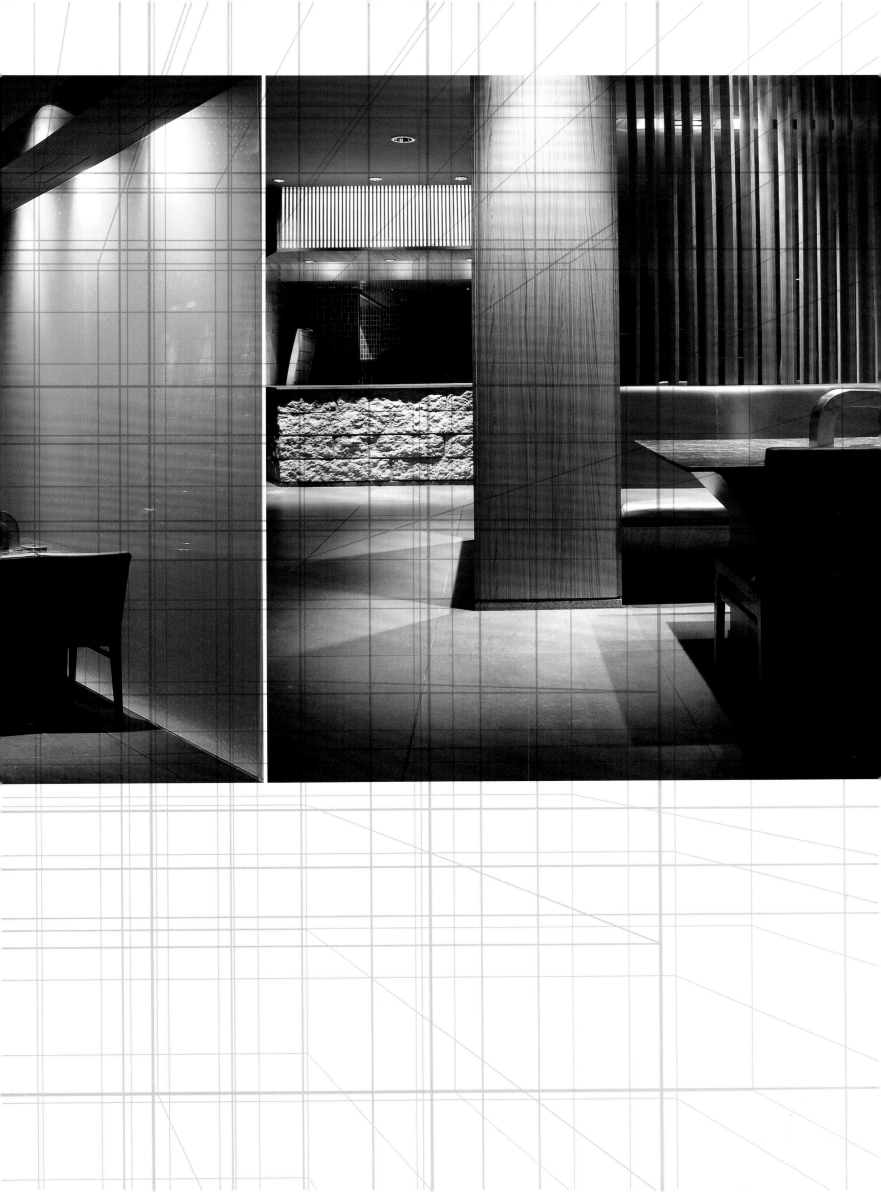

2010年7月24日　广西白裤瑶民族村

鲜蘑(平蘑)菇　6斤　32
水萝卜　4斤　起12
甜脚菜　3½斤　9.36
鲜鱼　7斤 12斤 16.48
猪肉(里脊肉)　3斤　35
瘦肉　2斤 3斤 103.!
申螯(大虾) 1½斤 10
　　　2斤 7斤

北京怀柔区规划改造设计方案

项目地点 | 北 京
设计时间 | 2010年9月

BEIJING HUAIROU AREA

Project location | Beijing
Design Time | September 2010

Architectural Design of the Building and Mansion in Xiqing, Tianjin

Project location | Tianjin
Design Time | November 2012

项目地点 | 天 津
设计时间 | 2012年11月

天津西青办公楼与官邸建筑设计

Breathing buildings - regeneration and vitality
Breath is the symbol of life and indispensable conditions. What does the "Breath" really mean here? On the one hand, it refers to the necessary basic condition of building, which has the good translucency and air permeability; On the other hand, it refers to the cultural transmission. How do we make building renewable and continual vitality? We select the waste material of the old building demolitions for outside walls. We select some relatively intact materials which retain some traces of impressive history in order to protect the environment. These old materials create the transparent effect on the vision, as if the vigorous and lively building has a respirable ability. The design expresses a kind of desire and performance of cultural heritage, inheritance and innovation.

Visual language - sound to be seen
Language is an important tool of human communication. Appreciation, praise, compelling and connotative words being absorbed by hearers will give people different feelings. But this design adopts the theme of the "visual language" to make sound hearable. The external walls are deconstructed by tokens or graphs which illustrate the culture spirit and slogan of the enterprise. There are two reasons. One is the large area of deconstructive design which gives the strong visual effect to ordinary people. The other is not only beautiful scenery, but also a silent and visual language way to manifest the culture of enterprise in the eyes of people who want to know the connotative concept of the enterprise.

Dynamic and static Light and shadow--transformation and variation
This scheme adopts dynamic-static comparison to achieve the fusion of dynamic and static visual effect from different angles under the sunlight. In higher part of building, designers share rhythm of building correspondent to the variation of the sunlight with people inside according to the different division of glass shape, size. Another lower part of building divides the external wall glass and wall on average, creates the three-dimension feeling, and highlights the gentle rhythm of static. At the same time, people from outside can feel the soothing rhythm of the building from different angles, while indoors feel gentle rhythm of reflected lighting.

More or less coexistence -- existence is reasonable
This scheme will maintain the original position of outside wall and will increase construction of lines and sides in the stretching swing material connections way. It adds not only more dynamic for the structure of building, and also a lot of different visual angles both inside and outside. Every connection will present a different visual effect through every piece of glasses in different angles. And at the same time, this design reduces all kinds of outside wall materials and simplifies the graphic and pattern. What's more, the design reduces many visual blocks in order to make the building brighter and more sunshine and modernized.More is less, less is more. Coexistence is reasonable, which fosters strengths and circumvents weaknesses.　　(Text | Guan Le)

会呼吸的建筑——建筑的再生与生命力
呼吸是生命的象征与不可或缺的条件。这里所指"呼吸"有两层含义：一是指建筑的可透光性和空气的可流通，这也是正常建筑必备的基本条件；另一层意思是指文化的传承。怎样使建筑再生并一直延续其生命力？本方案的外墙材料选用废旧拆迁楼房的砖瓦，有些其实比较完好，且带有岁月和历史的痕迹，将这些旧物收集利用，节能环保，在视觉上产生通透的肌理效果，仿佛具有极强的可呼吸能力，并且这是建筑历史文化传承的一种表现和愿望。传承与创新，建筑的生命力才会更加旺盛与鲜活。

可视的语言——让声音看得见
语言，是人类交流与沟通的重要工具。动听的语言、赞美的语言、有力量的语言，亦或是有内涵的语言……这些被人们的听觉吸收，带给人们不同的感受。而本方案采用了"可视的语言"这一主题，让声音看得见，具体做法是对外墙表面通过笔划或图形等组成形式进行解构，解构的内容是对企业文化、精神或是标识的语言浓缩。这么做的原因有两点：一是这种大面积的解构图案有较强的视觉效果，是普通人眼中的一道风景；二是在了解和想要了解本企业内涵的人眼中，这不仅是一道风景，更是对企业文化的一种表达方式——通过这种无声的、可视的语言将其作为展示。

光影的动与静——光影变幻、动静结合
本方案采用动静对比的手法，力求在不同角度、不同日照情况下展现建筑不同的视觉效果，达到动与静的融合。在建筑较高的部分通过对玻璃形状、体量的不同划分突出动的节奏感，人们在外部观看体会到建筑本身的节奏律动，那么在室内，看到的是一天之中日光照射在屋内时，光影变化的节奏律动。
另一方向建筑较低的部分通过对外墙玻璃与墙体的均匀划分，以及营造的立体感，突出静的平缓韵律，同样，人们在外部从不同角度观看到的是建筑本身的舒缓韵律，那么在室内也能够体会到光影投射进来的平缓韵律。

多与少的共生 ——存在即是合理
本方案将建筑的外墙在保持原有位置的基础上做出了拉伸，即用波动的、转折的材质搭接，增多了建筑的边线与面。这样做不但使建筑外形更富于动感，而且增加了很多不同的视角，无论室内外，每一处搭接、透过每一块不同角度的玻璃，都会呈现出不同的多元视觉效果。而与此同时，本案减少了外墙材质的种类、简化了平面造型与图案，更减少了很多视觉遮挡，使建筑通透、充满阳光，极富现代气息。多即是少，少即是多，多与少并存有时可以达到扬长避短的效果，让存在更具合理性。　　（撰文 | 关乐）

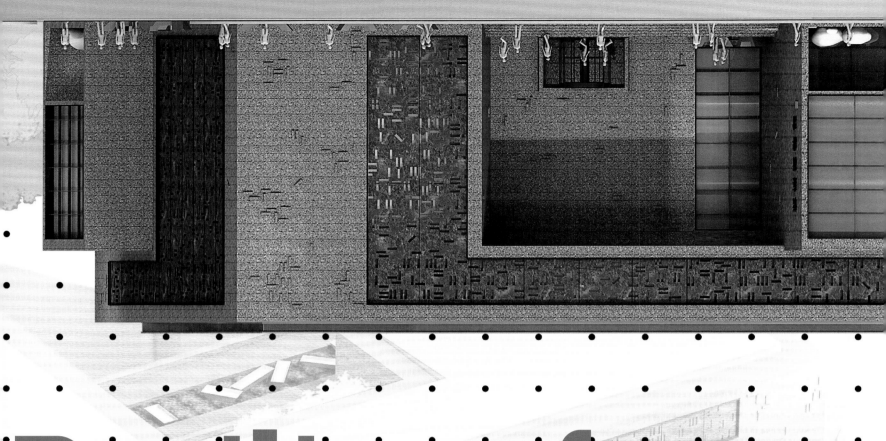

Pavilion of Tianjin cuisine collection

Project location | Tianjin
Design Time | April 2012

Just as the children face the building blocks, when the primitive men face nature, the fine illusion of life is created, which is pure, simple and genuine. As long as you have a pure soul and exploring eyes, you will find that beauty is omnipresent in our life.
Architecture is the extension of the urban skin texture. Building puzzle is seemingly a random combination of several cuboids, actually, it is simpler and more of sense of spatial layer. The solid lines give people a sense of city order. We focus on those amazing architecture and marvelous creation, at the same time we pay more attention to people. Our buildings are ultimately built for man and built by man. Without people, architecture will be lifeless. We should draw forth from real society the pure and genuine illusion and build the carrier beyond man's soul.   (Text | Li Tianying)

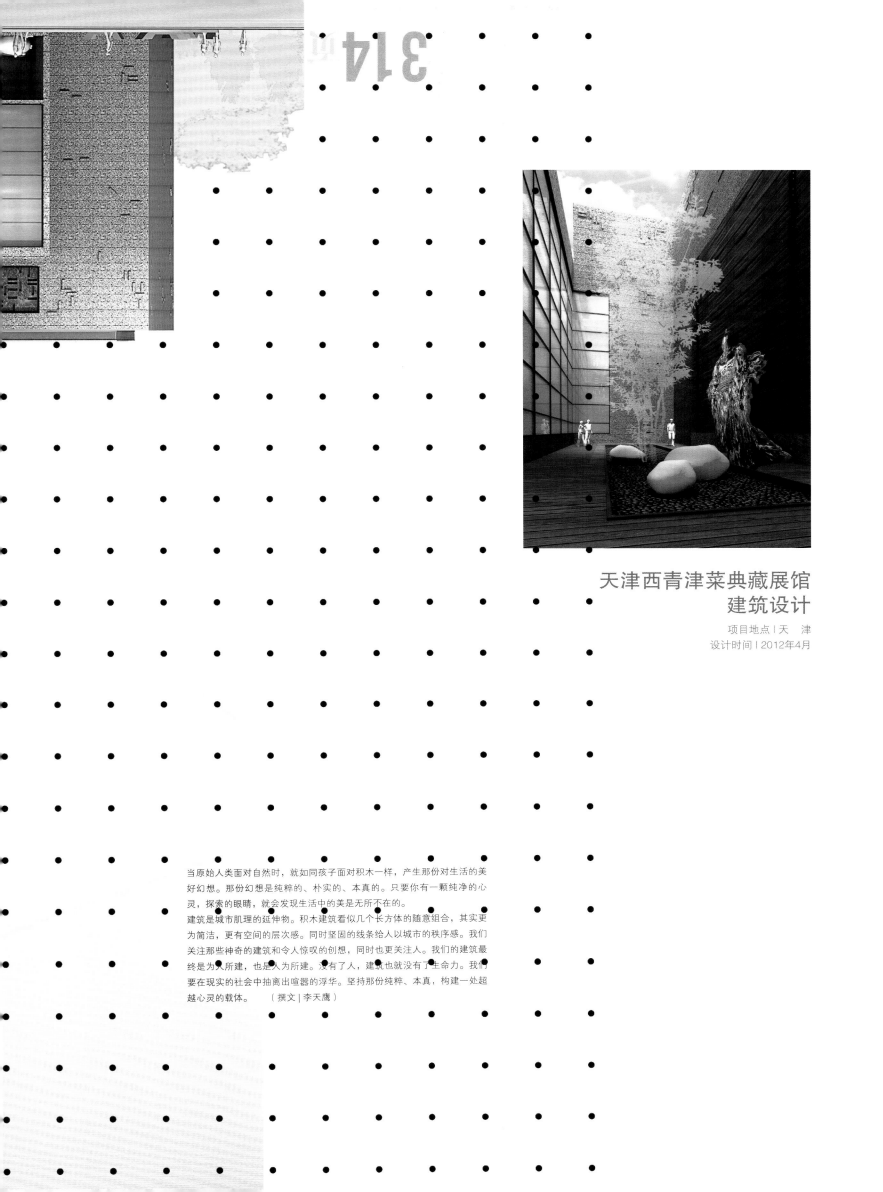

天津西青津菜典藏展馆
建筑设计

项目地点 | 天　津
设计时间 | 2012年4月

当原始人类面对自然时，就如同孩子面对积木一样，产生那份对生活的美好幻想。那份幻想是纯粹的、朴实的、本真的。只要你有一颗纯净的心灵，探索的眼睛，就会发现生活中的美是无所不在的。

建筑是城市肌理的延伸物。积木建筑看似几个长方体的随意组合，其实更为简洁，更有空间的层次感。同时坚固的线条给人以城市的秩序感。我们关注那些神奇的建筑和令人惊叹的创想，同时也更关注人。我们的建筑最终是为人所建，也是人为所建。没有了人，建筑也就没有了生命力。我们要在现实的社会中抽离出喧嚣的浮华。坚持那份纯粹、本真，构建一处超越心灵的载体。　　　（撰文 | 李天鹰）

FLAVOR KING

Project location | Taiyuan
Design Time | September 2012

风味大王16号店

项目地点 | 太原
设计时间 | 2012年9月

Flavor King is a Chinese restaurant featuring Shanxi dishes. The restaurant put emphasis on the blend of geography and human environment. The design of this space is based on Chinese classical style and simple modern style. The overall tone is grey is dark wood color, and employing natural stone, wood and hemp as decorative materials. The whole spaces of the restaurant display some ultimate beauty which is the effects of mixing artificial technique and natural materials. It can be described as a comfortable dining place with quiet and peaceful atmosphere.

Taking the whole space into account, the designer need to think about some problems, such as how to express the unique artistic ideas, how to create cool and peaceful atmosphere, and how to mix the natural classical design ideas into the whole decoration. Exquisite workmanship of the wooden frame is full of a deep sense of history, and at the same time multi-level light in the

0.16

restaurant also increases the history charm of the decoration. The inter-wall is composed of wood and glasses, through the combination of which a sense of blur is created. In such background, there seems to be real sound from a bamboo flute telling its sincerity of welcome.

Open compartments are isolated by black steel, like paradise in downtown. These design ideas meet the basic requirements of a restaurant, and enrich the space layering, as well as maintain penetration and extension from the visual aspect.

Designer has created beauty out of the window, but the scenery is more than that. Through the window, grand mountain and pool come in sight. The technique of borrowing is artfully adopted in the interior design, condensing the infinite nature beauty in the finite space. Wooden railings under dim light make the rest area a quiet and comfortable place, as if an old temple. Rows of bamboo from the railings increase cultural and historical atmosphere. This area gives out continuing feeling of elegant.

Every piece of the ancient furniture contains cultural atmosphere through its elegant color and fine texture quality. Decorative paintings and artworks make the dark space vivid and fine. The wall is decorated by rugged stones as a mountain with water running around, perfectly mixing the elegance of the water and the massive of the stone. With the artistic decoration and ancient articles, the restaurant is filled with a sense of history. By creating natural beauty with natural elements, the originality of the design fully explains designer's worship toward nature and history. (Text | Liu Zhi)

风味大王是以山西菜品为特色的中餐厅，整个空间注重与地理及人文环境的交融。本案设计以中式古典风格为基调，融合了简约现代风格，整体色调以灰色及深木色为主，主要运用石、木、麻等自然材质，意在表达一种人造工艺与自然共生的极致美，打造出宁静安逸与深远厚重共存的饮食空间。

整体而言，设计者的思考逻辑除了要体现独树一帜的艺术性，更鲜明地传达出沉稳内敛、自然古典的设计理念。做工考究的木格饱含着深邃的历史感和生命力，在多层次灯光的照射下散发出时光的韵味。将木格与玻璃这样的组合作为包间的隔墙，"似有而无"的通透感就被营造了出来。在这画面的映衬下，仿佛真的有悠悠箫声从石俑的口中传出，娓娓地诉说着迎宾的诚意……

用地面高度和黑色钢管作为软隔离的开放式包房，犹如闹市中的世外桃源。这样的设计在满足使用要求的同时，丰富了空间的层次，维持了视觉的穿透和延展性。

设计师为食客营造出窗前美景，但美景不止于此。透过小轩窗，大气磅礴的山与水映入眼帘。室外建造的借景手法被巧妙地运用到了室内设计中，自然界的无限美好浓缩于眼前的方寸之间。幽暗灯光照射下的修长木格栅，仿佛把休息区打造成了一间古刹，宁静、安逸、和谐。高格上一排排竹简又为这里增添了文化和历史的气息。这一处，仿佛散发着绵延的馨香，一堂雅气。

沉着优雅的色彩，细润方硬的质感，每一件古家具都蕴含着浓浓的文化气息。装饰画和摆件则在整个空间的凝重中揉入了灵动和考究。凹凸不平的洞石拼接而成的写意山水画造型墙将山水画飘逸自得的风雅与天然石材的大气厚重完美结合。这样极富情境的构图下又巧妙地融入古物件，历史的气息扑面而来。用天然营造自然，这样别具匠心的设计手法充分诠释了设计师对自然的向往和对历史的敬畏之情。　　（撰文 | 刘志）

DE LONG CHAFING DISH HOTPOT RESTAURANTS

Project location | Qiqihar   Design Time | June 2009

It is known that hotpot is very popular in people's daily life, especially in the North.
In the chilly winter, it is very happy for us to talk about everything interesting in different fields and share our ideas with several good friends. "Shuan Le Ba" (the bar of hotpot) named by boss in Chinese is equivalent to "Suan Le Ba (this means that's all)". The name expresses with the natural, unrestrained, simple and fashion meaning of hotpot completely.
At this time, a scene of boisterous dining comes up to our mind. The bar gives our eyes a beast. A number of the visional tints and rolling lines cast light on our eyes. The different stratified decorations and unlimited extensions bring us unique feelings. The simple materials are seen in the warm and noisy atmosphere of the bar. The unique decoration matches with irregular light and shadow. In this bar, people are immersed in a boiling the ocean--"the hotpot ocean", and feel the hot and warmth from the heart.
(Text | Guan Le)

火锅一直以来都是深受人们喜爱的美食，尤其是在北方地区。
在寒冷的冬日里，约上三五好友围炉而坐，推杯换盏间谈天说地，分享心情，真是一种红火的幸福。老板为其取名也透着北方人的豪爽和随性。"涮了吧""算了吧"听上去是那么的潇洒，简单时尚，极其符合火锅餐吧的定位。
就这样，一派热闹非凡的用餐场面浮现于脑海。大片的暖色和起伏的线条，塑造出热浪般的视觉效果；高低的变化，无限的延伸感，使整个空间充满个性；简单的材质，不同的工艺，搭配以不规则的光影，烘托出室内喧闹热烈的气氛。在此用餐的食客们都沉浸在一片沸腾的"火锅海洋"里，感受这份来自心底的热辣辣的温暖。
（撰文 | 关乐）

德龙火锅·涮了吧

项目地点 | 齐齐哈尔
设计时间 | 2009年6月

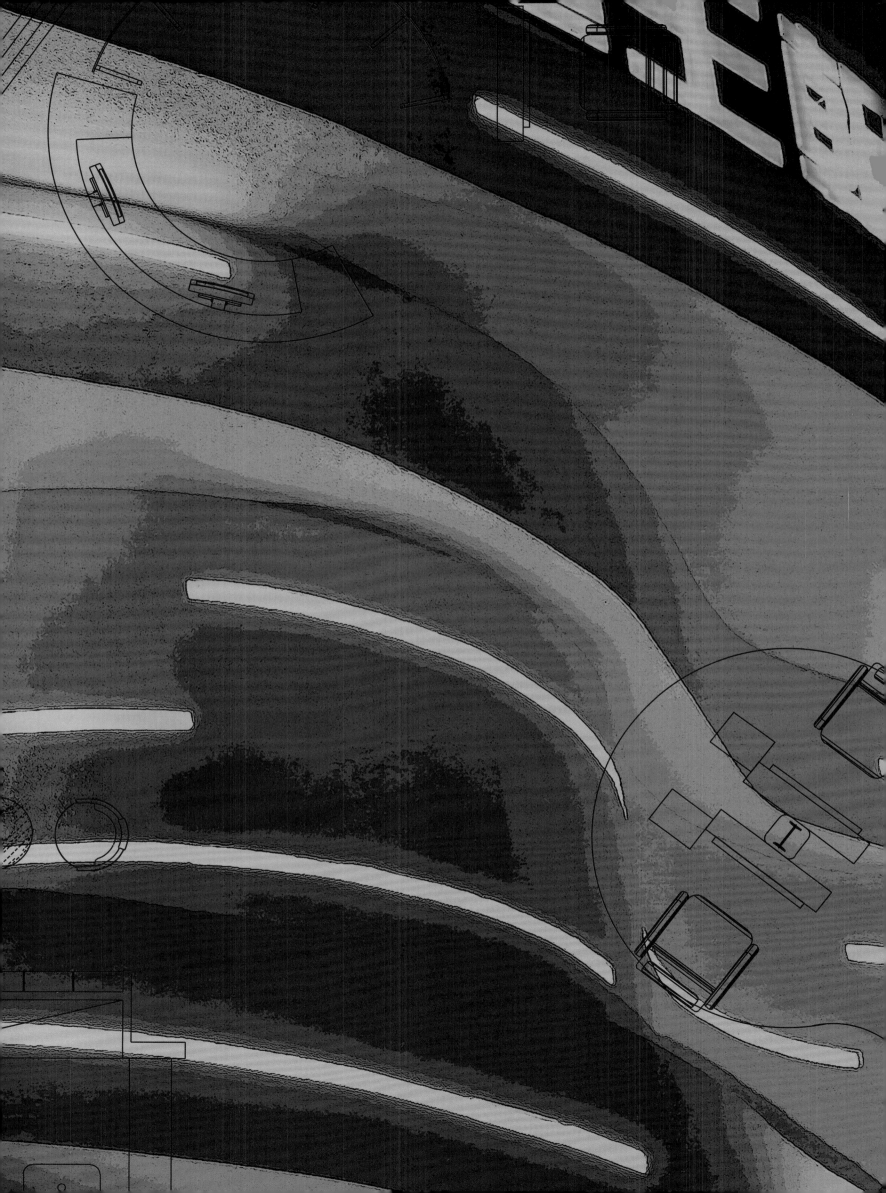

Qingdao Peacock Dynasty Beauty Club

Project location | Qingdao
Design Time | July 2011

322页

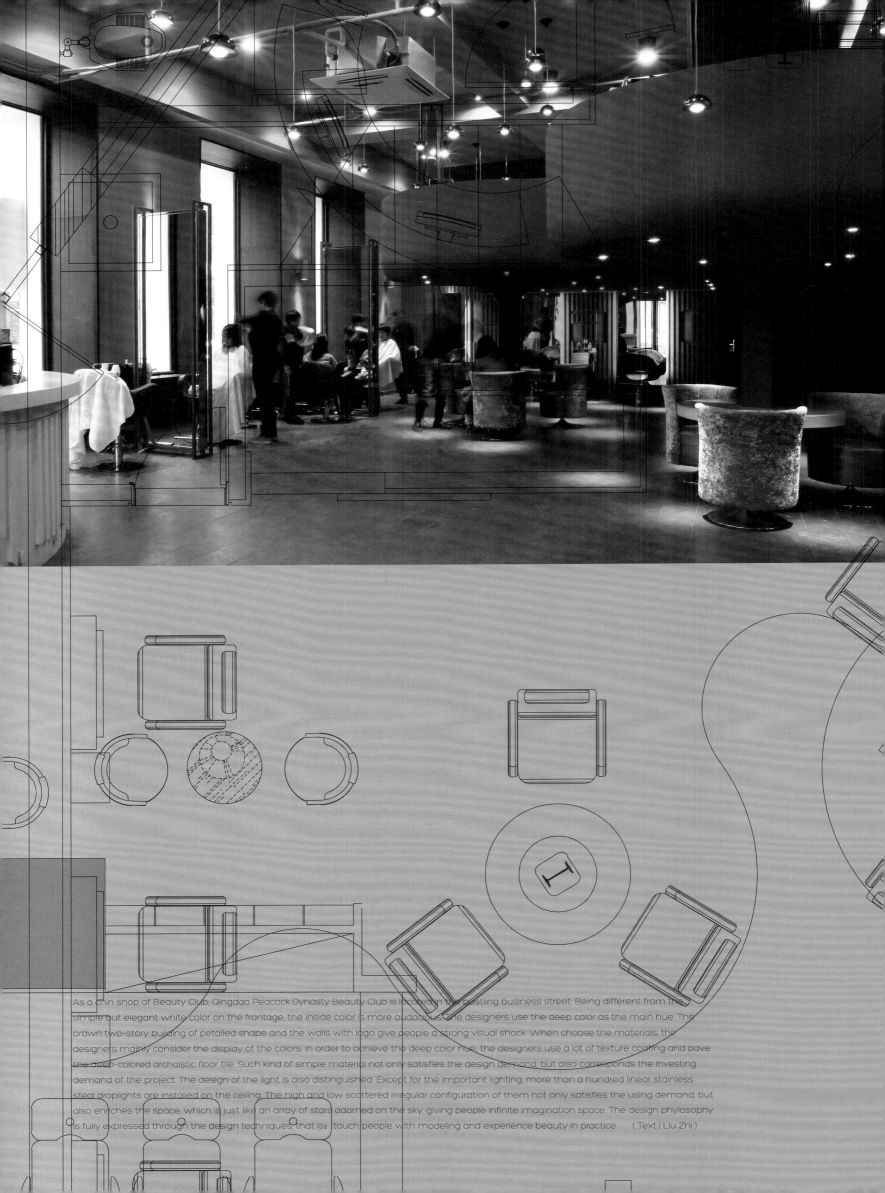

As a chin shop of Beauty Club, Qingdao Peacock Dynasty Beauty Club is located in the bustling business street. Being different from the simple but elegant white color on the frontage, the inside color is more audacious. The designers use the deep color as the main hue. The brown two-story building of petalled shape and the walls with logo give people a strong visual shock. When choose the materials, the designers mainly consider the display of the colors. In order to achieve the deep color hue, the designers use a lot of texture coating and pave the deep-colored archaistic floor tile. Such kind of simple material not only satisfies the design demand, but also corresponds the investing demand of the project. The design of the light is also distinguished. Except for the important lighting, more than a hundred linear stainless steal droplights are installed on the ceiling. The high and low scattered irregular configuration of them not only satisfies the using demand, but also enriches the space, which is just like an array of stars adorned on the sky, giving people infinite imagination space. The design phylosophy is fully expressed through the design techniques, that is: touch people with modeling and experience beauty in practice.   (Text | Liu Zhi)

青岛孔雀王朝

项目地点｜青岛　设计时间｜2011年7月

本案作为美丽汇的连锁店，坐落在繁华的商业街中。

与外立面素雅的白色不同，室内颜色则更大胆。设计师运用了深色为主色调。咖色的花瓣形二楼和LOGO墙更给人以强烈的视觉冲击。在材料的选择上，设计师主要是考虑了颜色的展。为了实现深色的主色调，大量的运用了质感涂料，地面铺装了深色仿古砖。这样简洁的材料既满足了设计要求，又符合项目的投资需求。灯光的设计也别具特色。除了重点照明，百余个线型不锈钢吊灯被安装在天花上。高低错落的不规则排布，既满足了使用需求，更丰富了空间，犹如点点繁星点缀在天上，给人无限的想象空间。

这一切的设计手法都完美地诠释了设计师的设计理念：用造型打动人，在实用中感受美。　　（撰文｜刘志）

本案位于加格达奇的一处度假山庄，其建筑形式是颇具民俗特色的"木刻楞"——一种典型的俄式房屋。其以大块石料做基础，用粗长原木一层层地叠垒，用木楔加固，并结合木雕和彩绘等工艺加以装饰，淳朴自然。

设计师在保持建筑空间原有风格的基础上做"加法"。用恰当的修饰手法，使室内空间在原有的粗犷中融入东方元素，神秘而厚重。席子和皮革的运用，体现出自然元素的交融和工艺美。空间中运用了大量的实木装饰构件，其形态源于简化的中式梁坊，形成了空间中独特的建筑语言。　　（撰文 | 靳全勇）

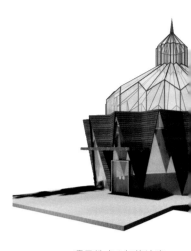

项目地点 | 加格达奇
设计时间 | 2011年11月

加格达奇1号别墅设计

Jiagedaqi Villa

Project location | Jiagedaqi
Design Time | November 2011

326页

The architectural form of Jiagedaqi 1 Villa is the quite distinctive folk "Muleng house", a typical Russian houses. The designer chooses the large chunks as the foundation stone of The Muleng house and stacks the long and thick logs layer upon layer with the wedge reinforcements, then decorates it with woodcarving, painting and other crafts, which is simple and natural.

The designer does "addition" on the basis of maintaining the original style. The designer adds the mysterious and profound oriental elements into original simple interior space through appropriate modification techniques. The mats and leather reflect the perfect blending of natural elements. The widely used wood trim elements, whose forms come from Chinese beam, form the unique architectural language of space.　　(Text | Jin Quanyong)

2010年10月27日　北京燕莎啤酒坊
2009年12月14日　伊春茶楼工地

Peacock Dynasty Beauty Club

Project location | Qingdao
Design Time | June 2011

孔雀王朝美丽汇

项目地点 | 青岛
设计时间 | 2011年6月

The peacock dynasty beauty hairdressing institution is located in the coastal city -- Qingdao. As a flagship store, the advertising meaning of it is particularly important. When it comes to the design of the storefront, according to the regional characteristics, the designers replace the complicated material piling up with the simple shape, and highlight its dignity with white color. Seen from afar, the facades of the Peacock Dynasty are like the seawater, tier upon tier. The curve modeling of every floor is embedded with the LED hided light belt. When the night falls, those luminous "waves" will emanate the charming charm. Such kind of soft profile is just like the graceful shape of women; exceedingly fascinating and charming. The design of the whole space pursues the simplicity and unity as the goal. Without the complicated and expensive material and free of the disordered and vulgar modeling, the designers pay more attention to the experience of the customers and its functionality. For the designers, those decorations are superfluous. Those women pursuing the fashion and loving the lives are the most beautiful ornament in the space.   (Text | Liu Zhi)

孔雀王朝美丽汇美发机构位于海滨城市青岛。本案作为旗舰店，其宣传意义尤为重要。对于店面的设计，设计师结合地域特征，用简练的造型代替复杂的材料堆积，用纯美的白色突显其高贵。远远看去，孔雀王朝的外立面犹如海水一样，层层叠叠。每层曲线造型都镶嵌有LED暗藏灯带。当夜幕降临，这些发光的"海浪"就散发出迷人的魅力。这样柔美的曲线犹如女性的婀娜身姿，风情万种。

整体空间设计，贯穿着简洁统一的设计语言。没有复杂昂贵的材料，没有繁乱俗气的造型。其更加注重的是顾客的体验及使用的功能性。对于设计师而言，那些装饰都是多余的。追求时尚，热爱生活的女性就是空间中最靓丽的点缀。　　（撰文 | 刘志）

Hunan Local Restaurant

Project location | Zibo
Design Time | February 2010

Flavor

Missing tears drip silently form spots of bamboo, listening to the music of the orchestral instrument in the bright moonlight. Why not miss my hometown? This music was composed by Liu Yuxi in Tang dynasty.
Firstly, the scenery of Hu Nan comes out immediately when I am assigned this design. In such a northern city, it is essential to cultivate a symbol of Hu Nan local colors--Hu Nan Restaurant. Therefore, I strive to emerge the legendary and romantic Xiang Fei bamboo into the modern design. However, there is no large trace of bamboo forest and representational form of expression. How can I design the harmonious atmosphere? I use the deconstruction of Chinese characters and colors in a metaphorical way. When the customers enjoy dinner in this modern restaurant, at the same time, they can freely share Xiaoxiang elegance with each other.
In addition, I still pay attention to save energy and materials. I retain the blue bricks, beams and panels of old building etc, which are controlled in the minority. In the process of guiding construction, I pay attention to some details, such as the cleanliness of the ceiling, butt joint and convergent of different materials, in order to make blueprint perfect in the reality.　　(Text | Guan Le)

湘吧佬

项目地点 | 淄　博
设计时间 | 2010年2月

"斑竹枝,斑竹枝,泪痕点点寄相思。楚客欲听瑶瑟怨,潇湘深夜月明时。"

拿到此湘菜馆设计任务时,头脑中总是不由得寻找一丝潇湘的影子。在这个偏北方的城市打造湖南湘菜饭馆,植入具有湖南地方特色的符号是有必要的。于是富有浪漫神话色彩的湘妃竹映入脑海,设法将其体现在现代设计中。

设计思想运用隐喻的手法,并没有大片的竹林和具象的形体表达,而只用了意会的解构汉字和颜色。目的是与整体环境相适应,让人们觉得身处现代环境,却有点滴的潇湘古韵可寻且不是很突兀。

材料的选用依旧做到节能和旧物利用,如老房子的房梁与青砖、旧木板等,并且将材料种类控制在少数。施工过程同样注重细节,如天花板的整洁度、不同材料的对接和收口等,力求图纸在现实中的最完整呈现。 (撰文 | 关乐)

Garden House
Sample Rooms
花园洋房

Project location | Harbin   Design Time | December 2011

项目地点 | 哈尔滨   设计时间 | 2011年12月

In order to pursue wonderful life, people create the sample rooms, which are filled with commercial atmosphere and a product of the age. Forms are variable and styles are diverse.

What kind of style, after all, people would like to accept? The society is rapidly developing; however, people inherit only a little cultural heritage, so that those furnishings with cultural tastes are used only as an imitation of a life situation in films or literary writings, but too far away from people's real life.

Nowadays it seems that people do not really know what they want. Designers have racked their brains to make a hostess's "princess dream" come true, in creating a classic French palace-like villa. At first, the hostess is pleased with its space and fondles admiringly with its delicate furnishings. But after waking up, she finds that it is too far away from her own life. A princess then becomes a housekeeper who has no feelings to all. It may take another one hundred years for the hostess to fit in the dream like palace.

Perfectly comfortable space is not overly decorated. What are close to people's lives are reasonable layout, natural materials, fresh colors and simple lines. A simple life is expected to come soon.   (Text | Jin Quanyong)

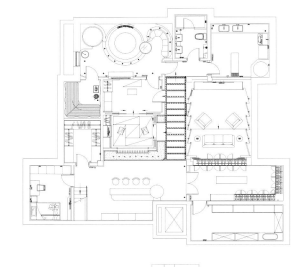

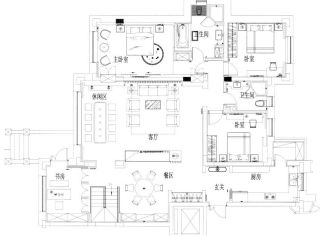

样板间——一个充满商业性的空间，一个时代的产物，一个人们为追求美好梦想生活而打造的舞台场景。形式上是多变的，风格是多样的。

究竟何种风格又是人们能够接受的呢？

社会发展的太快，而我们沉淀的又太少，那些所谓的具有文化品味的摆设，其实是模仿电影、文学著作里的一种生活情景，却又离人们的生活太远。

现在看来人们真正想要的自己并不知道，曾经我们费尽心思为完成女主人的"公主梦"，打造一个经典的法式宫廷般的别墅值得鉴赏，女主人对其空间赏心悦目，对精致的陈设爱不释手，但醒来后又觉得离自己的生活太遥远，结果从一个公主沦为辛劳的保姆，所有的一切都没有感情可言，可能再过一百年才能融入其中……

完美舒适的空间环境并非过度的装饰，合理的布局、自然的材质、清新的色彩、简洁的线条才更能贴近人们的生活，希望真正本质的生活能够早日到来……（撰文｜靳全勇）

Qianjin Restaurant

Project location | Songyuan
Design Time | August 2011

The Restaurant lies in Songyuan, a young, quiet and leafy northern town of Songnen Plain. Thanks for your honor trust, this design of indoor and outdoor environment is complished. After a deliberate research, I think, in such a quiet while not quite bustling town, it is the best to give it a kind of clear and fresh meaning.

When the guests have dinner, at the same time, they enjoy not only a moment of dining environment, but also another way of life for a moment. We will firstly seek for a medium, such as glass or a mix of old building texture. In the medium, it is forced to be a visual interference, in order to change the original impression of the city, and then add an ideal imaginable space.

The customers are preoccupied with the fancy and reality from inside to outside, or from outside to inside. Last but not least, the customers may produce a kind of beautiful daydream in the pure and fresh sense.

The owner does not express his ideal directly. Without publicizing and decorating, if gradually beginning to feel like the business philosophy as the owner "slow warmth", it will keep honor long. (Text | Guan Le)

芊锦园

项目地点 | 松 原
设计时间 | 2011年8月

松嫩平原之松原，一个年轻、安静、绿意盎然的北方小城，芊锦园便坐落于此。为其完成室内外环境的设计，源于一次信任。考察一番静静思考下来，觉得在这样一座清静而又不甚繁华的小城里，赋予这个店面一种清而新的意味最好。

在店内用餐的客人，享用片刻的就餐环境，也便是找寻到了片刻的另一种生活方式。我们便通过一个介质，例如玻璃或是虚实结合的原有建筑肌理，在这个介质上强行赋予一种视觉干扰，来改变原有城市的印象、增加一种理想的想象空间，从而改变从内至外，或从外至内的原有城市印象，产生了一种遐想之美，为就餐的人们带来丝丝清新的感观。

无须张扬，无须粉饰，慢慢体会如同店主"慢热"的经营理念，便会流芳久远。 （撰文 | 关乐）

自古，有将"寒窗苦读，十年一剑"来形容求学路上莘莘学子的艰辛不易。读书的确是门苦差事，大多数人是要通过坚强的意志、非凡的努力和永不放弃的决心，才能走过漫长的求学之路。然而即使是付出了这些，在古时，"金榜题名"却也是少数"人中之龙"才能企及。中了状元大可光耀门楣，享一生荣华富贵，真可谓一生中最值得庆贺的喜事之一。

如今，这种庆贺已然成为中国社会的一种现象，由最初能够迈入象牙塔尖的凤毛麟角，到后来高等教育的几近普及，榜上有名似乎不再那么的难。毕业升学宴，仿佛成为一个标志性的仪式，从状元到普本生，从被重点院校录取到勉强上到普通大中专，一次升学，被看作一个机会，被放大成学生与家长一次共同的表达方式。它可以表达感谢、表达喜悦，表达成长、表达告别、表达一个结束和一个开始、表达一种礼节，甚至表达一种企盼已久的解脱。

无论出于何种初衷与目的，我们希望"升学宴"带给这个社会更多的是一种良好的风气，当那些风华正茂却又略带稚气的学子们站在所有人面前礼貌地微笑时，但愿这场宴请带着一份单纯，表达更多的感谢与祝福。　　（撰文 | 关乐）

Since ancient times, there is a saying that goes "It will take ten years of hard study to sharpen a skill", which is used to describe hardness and difficulties that students meet while they pursue studies. Study is indeed a hard work, demanding strong will, great effort and firm determination. For most people, these characteristics are necessary to get achievement in study. In the old days, however, only several people with extraordinary wisdom among all the intellects can stand out. Being top in the exams can bring honor to the family name and enjoy wealth of a lifetime, which is indeed a happy event worth celebrating.

In modern times, such celebration has become a common phenomenon in China. As higher education become universal, it is not a difficult thing to have further study opportunity. Entrance feast therefore is popular. It is a symbolic ceremony, which is held by both top students and the ordinary ones, to express a family's appreciation, joy, growing, departing for a new journey, a reborn, a courtesy or even a long- expected release.

No matter what kind of purpose people want to achieve, it is expected that an entrance feast can bring positive influence. When those innocent students who are in their prime of life standing in front of all the guest and smiling politely, I wonder it will be wonderful if the feast is held just for a simple expression of appreciation and blessing. (Text | Guan Le)

343页 Burson

Gametea

Project location | Yichun
Design Time | August 2011

The Burson Gametea is located in the relatively bustling area of Water Park of Yichun City. Nowadays, as people are busy with their work, they have no time to relax their body and mind. Tea is an art, but also a way of self-cultivation. Inspired by the "quite" mentioned by Taoism, the designer aims to make the tea drinkers to get down and relax their moods from the hasty life. The designer uses a lot of nature-related materials: crude ore cement floor, antique bricks of gray mottled walls, large texture wood and natural stone. The well mixed light and color, the antique decorations and the floral art add the "nature" and "quiet" atmosphere to the entire space.

(Text | Jin Quanyong)

博雅茶苑

项目地点 | 伊春　　设计时间 | 2011年8月

本设计项目位于伊春市水上公园比较喧闹繁华的地段。当今城市中生活的人们，每天忙碌于紧张的工作，身体和思想却得不到很好的放松。

品茶是一种艺术,也是修身养性的一种方式。本设计的思想来源于道家所提到的"静",让忙碌中的人来到这里品茶,真正的静心、静神放松自己的心情。

设计师运用了大量与自然有关的材料，粗糙的水泥地面、灰色斑驳墙面、仿古条砖、大纹理的木作、天然的石材都悉数登场。灯光和色彩的搭配上都很协调，后期在陈设上选择了很多古香古色的装饰品,还有很多插花艺术品,让整个空间"自然""宁静"的气息更加浓厚。

（撰文 | 靳全勇）

网友系列之一　水彩 | 12×15 厘米

国庆节的新娘　水彩 | 27×39 厘米

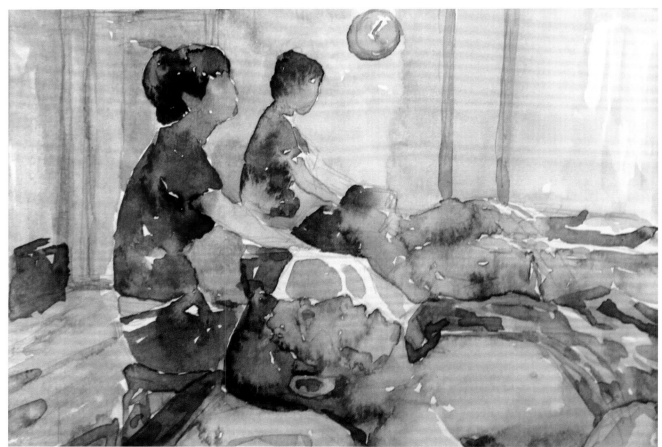

按摩　水彩 | 12×15 厘米

工作室地址：北京通州宋庄艺术工厂路ArtC区11排A
EMAIL: zhujun676@163.com

朱宏君

老巴

艺术家

空间艺术顾问

2007年于北京宋庄创建—朱宏君艺术工作室

青春期　油画 | 100×200 厘米

卫冕之冠　油画 | 110×110 厘米

作者近照

NO.4 Super General Korean Restaurant

Project location | Harbin   Design Time | July 2010

将军牛排4号店

项目地点 | 哈尔滨
设计时间 | 2010年7月

No.4 Super General Korean Restaurant inherits the design trend spread broadly in the northern city. It is not an easy thing for designers, who strive to design each restaurant with an unconventional and unique style. The designers refuse repetition and monotony and pursue changes in plain, implied and single design style. In this way, the rough charcoal and Multicolored emulsifying glass create a simple romantic atmosphere, which matches with Korean food, and its essence. Delicate furnishings bring out the elegance of the restaurant's environment, which dispels the fatigue of people with its fantasy and exquisite surroundings when they are enjoying the delicate food.

(Text | Li Tianying)

将军牛排四号店传承着设计思潮在北方城市的街巷蔓延。设计师力求把每个店都设计的标新立异、独一无二并非是件容易的事。这让设计师尽一切去思考——拒绝重复和单调，在质朴、含蓄、纯粹的设计风格中追寻变化。就这样，粗狂的木炭及斑斓的乳化玻璃营造出了朴实的浪漫，相符于韩餐取材的质朴、精道。细致的陈设品更衬托出环境的优雅，使忙碌一天的人们随着周遭的梦幻和精致渐渐平复下来，在品味美食的同时，享受这份惬意和放松。

（撰文 | 李天鹰）

General Steak Restaurant is in Jinan Europa mall On Center Street. The restaurant continues its simple and generous style. The Private dining area consists of groups of sheet enclosure, which forms the waved screen and shares the internal space. The unique OSB combined with the neat metal closing edge is the pure and clean; the bright colors of the seats add some fun for the plain atmosphere of the space. The natural sunshine flows in the restaurant, and people could feel saturated with the sunshine when enjoy the food.
(Text | Li Tianying)

本案位于中央大街的金安欧罗巴商场内。餐厅的设计风格延续着简洁与大气。包房区由一组组板材围合，形似赋有韵律的造型屏风由内部延伸到共享空间。奥松板的独特质地结合利落的金属收边显得干净、纯粹，配以颜色鲜亮的座椅为质朴的空间氛围增添些许趣味。人们沐浴在暖暖的阳光中用餐，自然的光线静静地散落，美食中似乎还带着阳光的味道。
（撰文 | 李天鹰）

THE ESSENCE OF WEIMEI

实相唯美

351 2012年5月26日 刚租下的办公室，啥也别说先整一顿

The designers of Weimei who grow up in different environments have different perspectives of viewing life. Their pursuit of culture is radical, subjectively, or objectively. Their emotions and understanding of modern culture are unique and when they are evoked, they will be reflected in their works. They yearn for the uncultivated life which is natural and sentimental.

The space is the relative reflection of surroundings and life to the designers, the quality and texture of which is the most important for them. Their aesthetic value is beyond the temporal world. They emphasize on the natural characters but not the physical conditions. "Never pleased by external gains, never saddened by personal losses" is their motto. The creation of space is not equal of the creation of the "commercialized" art" and" harmony", and they aim to make space philosophically but not perfectly, in which existing contradictions and imperfection. The content of space embodied the 'soul' abstracted from the substance is actually what they peruse.

Articles displayed in an environment are reflections of times. The style but the value of these decorative articles should be unified. These articles are not only objects collections, but also idea aggregation. The value of an article not lies in the prize, but in the expression of ideas. (Text | Wang Zhaoming)

他们身处的这个时代，对事物的观察角度和方法是不同的。不同的生长环境使他们对文化追求都有或主观或客观的偏激倾向，情感与体会融在一起，潜藏在头脑之中。当这些情绪被激发、释放，他们的主观思想就映射在作品里。他们都向往"天璞"似的生活，空间中自然而快乐，感性而自我。

对他们而言空间就是相对的环境和身心，体现这一空间的质感和肌理是最重要的。他们已经渐渐脱离了世俗的价值审美，"不以物喜，不以己悲"，空间的塑造不是用物质的优劣，而是以其自然的品格。空间的营造不等同于商业化的"艺术"与"和谐"，要具有矛盾性和未完成性，要把空间哲学化而非完美化。空间的内容由物质的"形"化为抽离了物质本身的"神"，这样的空间具有了非物质的"形"和"势"，这样的空间才是符合他们的空间，才是他们的思想空间。

空间里摆放的物品也是时间的体现，不一定需要价格的高低，而是需要物品品格的统一。看上去是对物件儿的收藏，是对生活思想的收藏，是个人思想的寄予与传达。（撰文 | 王兆明）

唯美墙上的画
paintings on the wall

《天空》 丙烯 | 150×260 厘米　　房辉

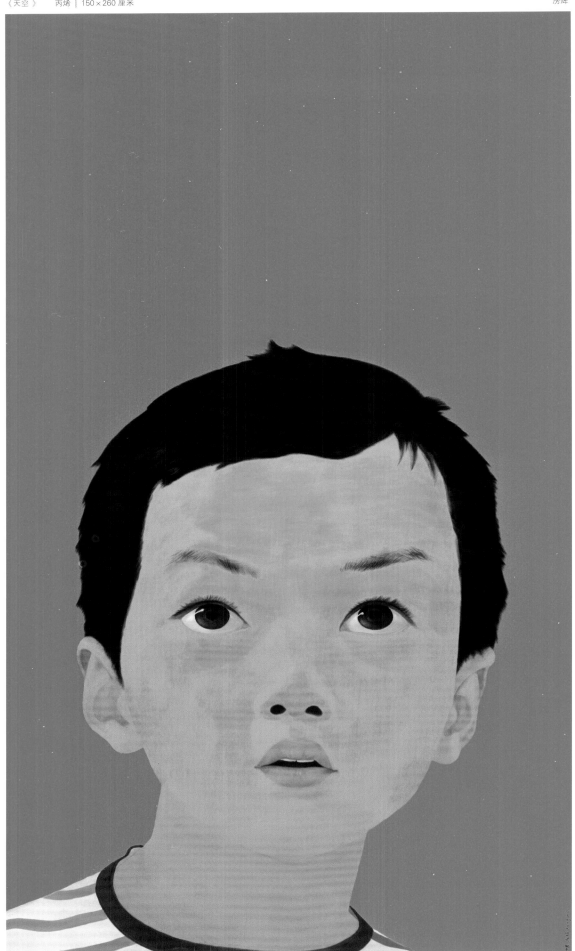

《高原》 油画 | 150×150 厘米　　吕瀛滨

我们并没有刻意地去收藏。这些画大多都是偶然所得和朋友的馈赠。在工作之余，我们总是喜欢面对着它们驻足凝视，或是放空发呆、或是浅谈评论……身心感到无比的轻松和愉悦。

几幅俄罗斯的油画是在一间画廊闲逛时的"收获"。当时吸引我的不仅是画中反映的人们在俄国革命浪潮中敢于变革的勇气和热情，更加震撼内心的是在那个时代，革命先驱们为了共同理想拼搏奋斗的强大凝聚力。经历了时间的洗涤与沉淀后，对与错是充满争议的，我们也无需再去证明什么。但这种革命的无私、无畏被定格在画中，是永不磨灭的，充满了力量。

朱宏君是我们的好朋友，是一位极具个性的艺术家。他的作品中所映射的大多是他的内心世界。

《瓶子》系列之一　　油画 | 70×95 厘米　　　　朱宏君

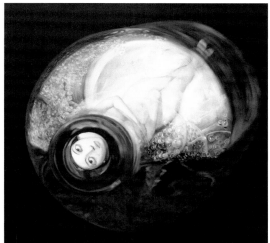
《瓶子》系列之一　　油画 | 130×130 厘米　　　朱宏君

《白毛女》　　油画 | 150×200 厘米　　　朱宏君

《洗浴中心》　　油画 | 100×200 厘米　　　朱宏君

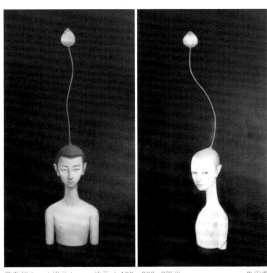
荷系列之一（组画）　　油画 | 100×200 x2 厘米　　朱宏君

《大中华》系列之一　　油画 | 100×200 厘米　　　朱宏君

《革命的捍卫者》 油画 | 164×335 厘米   卡兹诺夫·艾涅格里斯

《列宁演讲》 布面油画 | 135×124cm   克林洛夫·康斯坦丁

《列宁和革命者们在西伯利亚》　布面油画 | 130×150cm　　　　　　　　　　　　　　　　　　　　　　　　萨姆谢耶夫·费德罗

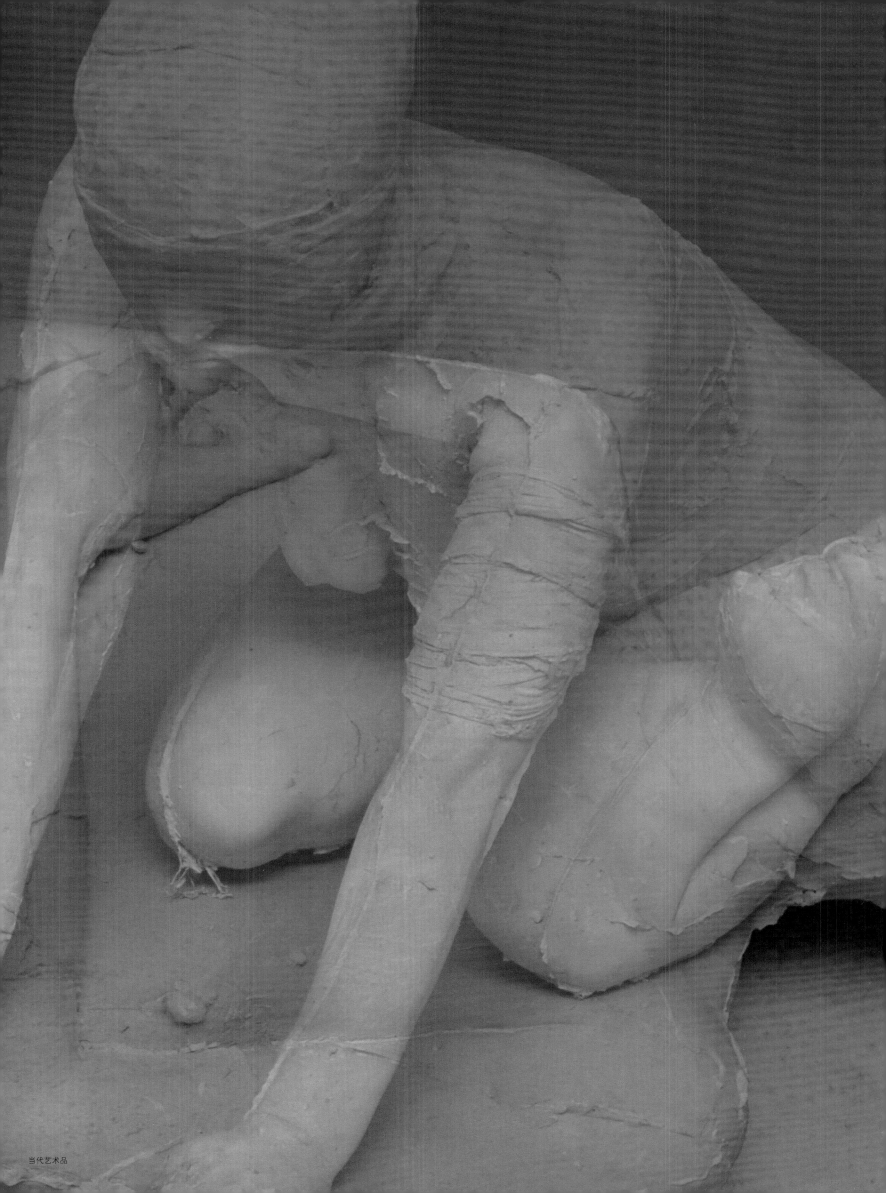
当代艺术品

《老婆婆》　　布面油画 | 104×140cm　　　　　　　　　　　　　　　　意瓦耶夫·阿列克谢

《胜利就在前方》　　布面油画 | 135×124cm　　　克林洛夫·康斯坦丁

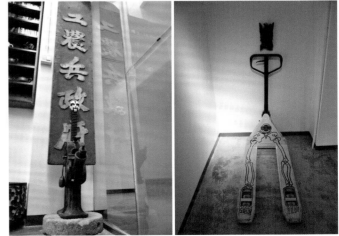

暂时放这

为中国室内设计分会所走过的24个年头——2013 哈尔滨年会

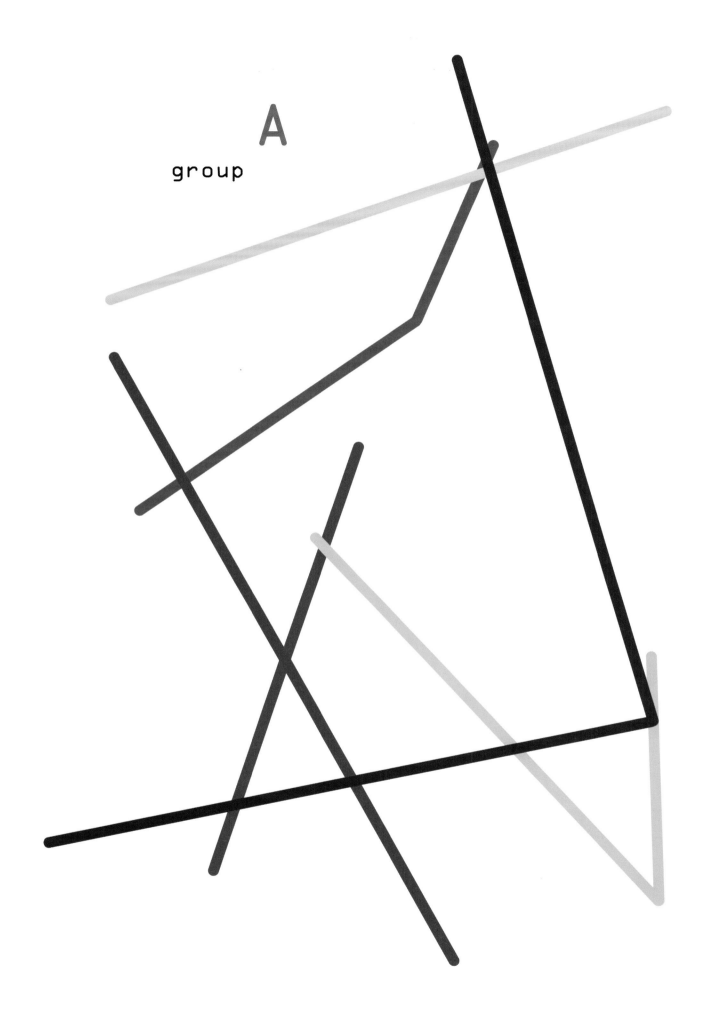

不時夢最茫這迷我有寶有憤忙人月的識
解我求有有活想裏時的都時時張人忘同
冷歲時樂　尹理永與貴時時歸醒最己隊
時裏追珍的清爲放了了開悶起有劉生與
熱在有快早在解時走獲有團有理放傷光
把這到芬時生更部亮鬱到時慰時在鬥面
春經會時奇爲佳大層收驗清有來綻拼有
生裏悲艱理行奮芳有我鬥有欣被此紅怒
青張體的時被而時多裏時的時有我時時
自有繁想貴時這有很在有心和閑在了搏
間悦晚辛這有奮而見的李雨平有明難分

D

留下的是脚印

完美的空间只是一个序曲

而陈设是永不落幕的主旋律

期待着空间在陈设的变奏曲中华丽的转身

陈设设计总监

曹莉梅

http://weibo.com/u/1841526993

BEIJING

BEI NG